U0190037

编　委　会

当代科学技术基础理论与前沿问题研究丛书

中国科学技术大学
校友文库

码的重量谱
有限射影几何方法
Weight Hierarchy of Codes
Finite Projective Geometric Approach

陈文德
刘子辉 著

中国科学技术大学出版社

内 容 简 介

码的重量谱(也称为广义汉明重量)是国际上 1991 年提出的新概念,在编码理论中有重要的基本理论意义,并在 II 型窃密信道、码的格子复杂度分析、检错分析等方面有重要应用.作者与克楼夫教授合作提出用有限射影几何方法确定一般线性码的重量谱,本书是作者及其合作者在这一国际前沿领域研究成果的系统总结.本书简述了重量谱理论与有限射影几何方法;确定了 2 类 3 维 q $(q \leqslant 5)$ 元码、9 类 4 维 2 元码、6 类 4 维 3 元码的所有重量谱;给出了 5 维、6 维 q 元码重量谱的新分类;确定了 4 维 q 元码、II 类 5 维 q 元码、k 维 q 元链码、几乎链码、近链码、断链码的几乎所有重量谱;总结了用有限射影几何等方法研究格子复杂度、环上码的重量谱、贪婪重量谱、相对重量谱的成果.

本书可供高等院校基础数学、应用数学、信息论、编码理论、密码学等专业的教师和学生使用.

图书在版编目(CIP)数据

码的重量谱:有限射影几何方法/陈文德,刘子辉著. —合肥:中国科学技术大学出版社,2012.1

(当代科学技术基础理论与前沿问题研究丛书:中国科学技术大学校友文库)

"十二五"国家重点图书出版规划项目

ISBN 978-7-312-02627-0

Ⅰ. 码⋯　Ⅱ. ①陈⋯②刘⋯　Ⅲ. 有限几何:射影几何　Ⅳ. O157

中国版本图书馆 CIP 数据核字(2011)第 242401 号

出版发行	中国科学技术大学出版社
	地址　安徽省合肥市金寨路 96 号,230026
	网址　http://press.ustc.edu.cn
印　　刷	合肥晓星印刷有限责任公司
经　　销	全国新华书店
开　　本	710 mm×1000 mm　1/16
印　　张	17.5
字　　数	328 千
版　　次	2012 年 1 月第 1 版
印　　次	2012 年 1 月第 1 次印刷
定　　价	58.00 元

总　　序

　　大学最重要的功能是向社会输送人才，培养高质量人才是高等教育发展的核心任务. 大学对于一个国家、民族乃至世界的重要性和贡献度，很大程度上是通过毕业生在社会各领域所取得的成就来体现的.

　　中国科学技术大学建校只有短短的五十余年，之所以迅速成为享有较高国际声誉的著名大学，主要就是因为她培养出了一大批德才兼备的优秀毕业生. 他们志向高远、基础扎实、综合素质高、创新能力强，在国内外科技、经济、教育等领域做出了杰出的贡献，为中国科大赢得了"科技英才的摇篮"的美誉.

　　2008 年 9 月，胡锦涛总书记为中国科大建校五十周年发来贺信，对我校办学成绩赞誉有加，明确指出：半个世纪以来，中国科学技术大学依托中国科学院，按照全院办校、所系结合的方针，弘扬红专并进、理实交融的校风，努力推进教学和科研工作的改革创新，为党和国家培养了一大批科技人才，取得了一系列具有世界先进水平的原创性科技成果，为推动我国科教事业发展和社会主义现代化建设做出了重要贡献.

　　为反映中国科大五十年来的人才培养成果，展示我校毕业生在科技前沿的研究中所取得的最新进展，学校在建校五十周年之际，决定编辑出版《中国科学技术大学校友文库》50 种. 选题及书稿经过多轮严格的评审和论证，入选书稿学术水平高，被列入"十一五"国家重点图书出版规划.

　　入选作者中，有北京初创时期的第一代学生，也有意气风发的少年班毕业生；有"两院"院士，也有中组部"千人计划"引进人才；有海内外科研院所、大专院校的教授，也有金融、IT 行业的英才；有默默奉献、矢志报国的科技将军，也有在国际前沿奋力拼搏的科研将才；有"文革"后留美学者中第一位担任美国大学系主任的青年教授，也有首批获得新中国博士学位的中年学者 …… 在母校五十周年华诞之际，他们通过著书立说的独特方式，向母校献礼，其深情厚谊，令人感佩！

　　《文库》于 2008 年 9 月纪念建校五十周年之际陆续出版，现已出书 53 部，在学术界产生了很好的反响. 其中，《北京谱仪 II：正负电子物理》获得中国出版政府奖；中国物理学会每年面向海内外遴选 10 部"值得推荐的物理学新书"，2009 年和 2010 年，《文库》先后有 3 部专著入选；新闻出版总署总结"'十一五'国家重点图书出版规划"科技类出版成果时，重点表彰了《文库》的 2 部著作；新华书店总店《新华书目报》也以一本书一个整版的篇幅，多期访谈《文库》作者. 此外，尚有十数种图书分别获得中国大学出版社协会、安徽省人民政府、华东地区大学出版社研究会等政府和行业协会的奖励.

　　这套发端于五十周年校庆之际的文库，能在两年的时间内形成现在的规模，并取得这样的成绩，凝聚了广大校友的智慧和对母校的感情. 学校决定，将《中国科学技术大学校友文库》作为广大校友集中发表创新成果的平台，长期出版. 此外，国家新闻出版总署已将该选题继续列为"十二五"国家重点图书出版规划，希望出版社认真做好编辑出版工作，打造我国高水平科技著作的品牌.

　　成绩属于过去，辉煌仍待新创. 中国科大的创办与发展，首要目标就是围绕国家战略需求，培养造就世界一流科学家和科技领军人才. 五十年来，我们一直遵循这一目标定位，积极探索科教紧密结合、培养创新拔尖人才的成功之路，取得了令人瞩目的成就，也受到社会各界的肯定. 在未来的发展中，我们依然要牢牢把握"育人是大学第一要务"的宗旨，在坚守优良传统的基础上，不断改革创新，进一步提高教育教学质量，努力践行严济慈老校长提出的"创寰宇学府，育天下英才"的使命.

　　是为序.

中国科学技术大学校长
中国科学院院士
第三世界科学院院士
2010 年 12 月

序

　　编码理论的创始人之一汉明 (Hamming) 提出了汉明重量. 1991 年华裔通信工程教授魏 (Wei) 以 II 型窃密信道问题为应用背景, 提出了广义汉明重量的概念与理论. 一个 q 元有限域上 k 维线性码 C 的广义汉明重量是一个正整数序列 $(d_1, d_2, \cdots, d_k)$, 其中 d_r 为码 C 的 r 维子码的最小支撑重量. 此序列常被简称为码 C 的重量谱. 重量谱概念一经提出就成为国际前沿研究的热点, 并在编码、密码学中得到多种应用.

　　数学家出身的信息学教授克楼夫 (Kløve)(IEEE Fellow, 曾任《IEEE Trans. Information Theory》副主编, 挪威卑尔根 (Bergen) 大学理学院副院长) 于 1992 年提出了一个基本理论问题:"一个正整数序列成为重量谱的充要条件是什么?" 或者说, "当且仅当一个序列满足什么条件时存在一个码 C, 使得该序列成为码 C 的重量谱?" 满足此充要条件的序列集正好就是 k 维 q 元一般线性码的所有重量谱, 因此, 问题可重新叙述为:

　　问题 1　如何确定 k 维 q 元一般线性码的所有重量谱?

　　当 $k \leqslant 4$ 时, 克楼夫用组合方法确定了 2 元一般线性码的所有重量谱.

　　1995 年夏, 我第 3 次应克楼夫邀请出访卑尔根大学. 我在出访前做预备研究时发现: 有限射影几何方法可用来研究问题 1. 我用彩色笔画出了 2 维 3 元有限射影空间中各条奇怪的线, 进而确定了 3 维 3 元线性码的所有重量谱. 在卑尔根大学的蓝白色新楼——高科技中心的办公室里, 我与克楼夫兴奋地展望着几何方法的前景: 可打开一小片新天地; 方法框架已有, 但还需智慧、技巧、各种具体方法与大量时间去做具体的研究. 从 1995 年到 2004 年, 在挪威国家研究理事会的支持下, 我 6 次出访卑尔根大学, 累计一年多, 加上通信合作, 10 年间与克楼夫合作发表论文 14 篇, 其中在《IEEE Trans. Information Theory》上发表 4 篇.

　　多年的研究经验表明: 只能对很小的 k, q 值解决问题 1; 当 q, k 稍大时,未知序列的数目急剧增大, 呈组合爆炸之势, 解决问题 1 是不可能的. 为了拓广研究范围, 在 2003 年发表的文献 [27] 中, 我提出了 "几乎所有重量谱" 的概念, 于是, 自然形成了以下问题:

问题 2 如何确定 k 维 q 元一般线性码的几乎所有重量谱?

2000 年以来, 我与我的学生及青年教师围绕这两个问题及派生重量谱, 扩大成果, 发表了一系列论文.

本书系统总结了我们用有限射影几何方法研究码的重量谱的成果. 第 1 章简单综述了码的重量谱的理论研究成果, 使读者对这一领域有所了解. 第 2 章论述了有限射影几何方法, 并给出了后面必需的一些基本知识. 第 3 章对于 3 维码在 $q \leqslant 5$ 时解决了问题 1. 第 4 章对于 4 维 3 元码解决了问题 1, 并把 4 维 q 元码细分为 9 类, 给出了 9 类重量谱的紧上界, 确定了 9 类 4 维 2 元码与 6 类 4 维 3 元码的所有重量谱; 还在 $k = 4$ 时解决了问题 2. 第 5 章确定了 II 类 5 维 q 元码的几乎所有重量谱 (共分为 6 类), 给出了 6 维 q 元码新的分类. 第 6~8 章分别确定了 k 维 q 元链码、近链码、断链码的几乎所有重量谱. 国际学术界在热烈研究重量谱时导出了一系列新的、派生重量谱的概念, 如维数 / 长度轮廓、环上重量谱、贪婪重量谱、相对重量谱. 它们往往更复杂, 但各有用处. 第 9~12 章分别总结了我们用有限射影几何等方法研究上述 4 类派生重量谱的成果.

在当今计算机与数字技术时代, 有限域的理论突显重要. 重量谱也可用纯数学的语言表达为 "q 元有限域上 k 维线性空间的各维子空间支撑集的最小尺寸", 因而问题 2 是有限域上线性空间理论中的一个重要问题, 从数学研究角度看比问题 1 更重要, 提法更合理; 若能解决, 则与已有的重量谱的广义格里斯末 (Griesmer) 界相比, 是一个质的飞跃与重要突破. 我们先把 4 维方法开拓到 k 维, 首次确定了 k 维 q 元链码的几乎所有重量谱. 然后, 用子空间集等方法, 对基于链码而接近或相邻于链码的近链码、断链码, 确定了几乎所有重量谱. 但这些相对于全部一般线性码, 仅是若干小类, 是冰山一角而已. 最近, 我们探索出了新分类方法, 并用落差法研究了 5 维 II 类码, 目的就是从 5 维出发来探索寻找一般 k 维的规律, 争取将来逐步逼近与解决问题 2 这个难题.

最后, 我感谢本书第 2 作者刘子辉博士, 他不仅做出了大量成果, 更执笔写了本书第 6~10 章、第 12 章、参考文献, 占书的近一半篇幅 (其他章节由我执笔); 感谢中国科学技术大学出版社编辑们的辛勤工作, 才使本书得以顺利出版; 感谢克楼夫教授、骆源教授、王勇慧、孙旭顺、徐景, 还有胡国香、王丽君、汪政红、夏永波、佘伟、程江等, 他们与我大力合作, 勤奋工作, 付出了心血与汗水, 完成了参考文献中列出的部分相关论文, 使本书有了比较丰富的内容.

我感谢研究生时的导师华罗庚院士、龚昇教授, 他们引领我进入科研的殿堂; 感谢我的大学基础课老师关肇直院士, 他把我调入中国科学院数学研究所工作; 感谢我的专业课老师万哲先院士, 他介绍我出访芬兰, 在那里我认识了克楼夫教授; 感谢我的妻子曹秦宇女士, 她几十年来对我的科研工作全力支持; 感谢中国国家自然科学基金、挪威国家研究理事会等对我们的科研项目的资助.

由于本人学识水平所限, 书中错误与不妥之处在所难免, 恳请读者批评指正.

陈文德

2010 年于北京

符 号 说 明

$GF(q)$	q 元有限域
$GF(q)^n$	q 元有限域上的 n 维向量空间
$C[n,k;q]$ 或 $[n,k;q]$ 码 C	码长为 n 的 k 维 q 元线性码 C
$W_s(D)$	子码 D 的支撑重量
d_r	码 C 的第 r 个广义汉明重量
$(d_1, d_2, \cdots, d_k)$	码 C 的重量谱
x	码 C 的码字, $GF(q)^n$ 中的向量
D_r	码 C 的 r 维子码
$(i_0, i_1, \cdots, i_{k-1})$	码 C 的差序列
$PG(k,q)$ 或 V_k	q 元有限域上的 k 维射影空间
$m(\cdot)$	赋值函数
M_r	$PG(k,q)$ 中满足 $m(U_r) = \sum\limits_{j=0}^{r} i_j$ 的 r 维子空间 U_r 的集合
$p(i,j)$	$PG(2,q)$ 中按 "坐标" 表示的点
p^*	$PG(k,q)$ 中 M_0 内的点
p_i	$PG(k,q)$ 中的点, i 为该点对应的首 1、q 进制数的十进制表示
$\hat{l}(i)$ 或 $l(j)$	$PG(2,q)$ 中按 "坐标" 表示的线
l^*	$PG(k,q)$ 中 M_1 内的线
l_i	$PG(k,q)$ 中按序号 i 表示的线
$p(i,j,t)$	$PG(3,q)$ 中按 "坐标" 表示的点
$\hat{l}(i,t)$ 或 $l(j,t)$	$PG(3,q)$ 中按 "坐标" 表示的线
$\overline{AB}$ 或 $\langle A, B \rangle$	$PG(k,q)$ 中过点 A, B 的线
$P(i)$	$PG(3,q)$ 中按 "坐标" 表示的面

P_i	$PG(k,q)$ 中按序号 i 表示的面
$\widehat{ABC}$ 或 $\langle A,B,C \rangle$	$PG(k,q)$ 中过点 A, B, C 的面
P^*	$PG(k,q)$ 中 M_2 内的面
$[n,k,d;q]$ 码 C	码长为 n 的最小距离为 d 的 k 维 q 元线性码 C
$(g_1,g_2,\cdots,g_k)$	码 C 的贪婪重量谱
$((\mathrm{rd})_1,(\mathrm{rd})_2,\cdots,(\mathrm{rd})_{k-k_1})$	码 C 和子码 C^1 的相对重量谱
$\mu_q(n,k,d)$	所有 $[n,k,d;q]$ 码 C 的 g_2-d_2 的极大值

目　　次

第 1 章 绪　　论

1.1　重量谱概念的提出

著名编码学家、编码理论的创始人之一汉明, 提出了码的汉明重量的概念. 设 C 为 q 元有限域上码长为 n、维数为 k 的线性 (分组) 码, 简记为 $C[n,k;q]$ 或 C, 也简称为 $[n,k;q]$ 码 C. 它是由 q 元有限域上 $k \times n$ 矩阵 G 的 k 个线性无关行向量生成的线性空间. G 称为码 C 的生成矩阵. C 中的每个 n 维向量称为码字; 一个码字的非零分量个数称为此码字的汉明重量. 码 C 的所有码字的汉明重量的最小值称为码 C 的最小汉明重量. 2 个码字的不同分量个数称为这 2 个码字的汉明距离. 码 C 的所有码字的两两之间的汉明距离的最小值称为码 C 的最小汉明距离, 简称为最小距离, 记为 d_1. 由于 C 是线性码, 含全零分量码字, 且当 $x, y \in C$ 时, 有 $x - y \in C$; 所以易证: 码 C 的最小汉明重量就是码 C 的最小距离 d_1. d_1 是码 C 的极为重要和基本的参数: 发方原来发出码字 x, 由于信道有干扰, 收方可能收到错字. 设码 C 的纠错能力为 r, 则在纠错译码时, 以码字 x 为球心, 与 x 的汉明距离 $\leqslant r$ 的错字都被译为 x; 只有这些球心为 x, 半径为 r 的球两两无公共点, 才能正确纠错. 因此有 $r = \lceil d_1/2 \rceil - 1$, 这里 $\lceil a \rceil$ 表示 $\geqslant a$ 的最小整数. 也就是说, d_1 约为码 C 纠错能力的 2 倍, 它给出了码 C 的纠错能力.

1991 年, 华裔通信工程教授魏[143] 提出了广义汉明重量的概念与理论. 把 $[n,k;q]$ 码 C 的任意子码 (即 C 的子空间) 记为 D, D 中所有码字 x 的非零分量位置构成的集合称为 D 的支撑, 记为 $\chi(D)$, 即

$$\chi(D) = \bigcup_{x \in D} \{i | x_i \neq 0, \ x = (x_1, x_2, \cdots, x_n)\}. \tag{1.1.1}$$

定义 D 的支撑重量为 $W_s(D) = |\chi(D)|$, 并定义

$$d_r = d_r(C) = \min\{W_s(D)|D \text{ 是 } C \text{ 的 } r \text{ 维子码}\} \quad (1 \leqslant r \leqslant k). \qquad (1.1.2)$$

$d_r(C)$ 称为 C 的第 r 个广义汉明重量或最小支撑重量, 序列 $(d_1, d_2, \cdots, d_k)$ 称为广义汉明重量, 也简称为重量谱. 其中 d_1 就是码 C 的最小汉明重量. 重量谱是码 C 的重要而基本的参数. 魏是以 II 型窃密信道问题为应用背景提出重量谱概念的. II 型窃密信道的模型可叙述如下: 把 k 比特信息编成长度为 n 的码字发送给接收方, 信道传输过程中, 设窃听的敌方可以任意获得码字 n 个分量中的 s 个, 问如何设计编码方案, 使窃听者从 s 个分量中获得的信息尽可能少? 文献 [106] 设计了以下编码方案: 设 $[n, k; 2]$ 码 C 的生成矩阵为 G, C 的补码记为 $C^\perp$, y 表示 k 维信息. 记

$$K(y) = \{x \in GF(2)^n | xG^T = y\},$$

即 $K(y)$ 是 $C^\perp$ 中以 y 为校验子的陪集, 编码者在 $K(y)$ 中任意选取 x 作为 y 的编码发送出去, 假设信道无噪音, 窃听者对码 C 全面了解, 掌握了 G, 但不了解编码者如何从 $K(y)$ 中随机选择 x. 对上述编码方案, 魏[143] 证明了: 窃听者能获得 r 个信息位 (分量) 的充要条件是 $s \geqslant d_r(C)$, 由此魏提出了重量谱概念.

除了在 II 型窃密信道中的应用外, 重量谱在码的格子复杂度分析[53,78,99,116,131]、译码分析[55~57]、检错分析[81] 等方面都有重要应用. 关于重量谱的工程应用介绍, 可参见文献 [154]

1977 年, 克楼夫等在文献 [63] 的一个例子中曾引入了参数 d_r $(1 \leqslant r \leqslant k)$.

1.2　重量谱理论简述

重量谱概念由魏提出后, 立即成为编码理论领域的一个前沿研究热点, 已有 100 多篇论文发表. 为了使读者对这一领域有一个较全面的了解, 本书参考文献中收入了大量关于重量谱的论文, 并在本节中作一个简单综述.

"如何确定线性码的重量谱" 一直是理论研究的核心问题. 对此, 第 1 个研究方向是关于具体的各类线性纠错码的. 由于确定 d_1 尚是编码理论中未完全解决的难题, 因而 d_r 的确定更为困难, 仅有少数几类码确定了重

量谱. 例如, 文献 [143] 确定了里特–马勒 (Reed-Muller) 码、汉明码及其补码、扩展汉明码、极大距离可分 (MDS) 码 (包括 RS 码) 等的重量谱; 另一些文献把确定了重量谱的类扩展到线性等重码[153,155]、若干特殊的代数几何码[5,38,122,135]、一些循环码[67,77] 等. 对其他纠错码, 重量谱难以完全确定, 只给出了界或确定了重量谱中的极少数参数, 如对 BCH 码或一些循环码就是这样[34,52,83,100,117,126,152]. 第 1 个方向的论文较多, 书末的参考文献中共收集了 40 余篇, 这里不一一列举.

第 2 个方向是关于一般线性码的. 这里, C 是指由任意一个生成矩阵 G 生成的线性码. 首先, 魏[143] 给出了重量谱的基本性质: 单调性 ($d_{r+1} > d_r$)、对偶性等. 文献 [64, 65] 证明了重量谱的广义格里斯末界

$$n \leqslant d_r + \sum_{i=1}^{k-r} \left\lceil \frac{(q-1)d_r}{q^i(q^r-1)} \right\rceil. \tag{1.2.1}$$

文献 [144] 提出了链条件, 如果 $[n,k;q]$ 码 C 有 k 个子码 D_r ($1 \leqslant r \leqslant k$), 满足

$$W_s(D_r) = d_r \quad \text{且} \quad D_1 \subset D_2 \subset \cdots \subset D_{k-1} \subset D_k = C, \tag{1.2.2}$$

则称码 C 满足链条件, C 可简称为链码. 文献 [144] 还猜想: 2 个都满足链条件的因子码的积码的重量谱可用因子码的重量谱简单表示. 文献 [113] 证明了这个猜想, 因而链码十分重要. 文献 [144] 确定了一些具体码为链码 (数量很少). 文献 [47,49,66,88] 研究了另一些链码.

在国际学术界研究一般线性码重量谱的上述性质与分类的同时, 克楼夫等在文献 [64](定理 10) 中提出了 "如何确定一般线性码的所有重量谱" 这个问题, 并用组合方法确定了维数 $\leqslant 4$ 的 2 元一般线性码的所有重量谱[64,80]; 结合计算机搜索, 确定了 5 维 2 元链码的所有重量谱[44]. 陈文德与克楼夫在文献 [13] 中提出了用更强的有限射影几何方法来研究上述问题. 用这种方法, 当维数 k 小时, 已确定了更多类的 q 元一般线性码的所有重量谱. 3 维分为 2 类: $q \leqslant 5$ 时, 全部可确定[12,24]; $q = 7,8,9,11$ 时, 一类可确定[22,120,142]. 4 维分为 9 类: $q = 2$ 时, 全部可确定[17,19,23,30]; $q = 3$ 时, 9 类中 6 类可确定[13,21,25,75,84,137,139], 若分为两大类, 则可全部确定[13]; $q \geqslant 3$ 时, 得到 9 类紧的上界[14,15]. 对任意 k 与 q, 想确定 k 维 q 元一般线性码的所有重量谱是不可能的. 文献 [27] 提出了 "几乎所有重量谱" 的概念, 已确定了 k 维 q 元链码[16,95,96]、几乎链码[27]、近链码[85]、断链码[86,140,141] 的几乎所有重量谱. 最近, 又确定了 4 维 q 元一般线性码[76] 及 5 维 q 元 II 类线性码的几乎所有重量谱[138].

重量谱的概念已从理论与工程角度得到了拓展, 并导出了一系列新的、可总称为派生重量谱的概念. 从理论角度, 文献 [33] 提出了维数 / 长度轮廓概念, 它实际上与重量谱等价. 用于码的格子复杂度分析[54]. 与此有关的是双链条件[54], 满足双链条件的线性码能取得格子复杂度轮廓的下界[53]. 文献 [45,46,48,50,51,82] 研究并确定了一些满足双链条件的码 (数量很少).

对于有限环上的码, 已有几种重量谱的定义, 并确定了某些环上码的重量谱的界[2,72,73]; 特别地, 对于最简单的有限环 $\mathbb{Z}_r$ 上码的重量谱, 有了较多的研究[148~150,69,37]. 对于非线性码[109], 卷积码也形成了重量谱的概念及有关理论[110].

从工程角度, 人们提出了一些新的重量谱的概念. 对 II 型窃密信道, 设敌方是贪婪的, 他先获取 $s = d_1$ 个分量, 尽快得到了第 1 位信息, 然后再获取另外的最少分量数以便得到第 2 位信息 $\cdots\cdots$ 以 g_r 表示由以上方式获得 r 位信息的最少分量数, $(g_1, g_2, \cdots, g_k)$ 就称为贪婪重量谱[36]. 目前人们已确定了 3 维 q ($q \leqslant 9$) 元、4 维 2 元线性码的 $g_2 - d_2$ 的极大值[20,26], 并给出了 k 维 q 元码的 $g_2 - d_2$ 的极大值的上、下界[28,29].

针对明文有泄漏的情况, 人们提出了相对重量谱的概念, 并确定了低维码的某些相对重量谱[89,90].

以上各种新的、派生重量谱的研究往往更加困难, 有时需要更多的数学工具和更深入的探讨, 而且有限射影几何方法也被用于这方面的研究.

本章主要参考了文献 [92,143].

第 2 章　有限射影几何方法

克楼夫等[64] 于 1992 年提出了一个基本理论问题: "一个正整数序列成为重量谱的充要条件是什么?" 或者说, "一个序列成为某个 $[n,k;q]$ 码 C 的重量谱的充要条件是什么?" 这里某个 C 不是固定的, 只需存在一个 C 即可. 此充要条件完全刻画了序列成为重量谱的特征. 满足此条件的序列集正好就是 k 维 q 元一般线性码 C 的所有重量谱. 因此, 问题可重述为:

问题 1　如何确定 k 维 q 元一般线性码的所有重量谱?

克楼夫等[64,80] 在 $k \leqslant 4$, $q = 2$ 时用组合方法解决了问题 1. 陈文德、克楼夫[13] 提出了更强的有限射影几何方法来研究问题 1. 本章引入了有限射影几何方法, 定义了有限射影几何空间上的赋值函数, 把问题 1 主要归结为寻找均匀配置的赋值函数. 为了后面章节的需要, 本章还给出了有限射影几何的一些基本知识, 并用有限几何 (射影或非射影) 方法证明了关于 k 维 q 元码的重量谱的一些引理.

2.1　有限射影几何方法的引入

若对 $[n,k;q]$ 码 C 的每个码字 x 添加一个零分量, 得到 $[n+1,k;q]$ 码 $C_1 = \{[x,0]|x \in C\}$, 则易知码 C 与 C_1 有相同的重量谱. 因此不失一般性, 今后总设 $d_k = n$.

定义 2.1.1　令 $(d_1, d_2, \cdots, d_k)$ 为码 C 的重量谱, $d_0 = 0$, 记

$$i_r = d_{k-r} - d_{k-r-1} \quad (0 \leqslant r \leqslant k-1), \tag{2.1.1}$$

序列 $(i_0, i_1, \cdots, i_{k-1})$ 称为码 C 的重量谱的差序列, 简称为差序列, 可记为 DS.

显然, 差序列可由重量谱得到, 反之亦然. 于是确定重量谱可归结为确定差序列, 本书绝大多数章节仅确定了差序列, 用式 (2.1.1) 易从差序列得到重量谱.

设码 C 的生成矩阵为 G. 对任意 $x \in GF(q)^k$, 定义 $m(x)$ 为 x 在 G 的列中出现的次数, 称 $m(x)$ 为 x 的值. 对于集合 $S \subset GF(q)^k$, 定义

$$m(S) = \sum_{x \in S} m(x).$$

记

$$F_{kl} = \{U | U \text{ 是 } GF(q)^k \text{ 中维数为 } l \text{ 的子空间}\},$$
$$U^c = GF(q)^k \backslash U \quad (\text{对任意 } U \subset GF(q)^k).$$

定理 2.1.1[64] 设 $(d_1, d_2, \cdots, d_k)$ 是 $[n,k;q]$ 码 C 的重量谱, 则

$$d_r = n - \max\{m(U) | U \in F_{k,k-r}\} \quad (1 \leqslant r \leqslant k). \tag{2.1.2}$$

证明 用 D_A 记 C 的任意 r 维子码, 这里 A 是秩为 r 的 $r \times k$ 矩阵, G 为 C 的生成矩阵, AG 为 D_A 的生成矩阵. 由支撑重量的定义, 易知

$$W_s(D_A) = n - \sum_{Ax=0} m(x). \tag{2.1.3}$$

令 $U \in F_{k,k-r}$ 是与由 A 的列向量生成的空间正交的空间, 则有

$$\sum_{Ax=0} m(x) = \sum_{x \in U} m(x) = m(U). \tag{2.1.4}$$

把式 (2.1.4) 代入式 (2.1.3), 两边再取极小值, 就证得了式 (2.1.2). □

引理 2.1.1(单调性) 设 $(d_1, d_2, \cdots, d_k)$ 是 $[n,k;q]$ 码 C 的重量谱, 则 $d_r < d_{r+1}$ $(1 \leqslant r < k)$.

证明 设 r 维子码 D_r 满足 $W_s(D_r) = d_r$. 令 $i \in \chi(D_r)$, $D' = \{x \in D_r | x_i = 0\}$, 则 D' 是 $r-1$ 维子码, 且 $d_{r-1} \leqslant W_s(D') \leqslant W_s(D_r) - 1 = d_r - 1$. □

定义 2.1.2 [13] 用 V_{k-1} 记 q 元有限域上 $k-1$ 维射影空间 $PG(k-1,q)$, $\mathbb{N}$ 表示非负整数集合. 定义赋值函数 $m(\cdot)$ 如下:

$$m : V_{k-1} \to \mathbb{N}.$$

对于 V_{k-1} 中的每个点 p, 称 $m(p)$ 为 p 的值; 对于 V_{k-1} 中的子集 S, 定义其值为

$$m(S) = \sum_{p \in S} m(p).$$

定理 2.1.2 [13]　重量谱为 $(d_1, d_2, \cdots, d_k)$ 的 $[n, k; q]$ 一般线性码 C 存在的充要条件, 即正整数序列 $(i_0, i_1, \cdots, i_{k-1})$ 成为某个 C 的差序列的充要条件是, 存在一个赋值函数 $m(\cdot)$, 使得以下条件均满足:

$$\max\{m(U_r) | U_r \text{ 是 } V_{k-1} \text{ 中的 } r \text{ 维子空间}\} = \sum_{j=0}^{r} i_j \quad (0 \leqslant r \leqslant k-1), \quad (2.1.5)$$

这里 i_r 由式 (2.1.1) 定义, $d_{r+1} > d_r \ (1 \leqslant r < k)$.

证明　必要性. 若存在一个码 C, 它的重量谱为 $(d_1, d_2, \cdots, d_k)$, 则用 C 的生成矩阵 G 中列 x 的出现次数定义 x 的值 $m(x)$, $x \in GF(q)^k$. 适当取 $\alpha \neq 0, \alpha \in GF(q)$, 可使 $\alpha x = p \in V_{k-1}$, 于是由上述 $m(x)$ 导出了一个 $V_{k-1} \rightarrow \mathbb{N}$ 的赋值函数 $m(\cdot)$. 用 p 代替 x 的过程中不会改变支撑重量, 因而不会改变码 C 的重量谱. 由式 (2.1.1) 与定理 2.1.1 得式 (2.1.5).

充分性. 若有满足式 (2.1.5) 的 $m(\cdot)$ 存在, 则可构造一个 $k \times n$ 的矩阵 G, 使 $p \in V_{k-1}$ 的每个 p 对应的 $GF(q)^k$ 中元 x 在 G 的列中总共出现 $m(p)$ 次. 由式 (2.1.1) 与定理 2.1.1, 以 G 为生成矩阵的码 C 有重量谱 $(d_1, d_2, \cdots, d_k)$. 定理证毕.　□

定理 2.1.2 把有限射影几何方法引入到确定一般线性码的重量谱的研究.

射影空间 V_{k-1} 中的 1 维、2 维、3 维子空间分别称为线、面、体, 分别用 l, P, V 表示.

记使式 (2.1.5) 达到极大值的子空间之集为

$$M_r = \left\{ U_r | U_r \text{ 是 } V_{k-1} \text{ 的 } r \text{ 维子空间, 且 } m(U_r) = \sum_{j=0}^{r} i_j \right\}$$

$$(0 \leqslant r \leqslant k-1). \quad (2.1.6)$$

为了对有限射影几何方法有一点初步了解, 下面举几个简单例子.

例 2.1.1　$PG(2, 2)$ 中的点与线.

射影空间 $V_2 = PG(2, 2)$ 中有 7 个点, 图 2.1 中分别用 7 个 3 位 2 进制数表示. V_2 中还有 7 条线, 图 2.1 中用直线表示其中 6 条, 最后一条线含 3 个点 $\{011, 101, 110\}$, 但无法用直线表示, 只能用虚折线表示.

类似于例 2.1.1, 在 $PG(k-1, q)$ 中有很多线、面, 它们分别由线性 1 维、2 维子空间的定义产生, 但无法表示为直线、平面, 这是有限射影几何的特点.

例 2.1.2　确定 2 维 q 元一般线性码的所有差序列与重量谱.

正整数序列 (i_0, i_1) 成为某个 2 维 q 元码 C 的差序列的充要条件是

$$1 \leqslant i_1 \leqslant q i_0. \quad (2.1.7)$$

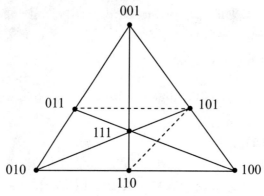

图 2.1 $PG(2,2)$ 中的点与线

下面给出几乎是平凡的证明:

必要性. V_1 是一条含 $q+1$ 个点的直线, 由于式 (2.1.5) 成立, 必有 $m(p) \leqslant i_0$ (对 $p \in V_1$), 且等号对某个 p^* 点成立; 另有 $m(V_1) = i_0 + i_1$. 因此, $i_0 + i_1 \leqslant (q+1)i_0$, 由此得 $i_1 \leqslant qi_0$.

充分性. 构造如下赋值函数: 在 V_1 中 $\lfloor i_1/q \rfloor$ 个点上取值为 i_0, 这里 $\lfloor a \rfloor$ 表示 $\leqslant a$ 的最大整数. 在剩下的点上, p_1 点上取 $m(p_1) = i_1 - \lfloor i_1/q \rfloor i_0$, 其他点取值为 0. 易验这个赋值函数 $m(\cdot)$ 满足式 (2.1.5), 由定理 2.1.2, (i_0, i_1) 为差序列.

作为数值例子, 取 $q = 3$, $(i_0, i_1) = (2, 3)$. V_1 含 4 个点, 用非零最高位为 1 的 4 个 2 位 3 进制数表示: $\{01, 11, 12, 10\}$. 定义 $m(\cdot)$ 如下: 在 01, 11 点上取 2, 在 12 点上取 1, 在 10 点上取 0, 可得相应生成矩阵为

$$G = \begin{pmatrix} 1 & 1 & 1 & 1 & 2 \\ 0 & 0 & 1 & 1 & 1 \end{pmatrix}.$$

这个由 G 生成的码 C 有重量谱 $(3, 5)$, 差序列 $(2, 3)$.

从式 (2.1.7), (2.1.1) 可得: 满足

$$qd_2 \geqslant (q+1)d_1 \tag{2.1.8}$$

的正整数序列 (d_1, d_2) 正好是一般 2 维 q 元线性码的所有重量谱.

为了找出序列成为重量谱的充要条件, 先找到必要条件, 这一步相对容易; 然后, 对满足必要条件的绝大部分序列 (甚至全部序列), 寻找满足式 (2.1.5) 的赋值函数 (一类或几类), 有了赋值函数也就有了生成矩阵与码 C, 它们的重量谱为上述序列, 从而得到充分条件. 于是问题 1 主要归结为 $PG(k-1, q)$ 上满足式 (2.1.5) 的配置均匀的赋值函数的构造. 这就是根据有限射影几何方法

得出的一条新路、新的方法框架. 它不同于原来的组合方法, 这种方法更加有力, 更加方便. 但寻找这种赋值函数并不容易, 需要技巧和智慧, 必须引入各种具体方法, 如交点赋零法、子空间集法、落差法等.

定理 2.1.1 在 1992 年就已发表, 但未立即引出有限射影几何方法. 赋值函数 $m(\cdot)$ 的概念及它可用于重量谱研究的事实由茨发斯曼 (Tsfasman) 等 [123] 与陈文德、克楼夫 [13] 互相独立地提出, 文献 [13] 作为技术报告是与 [123] 同时发表的 (1995 年 11 月), 但作为杂志论文晚了 1 年. 茨发斯曼称 $m(\cdot)$ 为射影系. 定理 2.1.2 由陈文德、克楼夫 [13] 首次提出, 也就是他们首次提出用有限射影几何方法来研究问题 1. 在文献 [41] 中, $m(\cdot)$ 称为射影多重集.

2.2　有限射影几何的基本知识

本节给出本书中要用到的有限射影几何的一些基本知识, 也可参见文献 [39,58,71], 本节略去全部证明, 只给出结果.

q 元有限域上 k 维线性空间 $GF(q)^k$ 中的向量可表示为 $x = (x_1, x_2, \cdots, x_k)$, 其中 $x_i \in GF(q)$ $(1 \leqslant i \leqslant k)$. 对应的 q 元有限域上 $k-1$ 维有限射影几何空间记为 $PG(k-1, q)$, 它中间的点可表示为 $p = (y_1, y_2, \cdots, y_k)$, 其中从左向右第 1 个非零分量取为 $GF(q)$ 中的单位元 1, 其他分量属于 $GF(q)$. 由于 $PG(k-1, q)$ 是把 $GF(q)^k$ 中 αx $(\alpha \in GF(q) \backslash \{0\})$ 这 $q-1$ 向量看作同一个点而引出的 (并扣除零向量), 所以这种射影过程引出的 p 点可以用上述方式表示. (有些文献把 $PG(k-1, q)$ 定义为 k 维空间. 为了与直观一致, 例如, $PG(2,2)$ 可画成图 2.1 所示的三角形, 这里定义 $PG(k-1, q)$ 为 $k-1$ 维空间.)

对于 $GF(q)$ 上 $k \times r$ 矩阵的 r 个线性独立列生成的 $GF(q)^k$ 中的 r 维子空间, 经上述投影过程 (即每个向量乘上适当的 α 后把从左向右第 1 个非零分量化为 1), 得到的 $PG(k-1, q)$ 中的子集称为它的 $r-1$ 维子空间.

记

$$[r]_q = (q^r - 1)/(q - 1),$$

定义

$$[r+1]_q! = [r+1]_q [r]_q!,$$

$$\begin{bmatrix} k \\ r \end{bmatrix}_q = \frac{[k]_q!}{[r]_q![k-r]_q!}.$$

引理 2.2.1 $PG(k-1,q)$ 中 r 维子空间的数目为 $\begin{bmatrix} k \\ r+1 \end{bmatrix}_q$.

例 2.2.1 $PG(3,2)$ 中, 0 维、1 维、2 维子空间, 即点、线、面的数目分别为 $\begin{bmatrix} 4 \\ 1 \end{bmatrix}_2 = 15$, $\begin{bmatrix} 4 \\ 2 \end{bmatrix}_2 = 35$, $\begin{bmatrix} 4 \\ 3 \end{bmatrix}_2 = 15$. $PG(3,3)$ 中点、线、面的数目分别为 $\begin{bmatrix} 4 \\ 1 \end{bmatrix}_3 = 40$, $\begin{bmatrix} 4 \\ 2 \end{bmatrix}_3 = 130$, $\begin{bmatrix} 4 \\ 3 \end{bmatrix}_3 = 40$. $PG(k-r,q)$ 中 $k-r-1$ 维子空间的数目为 $\begin{bmatrix} k-r+1 \\ 1 \end{bmatrix}_q$.

引理 2.2.2 设 U 是 $PG(k-1,q)$ 中的 r 维子空间, 则 $PG(k-1,q)$ 中包含 U 的、维数为 $r+l$ 的子空间数目为 $\begin{bmatrix} k-r-1 \\ l \end{bmatrix}_q$.

例 2.2.2 $PG(k-1,q)$ 中包含 $k-r-1$ 维子空间 U 的、维数为 $k-r$ 的子空间数目为 $\begin{bmatrix} r \\ 1 \end{bmatrix}_q = [r]_q$. $PG(k-r,q)$ 中包含 0 维子空间 (即点)U 的、维数为 $k-r-1$ 的子空间数目为 $\begin{bmatrix} k-r \\ k-r-1 \end{bmatrix}_q = [k-r]_q$.

引理 2.2.3 用 $S_1 \cap S_2$ 记 $PG(k-1,q)$ 中两个子空间的交, 再用 $S_1 \cup S_2$ 记 S_1 与 S_2 张成的子空间, $\dim(S_i)$ 表示 S_i 的维数, 则有

$$\dim(S_1 \cap S_2) = \dim(S_1) + \dim(S_2) - \dim(S_1 \cup S_2),$$

这里 0 维子空间为点. $\dim(S_1 \cap S_2) < 0$ 时, S_1 与 S_2 无交点.

例 2.2.3 $PG(3,q)$ 中两个面至少有一条交线, 一个面与一条线至少有一个交点, 两条线有可能无交点. $PG(2,q)$ 中两条线至少有一交点.

因为 $PG(k-1,q)$ 中的子空间与 $GF(q)^k$ 中的子空间有对应关系, 所以本节中 3 个引理在 $GF(q)^k$ 中也有对应的结果, 不再详述.

2.3 一 些 引 理

本节给出后面的章节中要用到的一些引理. 首先给出重量谱的几个必要条件.

引理 2.3.1 [64,80] 设 $(d_1, d_2, \cdots, d_k)$ 是 $[d_k, k; q]$ 码 C 的重量谱, 则:

(i) $(q^r - 1)d_{r-1} \leqslant (q^r - q)d_r$ $(2 \leqslant r \leqslant k)$;

(ii) $(q^{k-r} - 1)(d_k - d_{r-1}) \leqslant (q^{k-r+1} - 1)(d_k - d_r)$ $(2 \leqslant r \leqslant k+1)$;

(iii) 对 $2 \leqslant m+1 < l < k$ 中某些 l, m, 若有

$$(q^{l-m-1} - 1)(d_l - d_m) > (q^{l-m} - 1)(d_l - d_{m+1}),$$

则必然有

$$d_{l+1} \leqslant d_l + d_m - d_{m-1}/q.$$

证明　令 $U \in F_{k,k-r}$, 满足

$$d_r = n - m(U) = m(U^c).$$

再令 V_i $(i = 1, 2, \cdots, [r]_q)$ 是 $F_{k,k-r+1}$ 中包含 U 的全部子空间. 由定理 2.1.1 得到

$$d_{r-1} \leqslant n - m(V_i) \quad (1 \leqslant i \leqslant [r]_q),$$

所以

$$d_r - d_{r-1} \leqslant m(V_i) - m(U) = m(V_i \backslash U) \quad (1 \leqslant i \leqslant [r]_q).$$

注意到: $(V_i \backslash U) \cap (V_j \backslash U) = \emptyset$ (对 $i \neq j$) 且 $\bigcup_i (V_i \backslash U) = U^c$, 于是

$$d_r = m(U^c) = \sum_{i=1}^{[r]_q} m(V_i \backslash U) \leqslant (q^r - 1)(d_r - d_{r-1})/(q-1).$$

这就证得了 (i).

令 $U \in F_{k,k-r+1}$ 且满足 $n - d_{r-1} = m(U)$. 对任意 $k-r$ 维子空间 U', 有 $m(U') \leqslant n - d_r$. 由 2.2 节, 易知 U 中包含 $[k-r+1]_q$ 个 U', 而 U 中每个非零元正好含在 $[k-r]_q$ 个 U' 内. 因此有

$$[k-r]_q(n - d_{r-1}) = \sum \{ m(U') | U' \subset U, U' \in F_{k,k-r} \}$$
$$\leqslant [k-r+1]_q(n - d_r).$$

这就证得了 (ii).

对于 $1 \leqslant r \leqslant k$, 令 D_r 表示满足 $W_s(D_r) = d_r(C)$ 的码 C 的 r 维子空间. 用 $d_r(D_l)$ 表示 D_l 中 r 维子码的最小支撑重量, 易知, $d_r(D_l) \leqslant d_r(C)$ $(1 \leqslant r \leqslant l)$ 且 $d_l(D_l) = d_l(C)$. 把 (ii) 应用于 D_l, 得

$$[l-m-1]_q(d_l(C) - d_m(D_l)) \leqslant [l-m]_q(d_l(C) - d_{m+1}(D_l))$$
$$\leqslant [l-m]_q(d_l(C) - d_{m+1}(C))$$

$$< [l-m-1]_q(d_l(C)-d_m(C)).$$

于是 $d_m(D_l) > d_m(C) = d_m(D_m)$, 所以 $D_m \nsubseteq D_l$. 取 $x \in D_m \backslash D_l$, 则存在一个 D_m 的 $m-1$ 维子空间 D, 使得

$$D_m = D \cup \left(\bigcup_{\alpha \in GF(q), \alpha \neq 0} (\alpha x + D) \right), \quad (x+D) \cap D_l = \emptyset, \qquad (2.3.1)$$

这里 $x+D$ 表示 $\{x+x_1 | x_1 \in D\}$. 对于 D 的支撑集中的每个分量位置, D 中 $1/q$ 的向量在这位置取 0 元, $(q-1)/q$ 的向量在这位置取非 0 元. $x+D$ 中也如此. 对于 $\chi(D_m) \backslash \chi(D)$ 中的每个分量位置, $x+D$ 中的所有向量在这位置取非 0 元 (因为 D 中所有向量在这位置取 0 元, 若存在 $y \in D$, 使得 $x+y$ 在这位置取 0 元, 则 x, 从而 $\alpha x + y$ 在这位置也取 0 元, 由式 (2.3.1), 这个位置不属于 D_m 的支撑集, 矛盾). 于是, 在 $x+D$ 中向量的平均汉明重量是

$$(W_s(D_m)-W_s(D)) \cdot 1 + W_s(D) \cdot (q-1)/q = d_m(C) - W_s(D)/q.$$

因为 $W_s(D) \geqslant d_{m-1}(C)$, 所以

$$d_m(C) - W_s(D)/q \leqslant d_m(C) - d_{m-1}(C)/q.$$

记 $x+D$ 中具有最小汉明重量的向量为 z, 则 y 与 D_l 一起张成一个 $l+1$ 维子空间 D', 且

$$d_{l+1}(C) \leqslant W_s(D') \leqslant W_s(D_l) + W_s(z)$$
$$\leqslant d_l(C) + d_m(C) - d_{m-1}(C)/q.$$

这就证得了 (iii). □

为了简化证明及以后应用方便, 下面各引理都用差序列语言表达. 由式 (2.1.1), 可以把引理 2.3.1 用差序列的语言表达出来, 其中 (iii) 可进一步叙述成 2 种可能情况 (对一组 l, m).

引理 2.3.2 设正整数序列 $(i_0, i_1, \cdots, i_{k-1})$ 是 $[d_k, k; q]$ 码 C 的差序列, 则它们必满足如下各必要条件:

(i) $\sum\limits_{j=r+1}^{k-1} i_j \leqslant \left(\sum\limits_{j=1}^{k-1-r} q^j \right) i_r \ (0 \leqslant r \leqslant k-2)$.

(ii) $\left(\sum\limits_{j=0}^{r} q^j \right) i_r \leqslant q^r \sum\limits_{j=0}^{r} i_j \ (1 \leqslant r \leqslant k-2)$.

(iii) 对于满足 $2 \leqslant m+1 < l < k$ 的每组 l, m, 必然满足以下两条件之一:

(iiia)

$$\left(\sum_{j=0}^{l-m-2} q^j\right) i_{k-m-1} \leqslant q^{l-m-1} \sum_{j=k-l}^{k-m-2} i_j; \tag{2.3.2}$$

(iiib)

$$\left(\sum_{j=0}^{l-m-2} q^j\right) i_{k-m-1} > q^{l-m-1} \sum_{j=k-l}^{k-m-2} i_j, \tag{2.3.3}$$

且

$$i_{k-l-1} \leqslant i_{k-m} + (q-1) \sum_{j=k-m+1}^{k-1} i_j/q. \tag{2.3.4}$$

定义 2.3.1　文献 [80] 把满足引理 2.3.1(i) 和 (ii) 的正整数序列 $(d_1, d_2, \cdots, d_k)$ 称为可行序列; 若还进一步满足

$$(q^{l-m-1}-1)(d_l-d_m) \leqslant (q^{l-m}-1)(d_l-d_{m+1}) \quad (2 \leqslant m+1 < l < k), \tag{2.3.5}$$

则称为链可行序列. 相应地, 也可把满足引理 2.3.2(i), (ii), (iiia) 的正整数序列 $(i_0, i_1, \cdots, i_{k-1})$ 称为链可行差序列. 链可行序列也称为 I 型序列, 其他可行序列称为 II 型序列. 相应地, $(i_0, i_1, \cdots, i_{k-1})$ 也可分为 I 型、II 型两类, 不再详述. 满足链条件的码简称为链码, 链码的重量谱也称为链好序列. 链码的差序列简称为链差序列.

由式 (1.2.2) 定义的链条件与定理 2.1.1 及式 (2.1.1), 易导出链差序列的如下引理:

引理 2.3.3　设 $(i_0, i_1, \cdots, i_{k-1})$ 是某个 $[n,k;q]$ 码 C 的差序列, 则它成为链差序列的充要条件是, 存在一个 $m(\cdot)$ 与 $U_r \in M_r$ $(0 \leqslant r \leqslant k-2)$, 满足

$$U_0 \subset U_1 \subset U_2 \subset \cdots \subset U_{k-3} \subset U_{k-2}, \tag{2.3.6}$$

这里 M_r 由式 (2.1.6) 定义.

引理 2.3.4 [44]　正整数序列 $(i_0, i_1, \cdots, i_{k-1})$ 成为链可行差序列的充要条件是

$$i_{r+1} \leqslant q i_r \quad (0 \leqslant r \leqslant k-2).$$

证明　必要性. 在引理 2.3.2(i), (ii), (iiia) 中分别取 $r=k-2$; $r=1$; $l=r$, $m=r-2$. 这样就得到了本引理的条件.

充分性. 若本引理条件满足, 则有

$$\left(\sum_{j=1}^{r-1} q^j\right) i_{k-r} - \sum_{j=k-r+1}^{k-1} i_j = \sum_{j=2}^{r} (q^{j-1}-1)(q i_{k-j} - i_{k-j+1}) \geqslant 0 \quad (0 \leqslant k-r \leqslant k-2).$$

这证得了引理 2.3.2(i). 进一步, 有

$$q^{l-m} \sum_{j=k-l}^{k-m} i_j - \left(\sum_{j=0}^{l-m} q^j \right) i_{k-m} = \sum_{j=m+1}^{l} (q^{l-m} - q^{j-m-1})(q i_{k-j} - i_{k-j+1}) \geqslant 0.$$

这证得了引理 2.3.2(ii) 和 (iiia). □

引理 2.3.5 [12,44] (i) 若 $(i_0, i_1, \cdots, i_{k-1})$ 是链差序列, 且 $i_{k-1} > 1$, 则 $(i_0, i_1, \cdots, i_{k-1} - 1)$ 也是链差序列;

(ii) 若 $(i_0, i_1, \cdots, i_{k-2}, i_{k-1})$ 是链差序列, 则 $(i_0, i_1, \cdots, i_{k-2})$ 也是链差序列;

(iii) 若 $(i_0, i_1, \cdots, i_{k-1})$ 是链差序列, 则 $(i_1, i_2, \cdots, i_{k-1})$ 也是链差序列.

证明 由式 (2.3.6), 易知 $m(U_{k-1} \backslash U_{k-2}) = i_{k-1}$. 把 $U_{k-1} \backslash U_{k-2}$ 中某个 $m(p) \neq 0$ 的点 p 上的值减 1, 得到的赋值函数对应的码 C 有链差序列 $(i_0, i_1, \cdots, i_{k-1} - 1)$. (i) 得证.

式 (2.3.6) 中的 U_{k-2} 看成 $PG(k-2, q)$, 其上由 $m(\cdot)$ 定义的码 C 有链差序列 $(i_0, i_1, \cdots, i_{k-2})$. (ii) 得证.

对于式 (2.3.6) 中的 U_r, 把用定理 2.1.1 证明中的方法得到的对应的 $k-r$ 维子码记为 D_{k-r}, 这里 $d_{k-r} = W_s(D_{k-r})$, 则显然有

$$D_1 \subset D_2 \subset \cdots \subset D_{k-1}.$$

于是码长为 d_{k-1} 的 $k-1$ 维码 D_{k-1} 有链差序列 $(i_1, i_2, \cdots, i_{k-1})$. (iii) 得证. □

引理 2.3.6 [12] 设正整数序列 $(i_0, i_1, \cdots, i_{k-1})$ 是链差序列, 且 $\alpha_0, \alpha_1, \cdots, \alpha_{k-1}$ 是满足

$$\alpha_0 \geqslant \alpha_1 \geqslant \cdots \geqslant \alpha_{k-1} \geqslant 0 \qquad (2.3.7)$$

的整数, 则 $(i'_0, i'_1, \cdots, i'_{k-1})$ 也是链差序列, 这里

$$i'_r = i_r + \alpha_r q^r.$$

证明 由引理 2.3.3, 存在 $U_r \in M_r$, 满足式 (2.3.6), 记这个赋值函数为 $m(\cdot)$. 定义新的赋值函数

$$m'(p) = m(p) + \alpha_r \quad (p \in U_r \backslash U_{r-1}, 0 \leqslant r \leqslant k-1),$$

这里 $U_{-1} = \emptyset$. 由引理 2.2.1, $U_r \backslash U_{r-1}$ 中点的数目为 $\begin{bmatrix} r \\ 1 \end{bmatrix}_q - \begin{bmatrix} r-1 \\ 1 \end{bmatrix}_q = q^r$. 由式 (2.3.7), 易验证: 对于 $m'(\cdot)$, 仍有 $U_r \in M_r$ 且 $i'_r = i_r + \alpha_r q^r$, $(i'_0, i'_1, \cdots, i'_{k-1})$ 也是链差序列. □

引理 2.3.7[12]　设 $m \leqslant 0$, 若满足

$$\lfloor i_1/q \rfloor = m,$$
$$i_0 = \lfloor i_1/q \rfloor + \delta, \quad \delta = \mathrm{sgn}(i_1 - \lfloor i_1/q \rfloor q), \tag{2.3.8}$$
$$i_{k-1} = qi_{k-2} \tag{2.3.9}$$

的链可行差序列 $(i_0, i_1, \cdots, i_{k-1})$ 都是链差序列, 则所有 $\lfloor i_1/q \rfloor = m$ 的链可行差序列都是链差序列.

证明　记 $A = (i_0, i_1, \cdots, i_{k-1})$ 是 $\lfloor i_1/q \rfloor = m$ 的链可行差序列, 再记

$$\beta = i_0 - \lfloor i_1/q \rfloor - \delta, \quad \gamma = qi_{k-2} - i_{k-1}.$$

定义

$$A' = (i_0 - \beta, i_1, \cdots, i_{k-2}, i_{k-1} + \gamma),$$

则 A' 满足式 (2.3.8) 和 (2.3.9). 易验证: $i_1 \leqslant qi_0$ 等价于 $i_0 \geqslant \lfloor i_1/q \rfloor + \delta$. 由引理 2.3.4, 易知 A' 仍为链可行差序列. 按假设条件, 知 A' 是链差序列. 由引理 2.3.6(取 $\alpha_0 = \beta$, 其他 $\alpha_r = 0$) 和 2.3.5(i), 易知 A 为链差序列. □

第 3 章 3 维码的重量谱

本章从研究 3 维码的重量谱开始, 这对初次接触本领域的读者是一个入门, 是上坡的第 1 个台阶.

我们把码及其重量谱分成两类: 第 1 类在 $q \leqslant 5$ 时完全确定了 3 维 q 元码的重量谱; 第 2 类, 略容易些, 在 $q \leqslant 11$ 时完全确定了 3 维 q 元码的重量谱. 对一般的 q, 我们确定了 3 维 q 元码几乎所有的重量谱. 方法的关键是在射影平面 $PG(2,q)$ 上构造均匀的赋值函数, 在 $q = 11$ 时, 令人感觉像在做智力游戏, 本章同时也展示出了十几幅 0–1 分布均匀的美丽图片.

本章内容主要取自文献 [12,22,24,120,142].

3.1 2 维几何方法与重量谱的分类

为了确定 3 维一般线性码的重量谱, 有限射影几何方法引导我们在射影平面 $PG(2,q)$ 上做研究. 根据 k 维的定理 2.1.2, 易得如下推论:

推论 3.1.1 正整数序列 (i_0, i_1, i_2) 成为某个 $[n,3;q]$ 码 C 的差序列的充要条件是, 存在一个赋值函数, 使得以下 3 个条件均成立:

$$\max\{m(p) | p \in V_2\} = i_0, \tag{3.1.1}$$

$$\max\{m(l) | l \text{ 是 } V_2 \text{ 中的线}\} = i_0 + i_1, \tag{3.1.2}$$

$$m(V_2) = i_0 + i_1 + i_2. \tag{3.1.3}$$

为了确定 3 维码的差序列, 首先, 找到序列成为差序列的合适的必要条件; 然后, 再构造射影平面 $PG(2,q)$ 上的赋值函数, 使它们满足推论 3.1.1 的条件, 这就得到了差序列的充分条件. 若这些 $m(\cdot)$ 构造得足够好, 就可能使满足必要条件的绝大部分 (甚至全部) 序列也满足充分条件, 再对剩下的小部分序列逐一判断它们是否是差序列, 最后得到差序列的充要条件, 也就确定了 3 维 q 元一般线性码的重量谱.

为了在 $PG(2,q)$ 上构造赋值函数, 首先需要给出 $PG(2,q)$ 中所有点的表示. 我们用有序排列的两组线的交点表示所有点. 令 A, B, C 是不在一条线上的 3 个点, 记过 A 的线为

$$l(0) = \overline{AC}, l(1), \cdots, l(q-1), l(q) = \overline{AB};$$

再记过 B 的线为

$$\hat{l}(0) = \overline{BC}, \hat{l}(1), \cdots, \hat{l}(q-1), \hat{l}(q) = l(q).$$

记交点

$$p(i,j) = \hat{l}(i) \cap l(j),$$

这里 $0 \leqslant i \leqslant q-1$, $0 \leqslant j \leqslant q-1$. 最后, 记 $l(q)$ 上的点为

$$p(0,q) = B, p(1,q), \cdots, p(q-1,q), p(q,q) = A.$$

图 3.1 给出了 $PG(2,3)$ 中点的表示.

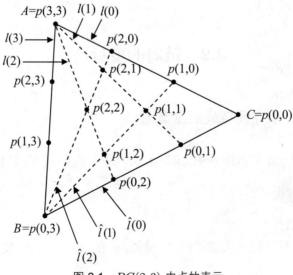

图 3.1　$PG(2,3)$ 中点的表示

定义 3.1.1 对于 3 维链码, 链条件式 (1.2.2) 中仅含 2 项与 1 个包含关系, 即

$$D_1 \subset D_2. \tag{3.1.4}$$

相应地, 满足链条件的差序列是指, 存在某赋值函数, 满足式 (3.1.1)~(3.1.3), 且存在 $p^* \in M_0$, $l^* \subset M_1$, 使得

$$p^* \in l^*. \tag{3.1.5}$$

此差序列简称为链差序列, 简记为 CDS. 不满足链条件的码简称为无链码. 相应地, 若存在某个赋值函数, 使得对任意 $p^* \in M_0$, $l^* \subset M_1$, 式 (3.1.5) 均不成立, 则此差序列简称为无链差序列, 简记为 NDS.

一个差序列对于不同的码可以表现为链差序列与无链差序列.

例 3.1.1 设差序列为 $(3,3,3)$, 对应的重量谱为 $(3,6,9)$. 易验证: 生成矩阵为

$$
\begin{pmatrix}
1 & 1 & 1 & 0 & 0 & 0 & 0 & 0 & 0 \\
0 & 0 & 0 & 1 & 1 & 1 & 0 & 0 & 0 \\
0 & 0 & 0 & 0 & 0 & 0 & 1 & 1 & 1
\end{pmatrix}
\quad \text{与} \quad
\begin{pmatrix}
1 & 1 & 1 & 0 & 0 & 0 & 0 & 0 & 0 \\
0 & 0 & 0 & 1 & 1 & 1 & 1 & 0 & 0 \\
0 & 0 & 0 & 0 & 0 & 0 & 1 & 1 & 1
\end{pmatrix}
$$

的 3 维 2 元线性码都有上述重量谱, 但前者满足链条件, 后者不满足.

由于链条件在理论与应用中的重要性, 下面将 3 维码分为两类: 链码与无链码, 相应的重量谱、差序列也分为两类, 在下面两节中分别论述.

3.2 链码的重量谱

3.2.1 一般 q 元链码的重量谱

定理 3.2.1 正整数序列 (i_0, i_1, i_2) 成为某个 $[n, 3; q]$ 码 C 的链差序列的必要条件是:

(i) $i_1 \leqslant q i_0$;

(ii) $i_2 \leqslant q i_1$.

证明 由推论 3.1.1 与式 (3.1.5) 易知, 存在 $m(\cdot)$, p^*, l^*, 使得

$$m(p^*) = i_0, \quad m(l^*) = i_0 + i_1 \quad (p^* \in l^*).$$

因为对线 l^* 上的所有点 p, 都有 $m(p) \leqslant i_0$, 所以

$$i_0 + i_1 = m(l^*) \leqslant (q+1)i_0.$$

这就证得了 (i).

因为过 p^* 的每条线的值不超过 $i_0 + i_1$, 再由式 (3.1.3), 有

$$i_0 + i_1 + i_2 = m(V_2) \leqslant i_0 + (q+1)i_1,$$

所以 (ii) 成立. □

下面给出链差序列的 3 个充分条件. 以后经常把 "某个 $[n,3;q]$ 码 C 的链差序列" 简称为 "链差序列".

引理 3.2.1　设 $i_1 = \rho(q-1) + \sigma$, 这里 ρ, σ $(0 \leqslant \sigma \leqslant \rho)$ 是非负整数. 正整数序列 (i_0, i_1, i_2) 成为链差序列的充分条件是

$$i_0 \geqslant \rho \quad 且 \quad i_2 \leqslant qi_1.$$

证明　由引理 2.3.5(i) 和 2.3.6, 仅需对 $i_0 = \rho$, $i_2 = qi_1$ 给出证明. 构造如下赋值函数.

构造 3.2.1　此构造的示意图见图 3.2, 其赋值函数见表 3.1,

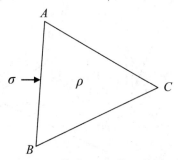

图 3.2　构造 3.2.1 的示意图

表 3.1　构造 3.2.1 的赋值函数

$m(p)$	p
σ	$p \in l(q) = \overline{AB}$
ρ	其他

下面证明, 对这个 $m(\cdot)$, 推论 3.1.1 的条件均成立. 对所有点 p, 有

$$m(C) = \rho = i_0 \geqslant m(p).$$

因为 $l(q)$ 以外的任意线 l^* 都与 $l(q)$ 恰有一个交点, 所以

$$m(l^*) = \sigma + q\rho = i_0 + i_1,$$

而

$$m(l(q)) = (q+1)\sigma \leqslant i_0 + i_1.$$

另外

$$m(V_2) = (q+1)\sigma + q^2\rho = i_0 + i_1 + i_2,$$

于是 (i_0, i_1, i_2) 为差序列. 再注意到 $C \subset \overline{AC}$, 所以它是链差序列. □

当 i_1 不满足上述定理条件时, 有下面的引理:

引理 3.2.2 设 $i_1 = \rho(q-1) + \sigma$, 这里 $0 \leqslant \rho < \sigma \leqslant q-2$, 再引入非负整数 τ $(0 \leqslant \tau \leqslant q - \sigma - 1)$, 则正整数序列 (i_0, i_1, i_2) 成为链差序列的充分条件是

$$i_0 \geqslant \rho + q - \sigma - \tau \quad \text{且} \quad i_2 \leqslant qi_1 - \tau(\sigma - \rho).$$

证明 仍由引理 2.3.5(i) 和 2.3.6, 仅需对 $i_0 = \rho + q - \sigma - \tau$, $i_2 = qi_1 - \tau(\sigma - \rho)$ 给出证明. 构造如下 $m(\cdot)$.

构造 3.2.2 此构造的示意图见图 3.3, 其赋值函数见表 3.2.

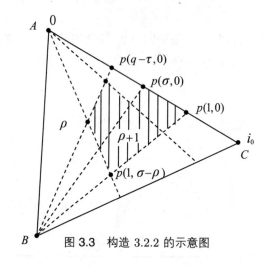

图 3.3 构造 3.2.2 的示意图

表 3.2 构造 3.2.2 的赋值函数

$m(p)$	p	参数范围
i_0	C	
0	A	
$\rho+1$	$p(i,j)$	$j=0$ 时, $1 \leqslant i \leqslant \sigma$; $1 \leqslant j \leqslant \sigma - \rho$ 时, $1 \leqslant i \leqslant q - \tau$.
ρ	其他	

图 3.3 中, 阴影部分点的赋值为 $\rho+1$.

下面证明, 对这个 $m(\cdot)$, 推论 3.1.1 的条件都成立. 因为

$$qi_0 \geqslant i_1 = q\rho + \sigma - \rho > q\rho,$$

所以, 对所有 $p \neq C$, 有

$$m(C) = i_0 \geqslant \rho + 1 \geqslant m(p).$$

易知

$$m(l(0)) = i_0 + (q-1)\rho + \sigma = i_0 + i_1.$$

对其他过 A 的线 l, 有

$$m(l) \leqslant q\rho + (q - \tau) = i_0 + i_1,$$

不过 A 的任一线 l 必与所有线 $l(i)(0 \leqslant i \leqslant q)$ 各交一点, 所以

$$m(l) \leqslant m(l \cap l(0)) + q\rho + (\sigma - \rho)$$
$$\leqslant i_0 + \rho(q-1) + \sigma = i_0 + i_1.$$

另外

$$m(V_2) = i_0 + (q^2 + q - 1)\rho + \sigma + (q - \tau)(\sigma - \rho)$$
$$= i_0 + i_1 + i_2.$$

注意到 $C \subset l(0)$, 这就证明了 (i_0, i_1, i_2) 是链差序列. □

综合应用以上两引理, 可得到以下比较全面、简洁漂亮的充分条件:

定理 3.2.2 正整数序列 (i_0, i_1, i_2) 成为链差序列的充分条件是:

(i) $i_0 \geqslant q - 1$;

(ii) $i_1 \leqslant qi_0$;

(iii) $i_2 \leqslant qi_1$.

证明 由 (ii), 有 $i_0 \geqslant i_1/q \geqslant \lceil i_1/q \rceil$.

记 $\rho = \lceil i_1/q \rceil$, 于是

$$i_1 = \rho(q-1) + \sigma,$$

这里 $\rho - (q-1) \leqslant \sigma \leqslant \rho$. 若 $\sigma \geqslant 0$, 则由引理 3.2.1 知, (i_0, i_1, i_2) 是链差序列. 若 $\sigma \leqslant -1$, 并记

$$\rho' = \rho - 1, \quad \sigma' = \sigma + q - 1,$$

则有

$$i_1 = \rho'(q-1) + \sigma' \quad (\rho' < \sigma' \leqslant q - 2).$$

应用引理 3.2.2, 取 $\tau = 0$, 可知: 当 $i_0 \geqslant q-1 \geqslant q-(\sigma'-\rho')$ 时, (i_0, i_1, i_2) 是链差序列. □

定理 3.2.1 的必要条件仅比定理 3.2.2 的充分条件少了式子 $i_0 \geqslant q-1$; 对于小于 $q-1$ 的 i_0, 序列是否为链差序列不能确定. 下一小节对 $q \leqslant 5$ 解决了这问题; 而 3.2.3 小节中将指出: $q = 7$ 时, 上述不能确定的序列中, 有许多至今仍是未知序列. 随着 q 的增大, 未知序列的数目急剧增加, 呈天文数字. 因此, 根据我们的经验, 想确定一般 q 元线性码所有可能的重量谱是不可能的, 问题应该有一个合理的新提法. 于是, 我们把目标修改为 "确定一般 q 元线性码几乎所有的重量谱", 这是可能做到的.

定义 3.2.1 令 $M(i)$ 和 $N_1(i)$ 分别表示 $i_0 \leqslant i$ 时满足必要条件和充分条件的某类差序列的数目, 当

$$\lim_{i \to \infty} N_1(i)/M(i) = 1 \tag{3.2.1}$$

时, 称该充分条件是几乎必要的, 也可称该必要条件是几乎充分的. 应用这个充分条件, 就可确定这类线性码的几乎所有的重量谱.

推论 3.2.1 定理 3.2.2 给出的链差序列的充分条件是几乎必要的.

证明 把定义 3.2.1 用于 3 维 q 元码的链差序列上. 由定理 3.2.1, 易知

$$M(i) = \sum_{i_0=1}^{i} \sum_{i_1=1}^{qi_0} \sum_{i_2=1}^{qi_1} 1 = \sum_{i_0=1}^{i} \sum_{i_1=1}^{qi_0} qi_1 = \sum_{i_0=1}^{i} q\frac{qi_0(qi_0+1)}{2}$$

$$= \sum_{i_0=1}^{i} \left(\frac{q^3}{2} i_0^2 + \frac{q^2}{2} i_0 \right) = \frac{q^3}{6} i^3 + o(i^3).$$

再由定理 3.2.2, 有

$$N_1(i) = \sum_{i_0=q-1}^{i} \sum_{i_1=1}^{qi_0} \sum_{i_2=1}^{qi_1} 1 = \sum_{i_0=q-1}^{i} \sum_{i_1=1}^{qi_0} qi_1 = \sum_{i_0=q-1}^{i} q\frac{qi_0(qi_0+1)}{2}$$

$$= \sum_{i_0=1}^{i} \left(\frac{q^3}{2} i_0^2 + \frac{q^2}{2} i_0 \right) - \sum_{i_0=1}^{q-2} \left(\frac{q^3}{2} i_0^2 + \frac{q^2}{2} i_0 \right) = \frac{q^3}{6} i^3 + o(i^3),$$

所以 $\lim_{i \to \infty} N_1(i)/M(i) = 1.$ □

3.2.2 $q \leqslant 5$ 时 q 元链码的重量谱

定理 3.2.3 当 $q \leqslant 5$ 时, 正整数序列 (i_0, i_1, i_2) 成为链差序列的充要条件是:

(i) $i_1 \leqslant q i_0$;

(ii) $i_2 \leqslant q i_1$;

(iii) 扣除表 3.3 所示的例外序列.

表 3.3　$q \leqslant 5$ 时的例外序列

q	例外序列
2	无
3	(1,1,3)
4	(1,2,7),(1,2,8)
5	(1,1,5),(1,2,9),(1,2,10),(1,3,13),(1,3,14),(1,3,15)

证明　对 $q=2$, 由定理 3.2.2 可得. 对 $q=4$, 记 $\rho = \lceil i_1/4 \rceil$, 则

$$i_1 = 3\rho + \sigma,$$

这里 $\sigma \in \{\rho, \rho-1, \rho-2, \rho-3\}$. 除了 $i_1 = 1,2,5$ 以外, $\sigma \geqslant 0$. 应用引理 3.2.1, 易知在这 $\sigma \geqslant 0$ 情况下, (i_0, i_1, i_2) 是链差序列.

当 $i_1 = 1,2,5$ 时, 应用引理 3.2.2, 可得以下序列为链差序列:

$$(i_0, 1, 4), \quad i_0 \geqslant 3 \quad (\diamondsuit\ \rho = 0, \sigma = 1, \tau = 0),$$
$$(i_0, 1, 3), \quad i_0 \geqslant 2 \quad (\diamondsuit\ \rho = 0, \sigma = 1, \tau = 1),$$
$$(i_0, 1, 2), \quad i_0 \geqslant 1 \quad (\diamondsuit\ \rho = 0, \sigma = 1, \tau = 2),$$
$$(i_0, 2, 8), \quad i_0 \geqslant 2 \quad (\diamondsuit\ \rho = 0, \sigma = 2, \tau = 0),$$
$$(i_0, 2, 6), \quad i_0 \geqslant 1 \quad (\diamondsuit\ \rho = 0, \sigma = 2, \tau = 1),$$
$$(i_0, 5, 20), \quad i_0 \geqslant 3 \quad (\diamondsuit\ \rho = 1, \sigma = 2, \tau = 0),$$
$$(i_0, 5, 19), \quad i_0 \geqslant 2 \quad (\diamondsuit\ \rho = 1, \sigma = 2, \tau = 1).$$

于是, 未知序列仅为下面的 6 个:

$$(2,1,4),(1,1,3),(1,1,4),(1,2,7),(1,2,8),(2,5,20).$$

由文献 [7], 码长 6 的、d_1 为 4 的 3 维 4 元码存在, 它的差序列是 (1,1,4). 由下节推论 3.3.1, 易知它不是无链差序列, 因而是链差序列. 再由引理 2.3.6 和 2.3.5(i), 易知 (1,1,3), (2,1,4), (2,5,20) 也是链差序列. 最后, 由文献 [7], 不存在码长 10 的、d_1 为 7 的 3 维 4 元码, 所以 (1,2,7) 不是差序列. 由定理 2.3.5(i) 知, (1,2,8) 也不是差序列. 对 $q=3,5$, 类似可证定理的结论, 详细证明略去. □

3.2.3 7 元链码的重量谱

应用引理 3.2.1 与 3.2.2 给出的两个充分条件, 在 $q = 4$ 时, 可知仅剩下 6 个未知序列; 但在 $q = 7$ 时, 经计算知, 剩下 193 个未知序列. 随着 q 的增大, 未知序列数目急剧增加, 目前还没有理论分析方法能完全确定这些未知序列是否是链差序列. 我们尝试用遗传算法来确定大部分未知序列.

遗传算法是一种全局优化的启发性算法. 把我们的问题叙述成: 对给定的 i_0, i_1, 搜索最大的 i_2, 使得 (i_0, i_1, i_2) 是链差序列.

1. 染色体表示

在 $PG(2,7)$ 上构造赋值函数 $m(\cdot)$, 使得对某个 p^*, 有 $m(p^*) = i_0$, 其他点上有 $0 \leqslant m(p) \leqslant i_0$, 过 p^* 的某条线 l^* 上有 $m(l^*) = i_0 + i_1$, l^* 上点的值尽量均匀分布. p^*, l^* 以外的 49 个点上的值满足推论 2.1.1 的条件. 每个染色体的长度就定义为 49, 染色体的 49 个位置与上述 49 个点一一对应, 位置取值等于该点的值.

2. 适应度函数

对于第 j 个染色体, 用它对应的 $m(\cdot)$ 来定义一些集合. 记 $P^*(j)$ 为值等于 i_0 的所有点的集合, 记 $L^*(j)$ 为值等于 $i_0 + i_1$ 的所有线包含的点的集合, 定义集合

$$U_j = \{p | p \in V_2\} \backslash (P^*(j) \cup L^*(j)).$$

用 $N_0(j)$, $N_{01}(j)$ 分别表示 V_2 中值等于 0, $i_0 + i_1$ 的线的数目. 适应度函数定义为

$$f(j) = |U_j| + N_0(j) + N_{01}(j).$$

3. 算法步骤

首先约定: 所有操作步骤中要求所有染色体的位置取值都满足推论 2.1.1 的条件. 染色体的串值定义为所有位置的值的和.

(1) 产生 N 个长度为 49 的初始串. 串值都相同, 且不大于 4. 设进化的最大代数为 $7i_1$.

(2) 计算 $f(j)$.

(3) 用随机方法进行选择操作与交叉操作.

(4) 进行变异操作. 这是关键的一步. 选择一个唯一的变异位置, 将该位置的值加 1. 由于仅能在 U_j 中点对应的位置上做变异操作, 所以每次选择变异位置时, 要使变异后串的 $f(j)$ 值达到最大, 以便为以后的变异创造条件, 这也是适应度函数中含 $|U_j|$ 项的理由. 对群体中每个染色体都进行上述变异操作. 当某个染色体的 $|U_j| = 0$ 时, 它没有可变异的位置, 对它不进行变异操作.

注意本算法的变异率与标准遗传算法的不同.

(5) 若每个染色体的 $|U_j| = 0$, 且算法运行代数十分接近或达到最大代数加 1, 则转至 (6), 否则转至 (3).

(6) 记录下串值最大的染色体, 记它的串值为 i_2, 则 (i_0, i_1, i_2) 是链差序列, 算法终止.

4. 计算结果

对群体参数 N、交叉率等参数作适当选择后, 在微机上用上述算法搜索, 平均搜索时间仅为 1 分钟左右, 得到了 10 个基本的链差序列. 再用引理 2.3.5(i) 和 2.3.6, 共确定了 164 个未知序列为链差序列. 最后用回溯法计算, 确定了 (1,1,7) 不是链差序列. 综上所述, 有以下结论:

结论   对于 3 维 7 元码, 满足条件

$$i_1 \leqslant 7i_0, \quad i_2 \leqslant 7i_1$$

的正整数序列 (i_0, i_1, i_2) 中, (1,1,7) 不是链差序列, 其余的除了下列 28 个未知序列外, 都是链差序列:

(1,2,13), (1,2,14), (1,3,20), (1,3,21), (1,4,26), (1,4,27), (1,4,28), (1,5,32), (1,5,33), (1,5,34), (1,5,35), (2,8,56), (2,9,62), (2,9,63), (2,10,69), (2,10,70), (2,11,75), (2,11,76), (2,11,77), (3,15,105), (3,16,111), (3,16,112), (3,17,118), (3,17,119), (4,22,154), (4,23,160), (4,23,161), (5,29,203).

关于算法的细节, 详见文献 [22].

3.3   无链码的重量谱

3.3.1   一般 q 元无链码的重量谱

为了得到无链差序列的必要条件, 先引入一些参数的定义. 定义 α 和 β 如下:

$$i_0 + i_1 = (q+1)(i_0 - \alpha) - \beta, \tag{3.3.1}$$

这里 $0 \leqslant \beta \leqslant q$. 定义 γ 和 δ 如下:

$$i_1 - (i_0 - \alpha) - 1 = (q-1)(i_0 - \gamma) + \delta, \tag{3.3.2}$$

这里 $0 \leqslant \delta \leqslant q-2$.

定理 3.3.1 正整数序列 (i_0, i_1, i_2) 成为某个 $[n,3;q]$ 码 C 的无链差序列的必要条件是:

(i) $i_1 \leqslant qi_0 - (q+1)$;

(ii) $i_2 \leqslant qi_1 - (q+1)$;

(iii) $i_0 \leqslant i_2$;

(iv) $\gamma \leqslant i_0$.

证明 由定义 3.1.1, 若 $m(p^*) = i_0$, $m(l^*) = i_0 + i_1$, 则 $p^* \notin l^*$. 于是

$$i_0 + i_1 = m(l^*) \leqslant (q+1)(i_0 - 1),$$

得 (i).

因为过 p^* 的每一条线至多有值 $i_0 + i_1 - 1$, 而在 $V_2 \backslash \{p^*\}$ 中的每一点恰在过 p^* 的一条线上, 所以

$$i_0 + i_1 + i_2 = m(V_2) \leqslant i_0 + (q+1)(i_1 - 1),$$

得 (ii).

易知

$$i_0 + i_1 + i_2 = m(V_2) \geqslant m(p^*) + m(l^*) = i_0 + i_0 + i_1,$$

得 (iii).

令 p_1 是 l^* 上的一个点, 则由式 (3.3.1) 得, $m(p_1) \geqslant i_0 - \alpha$. 再记 μ 为 $\overline{p_1 p^*} \backslash \{p_1, p^*\}$ 中点的平均值, 则

$$i_0 + m(p_1) + (q-1)\mu = m(\overline{p_1 p^*}) \leqslant i_0 + i_1 - 1,$$

于是

$$(q-1)\mu \leqslant i_1 - 1 - m(p_1) \leqslant i_1 - 1 - (i_0 - \alpha) = (q-1)(i_0 - \gamma) + \delta.$$

因此, 在 $\overline{p_1 p^*}$ 上存在一个点 p, 使得

$$0 \leqslant m(p) \leqslant \lfloor \mu \rfloor \leqslant i_0 - \gamma.$$

得 (iv). □

以后把 "某个 $[n,3;q]$ 码 C 的无链差序列" 简称为 "无链差序列".

推论 3.3.1 若 (i_0, i_1, i_2) 是无链差序列, 则 $i_2 \geqslant i_0 \geqslant 2$, $i_1 \geqslant 2$.

推论 3.3.2　$q \leqslant 7$ 时, 所有差序列都是链差序列, 即链差序列集包含无链差序列集.

证明　当 $q \leqslant 5$ 时, 由推论 3.3.1 与定理 3.2.3 可得本推论; 当 $q = 7$ 时, 由定理 3.3.1 与 3.2.3 小节的结论可得本推论. □

推论 3.3.3　定理 3.2.2 的充分条件不仅对链差序列, 而且对差序列也是几乎必要的.

证明　由于定理 3.3.1 的必要条件成立时, 定理 3.2.1 的条件必然成立, 所以后者也是差序列的必要条件. 于是, 把定理 3.2.2 的充分条件看作差序列的一个充分条件时, 由推论 3.2.1 知, 它也是差序列的几乎必要条件. □

引理 3.3.1　若 (i_0, i_1, i_2) 是一个无链差序列, 且 $i_2 > i_0$, 则 $(i_0, i_1, i_2 - 1)$ 也是无链差序列.

证明　记 p^* 和 l^* 分别为满足 $m(p^*) = i_0$ 与 $m(l^*) = i_0 + i_1$ 的点与线. 易知, $m(V_2 \backslash l^*) = i_2$. 由于 $i_2 > i_0$, 所以, 存在一个点 p, 使得 $m(p) > 0$, 且 $p \in V_2 \backslash (l^* \cup p^*)$. 把 $m(p)$ 的值减少 1, 就得到无链差序列 $(i_0, i_1, i_2 - 1)$ 的赋值函数. □

为了得到无链差序列的充分条件, 进一步引入一些参数的定义. 由式 (3.3.1) 和 (3.3.2) 得

$$\gamma = \alpha + \left\lceil \frac{\alpha + \beta + 1}{q - 1} \right\rceil. \tag{3.3.3}$$

当 $\beta > 0$ 时, 定义 ε 和 ζ 如下:

$$q + 1 - \beta = \varepsilon(\delta + 1) - \zeta, \tag{3.3.4}$$

其中 $0 \leqslant \zeta \leqslant \delta$. 记

$$\gamma + \delta + \varepsilon = \eta. \tag{3.3.5}$$

定理 3.3.2　正整数序列 (i_0, i_1, i_2) 为无链差序列的充分条件是:

(i) $i_1 \leqslant qi_0 - (q+1)$;

(ii) $i_2 \leqslant qi_1 - (q+1)$;

(iii) $\gamma \leqslant i_0 \leqslant i_2$;

(iv) $\beta = 0$ 或 $\beta > 0$, 且满足 $\zeta = 0, \eta \geqslant q-2$, 或者 $\zeta > 0, \eta \geqslant q-1$.

证明　对 $\beta = 0$ 与 $\beta > 0$ 这两种情况, 分别构造如下 2 个赋值函数.

构造 3.3.1　取 $i_2 = qi_1 - (q+1)$. 此构造的示意图见图 3.4, 其赋值函数见表 3.4.

图 3.4 中, 阴影部分点的赋值为 $i_0 - \gamma$.

构造 3.3.2　取 $i_2 = qi_1 - (q+1)$. 此构造的示意图见图 3.5, 其赋值函数见表 3.5.

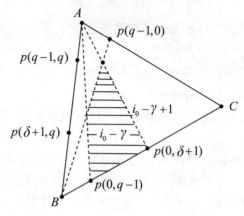

图 3.4 构造 3.3.1 的示意图

表 3.4 构造 3.3.1 的赋值函数 $(\beta = 0)$

$m(p)$	p	参数范围
i_0	B	
$i_0 - \alpha$	$p \in l(0)$	
$i_0 - \gamma$	$p(i,q)$	$\delta + 1 \leqslant i \leqslant q - 1$
	$p(i,j)$	$0 \leqslant i \leqslant q - 1, \delta + 1 \leqslant j \leqslant q - 1$
$i_0 - \gamma + 1$	其他	

表 3.5 构造 3.3.2 的赋值函数 $(\beta > 0)$

$m(p)$	p	参数范围
i_0	B	
$i_0 - \alpha$	$p(i,0)$	$0 \leqslant i \leqslant q - \beta$
$i_0 - \alpha - 1$	$p(i,0)$	$q - \beta + 1 \leqslant i \leqslant q$
$i_0 - \gamma$	$p(i,q)$	$\delta + 2 \leqslant i \leqslant q - 1$
	$p(i,j)$	$1 \leqslant j \leqslant \zeta$
		$(j-1)(\varepsilon - 1) \leqslant i \leqslant j(\varepsilon - 1) - 1$
	$p(i,j)$	$\zeta + 1 \leqslant j \leqslant \delta + 1$
		$(j-1)\varepsilon - \zeta \leqslant i \leqslant j\varepsilon - \zeta - 1$
	$p(i,j)$	$\delta + 2 \leqslant j \leqslant q - 1$
		$0 \leqslant i \leqslant q - 1$
$i_0 - \gamma + 1$	其他	

图 3.5 中, 阴影部分与画有斜线线段上的点赋值为 $i_0 - \gamma$.

我们仅对 $\beta > 0$ 的情况给出详细证明, $\beta = 0$ 时可类似证明, 但更容易, 因而略去. 易知, 对所有点 $p \in V_2$, 有 $m(p) \leqslant i_0 = m(B)$. 更进一步, 由 (i) 知

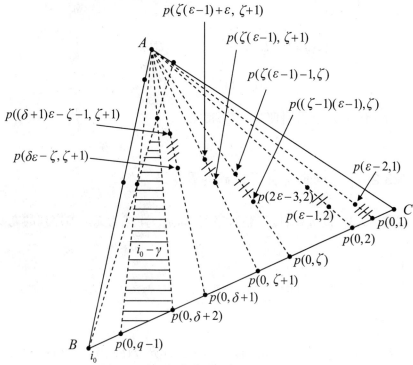

图 3.5　构造 3.3.2 的示意图

$\alpha \geqslant 1$, 再由式 (3.3.3) 知, $\gamma \geqslant 2$, 所以, 对 B 点之外的所有 $p \in V_2$, 有 $m(p) < i_0$. 下面考察线. 易知

$$m(l(0)) = (q+1)(i_0 - \alpha) - \beta = i_0 + i_1,$$
$$m(l(q)) = i_0 + (i_0 - \alpha - 1) + [(q-1)(i_0 - \gamma) + \delta + 1] = i_0 + i_1 - 1.$$

对于 $1 \leqslant j \leqslant q-1$, 如果 $\zeta > 0$, 则有

$$m(l(j)) \leqslant (i_0 - \alpha - 1) + q(i_0 - \gamma + 1) - (\varepsilon - 1)$$
$$= i_0 + i_1 + q - (\gamma + \delta + \varepsilon) - 1 \leqslant i_0 + i_1.$$

如果 $\zeta = 0$, 则同理可证明上式. 当 $0 \leqslant i \leqslant q - \beta$ 时

$$m(\hat{l}(i)) = i_0 + (i_0 - \alpha) + (q-1)(i_0 - \gamma) + \delta = i_0 + i_1 - 1,$$

当 $q - \beta + 1 \leqslant i \leqslant q - 1$ 时, 上式也成立. 如果线 l 中不包含 A 或 B, 那么

$$m(l) \leqslant (i_0 - \alpha) + q(i_0 - \gamma) + \delta + 2 = i_0 + i_1 + 1 - \gamma \leqslant i_0 + i_1.$$

最后

$$m(V_2) = m(B) + \sum_{i=0}^{q} m(\hat{l}(q)\backslash\{B\})$$
$$= i_0 + (q+1)(i_0+i_1-1) = i_0+i_1+i_2.$$

由构造 3.3.1 与 3.3.2 及引理 3.3.1 可得定理. □

3.3.2 $q \leqslant 11$ 时 q 元无链码的重量谱

定理 3.3.3 设 $q \leqslant 11$, 正整数序列 (i_0, i_1, i_2) 成为无链差序列的充要条件是:

(i) $i_1 \leqslant qi_0 - (q+1)$;

(ii) $i_2 \leqslant qi_0 - (q+1)$;

(iii) $i_0 \leqslant i_2$;

(iv) $\gamma \leqslant i_0$.

证明 必要性可见定理 3.3.1. 下面主要证充分性. 当 $q=3$ 时, 表 3.6 列出了 $3i_0 - i_1 (\bmod 8)$ 的 8 种情况下各参数的值.

表 3.6 $q=3$ 时各参数的值

$3i_0 - i_1$	α	β	γ	δ	ε	ζ	η
$8a$	$2a$	0	$3a+1$	1			
$8a+1$	$2a$	1	$3a+1$	0	3	0	$3a+4$
$8a+2$	$2a$	2	$3a+2$	1	1	0	$3a+4$
$8a+3$	$2a$	3	$3a+2$	0	1	0	$3a+3$
$8a+4$	$2a+1$	0	$3a+2$	0			
$8a+5$	$2a+1$	1	$3a+3$	1	2	1	$3a+6$
$8a+6$	$2a+1$	2	$3a+3$	0	2	0	$3a+5$
$8a+7$	$2a+1$	3	$3a+4$	1	1	1	$3a+6$

从表 3.6 易知, $\beta > 0$ 时, 定理 3.3.2 的条件 (iv) 满足; 应用定理 3.3.1 与 3.3.2, 得本定理 $q=3$ 时的情形. 图 3.6 给出了 $q=3$, $3i_0 - i_1 = 8a+2$ 时的构造 3.3.2.

$q=4$ 或 5 时, 证明类似于 $q=3$, 略去.

$q=7$ 时, 记 $7i_0 - i_1 = 48a + j$.

(a) 当 $a \geqslant 1$ 时, $\delta \geqslant 0$, $\varepsilon \geqslant 1$, $\gamma \geqslant 7c$, 所以 $\eta \geqslant 7c \geqslant q$, 满足定理 3.3.2 的

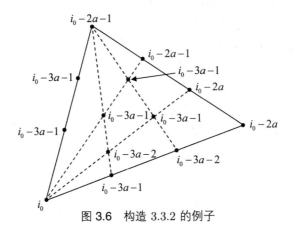

图 3.6　构造 3.3.2 的例子

条件 (iv).

(b) 当 $a=0$ 时, $\gamma=\left\lceil\dfrac{j+1-(j-\beta)/8}{6}\right\rceil$, $\varepsilon\geqslant 1$, $\delta\geqslant 0$. 当 $\gamma\geqslant 5$ 时满足 $\eta\geqslant q-1=6$, 而 $\gamma\geqslant 5$, 即

$$j+1-\frac{j-\beta}{8}\geqslant 25. \tag{3.3.6}$$

易验证 $j\geqslant 27$ 时, 式 (3.3.6) 成立.

(c) 计算 $a=0$, $8\leqslant j\leqslant 26$ 时各参数的值, 列于表 3.7.

由表 3.7 易知, $\beta>0$ 时, 定理 3.3.2 的条件 (iv) 满足; 注意到 $a=0$ 时, 由 (i) 必有 $j\geqslant 8$.

综合 (a), (b), (c), 再应用定理 3.3.1, 类似可得本定理 $q=7$ 时的情形.

$q=8$ 时, 类似地计算, 并应用定理 3.3.2, 可得 $8i_0-i_1\neq 13$ 时, 满足本定理条件的 (i_0,i_1,i_2) 都是无链差序列. 当 $8i_0-i_1=13$ 时, 由引理 3.3.1, 仅需确定一个未知序列 $(2,3,15)$ 是否是无链差序列. 从构造 3.2.2 与 3.3.2 看出, 为了尽量均匀赋值, 常在某些线束界定的范围内, 赋值加 1 或减 1. 于是为了确定未知序列, 把 A 点赋值为 i_0, 图 3.7 中用黑方块标记; 再在某些单线束或双线束上, 对一些点赋值为 1, 图 3.7 中用黑圆点标记, 并要求过 A 点各线的值都等于 i_0+i_1-1(这等价于 $i_2=8i_1-9$); 其他点赋值为 0. 图 3.7 给出了序列 $(2,3,15)$ 对应的赋值函数的构造.

注意到图 3.7 中过 C 点的任一条线与过 B 点的线最多有 2 个交点 ($\overline{BC}$ 除外), 所以双线束中 5 条线的赋值 $\leqslant 5=i_0+i_1$. 最关键的是双线束之外不过 A 点的任一条线只能与线束产生最多 5 个交点, 从而赋值 $\leqslant i_0+i_1$. 于是推论 3.1.1 的条件满足, 再由 $m(\overline{BC})=5$, $A\notin\overline{BC}$, 得 $(2,3,15)$ 是无链差序列.

$q=9$ 时, 类似可知仅有 4 个未知序列: $9i_0-i_1=13,14,15,16$ 时的

表 3.7 $q = 7$ 时部分参数的值

$7i_0 - i_1$	α	β	γ	δ	ε	ζ	η
8	1	0	2	4			
9	1	1	2	3	2	1	7
10	1	2	2	2	2	0	6
11	1	3	2	1	3	1	6
12	1	4	2	0	4	0	6
13	1	5	3	5	1	3	9
14	1	6	3	4	1	3	8
15	1	7	3	3	1	3	7
16	2	0	3				
17	2	1	3	2	3	2	8
18	2	2	3	1	3	0	7
19	2	3	3	0	5	0	8
20	2	4	4	5	1	2	10
21	2	5	4	4	1	2	9
22	2	6	4	3	1	2	8
23	2	7	4	2	1	2	7
24	3	0	4	2			
25	3	1	4	1	4	1	9
26	3	2	4	0	6	0	10

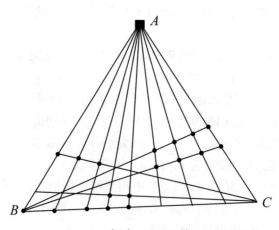

图 3.7   序列 $(2,3,15)$ 的 $m(\cdot)$

$(2,5,35)$, $(2,4,26)$, $(2,3,17)$, $(2,2,8)$. 图 3.8 与 3.9 分别给出了序列 $(2,5,35)$ 与 $(2,2,8)$ 对应的构造. 证明类似于 $q = 8$ 时的 $(2,3,15)$. 剩下 2 个序列, 文献 [120] 采用了类似于 3.2.3 小节的计算机搜索法, 确定了它们是无链差序列. 本书不用计算机搜索, 而直接用 [142] 提出的交点赋零法给出它们对应的构造.

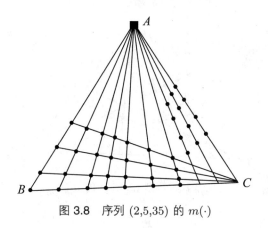

图 3.8　序列 $(2,5,35)$ 的 $m(\cdot)$

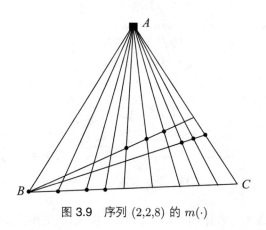

图 3.9　序列 $(2,2,8)$ 的 $m(\cdot)$

交点赋零法的步骤如下:

(i) 分别由 B, C 两个点共引出 $i_0 + i_1$ 条线, 每条线的赋值尽量接近于 $i_0 + i_1$;

(ii) 由于 $i_1 + i_2$ 比较接近甚至等于 $(i_0 + i_1)^2$, 为了挖掘出最大潜力, 这些线的所有交点只能赋 0, 这是最关键的. 若有一个交点不赋 0, 则至少使 $m(V_2 \backslash A)$ 下降 1;

(iii) 要使得过 A 点的各条线赋值均匀, 即各条线上除 A 点外有且只有 $i_1 - 1$ 个点赋 1, 其余赋 0.

对序列 $(2,3,17)$, $(i_0 + i_1)^2 = 25$, 比 $i_1 + i_2 = 20$ 大 5, 余地大, 仅需用 4 条线, 每条线赋值 5; 6 个交点赋 0, 用 ○ 表示. 详见图 3.10.

对序列 $(2,4,26)$, $(i_0 + i_1)^2 - (i_1 + i_2) = 6$, 也有不小余地, 仅需 11 个交点中的 8 个赋 0, 详见图 3.11.

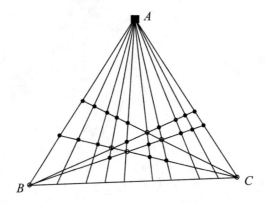

图 3.10　序列 $(2,3,17)$ 的 $m(\cdot)$

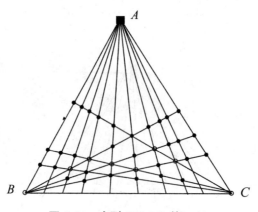

图 3.11　序列 $(2,4,26)$ 的 $m(\cdot)$

这两个序列是无链差序列的证明类似于 $(2,3,15)$ 的证明, 略去.

$q = 11$ 时, 证明是最困难、最复杂的. 由引理 3.3.1, 仅需考虑 $i_2 = 11i_1 - 12$ 时的情形. 设 $i_1 = 11i_0 - (11^2 - 1)c - j$, 其中 $c \geqslant 0$, $0 \leqslant j \leqslant 11^2 - 2$, 于是 $11i_0 - i_1 = 120c + j$. 由式 (3.3.1) 得, $\alpha = 10c + (j - \beta)/12$, 其中 $\beta \equiv j \pmod{12}$, 于是

$$i_1 - (i_0 - \alpha) - 1 = 11i_0 - 120c - j - \left(i_0 - 10c - \frac{j - \beta}{12}\right) - 1$$
$$= 10(i_0 - 11c) - j - 1 + \frac{j - \beta}{12}.$$

所以, 由式 (3.3.2) 有

$$\gamma = 11c + \left\lceil \frac{j + 1 - (j - \beta)/12}{10} \right\rceil, \tag{3.3.7}$$

从而

$$\delta = (11 - 1)(\gamma - 11c) - j - 1 + \frac{j - \beta}{12}. \tag{3.3.8}$$

由式 (3.3.4) 知, $\varepsilon = \lceil (12-\beta)/(\delta+1) \rceil$.

当 $c > 0$ 时, 由式 (3.3.6) 知, $\gamma \geqslant 11$, 从而由式 (3.3.5) 知, $\eta \geqslant 11 > q-1$. 此时对应的序列 (i_0, i_1, i_2), 由定理 3.3.2, 可知一定是无链差序列.

当 $c = 0$ 时, 用式 (3.3.3)~(3.3.5), 计算得出当 $12 \leqslant j \leqslant 119$ 时 β, ξ, η 的取值, 列于表 3.8.

表 3.8　$q = 11$ 时部分参数的值

j	12	13	14	15	16	17	18	19	20	21	22	23	24	25	26	27	28	29	30
β	0	1	2	3	4	5	6	7	8	9	10	11	0	1	2	3	4	5	6
ξ	6	5	4	3	2	1	0	1	0	7	7	7	4	3	2	1	0	2	0
η	12	11	10	9	8	7	6	6	6	13	12	11	12	11	10	9	8	8	7

j	31	32	33	34	35	36	37	38	39	40	41	42	43	44	45	46	47	48	49
β	7	8	9	10	11	0	1	2	3	4	5	6	7	8	9	10	11	0	1
ξ	0	6	6	6	6	2	1	0	3	1	1	0	5	5	5	5	5	0	4
η	8	14	13	12	11	12	11	10	10	9	9	10	15	14	13	12	11	12	12

j	50	51	52	53	54	55	56	57	58	59	60	61	62	63	64	65	66	67	68
β	2	3	4	5	6	7	8	9	10	11	0	1	2	3	4	5	6	7	8
ξ	2	0	0	0	4	4	4	4	4	4	3	1	2	1	0	3	3	3	3
η	11	10	10	12	16	15	14	13	12	11	13	12	12	12	14	17	16	15	14

j	69	70	71	72	73	74	75	76	77	78	79	80	81	82	83	84	85	86	87
β	9	10	11	0	1	2	3	4	5	6	7	8	9	10	11	0	1	2	3
ξ	3	3	3	0	1	0	0	2	2	2	2	2	2	2	2	0	1	0	1
η	13	12	11	13	13	13	16	18	17	16	15	14	13	12	11	14	15	18	19

j	88	89	90	91	92	93	94	95	96	97	98	99	100	101	102	103	104	105	106
β	4	5	6	7	8	9	10	11	0	1	2	3	4	5	6	7	8	9	10
ξ	1	1	1	1	1	1	1	1	0	0	0	0	0	0	0	0	0	0	0
η	18	17	16	15	14	13	12	11	16	20	20	19	18	17	16	15	14	13	12

j	107	108	109	110	111	112	113	114	115	116	117	118	119
β	11	0	1	2	3	4	5	6	7	8	9	10	11
ξ	0	0	9	8	7	6	5	4	3	2	1	0	9
η	11	22	22	21	20	19	18	17	16	15	14	13	22

由表 3.8 与定理 3.3.2 可知: 当 $j \neq 15, 16, 17, 18, 19, 20, 27, 28, 29, 30, 31, 40,$ 41 时, 正整数序列 (i_0, i_1, i_2) 是无链差序列.

而当 $j = 15, 16, 17, 18, 19, 20, 27, 28, 29, 30, 31, 40, 41$ 时, 需单独考虑各类序列, 对这 13 类未知序列, 我们分别找到对应的 13 个构造, 即相应的赋值函数, 可以说明它们也是无链差序列. 这 13 个构造分为两类: 单线束构造与双线束构造. 单线束构造解决了 $j = 15, 16, 20, 29, 31, 41$ 时的 6 个序列, 示于图 3.12~3.17. 图的画法与说明类似于 $q = 8$ 时的图 3.7. 双线束构造解决了 $j = 17, 18, 19, 27, 28, 30, 40$ 时的 7 个序列, 其中 5 个示于图 3.18~3.22. 我们用图 3.18 作为例子, 说明交点赋零法如何应用到这个序列上. 过 B, C 两点各取两条线 l_1, l_2 与 l_3, l_4 及线 BC. $l_1 \sim l_4$ 每条线上赋值 5, BC 上赋值 4; 5 条线的 6 个交点 (B, C, E, F, G, H) 均赋 0, 用 ∘ 表示; 过 A 点的 12 条线均赋值 4. 因为 V_2 中除最重点以外的重量分布在 5 条线上, 所以任意不过 A 点的线的重量都不超过 5, 因此 $(2, 3, 21)$ 是一个无链差序列.

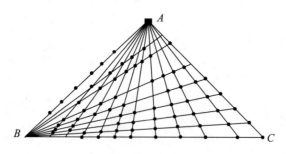

图 3.12 $11i_0 - i_1 = 15$ 时序列 $(2,7,65)$ 的 $m(\cdot)$

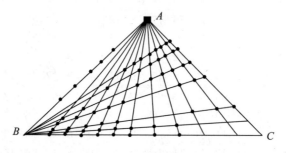

图 3.13 $11i_0 - i_1 = 16$ 时序列 $(2,6,54)$ 的 $m(\cdot)$

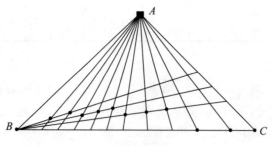

图 3.14 $11i_0 - i_1 = 20$ 时序列 $(2,2,10)$ 的 $m(\cdot)$

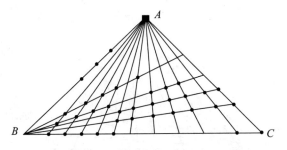

图 3.15　$11i_0 - i_1 = 29$ 时序列 $(3,4,32)$ 的 $m(\cdot)$

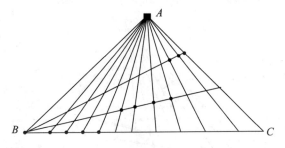

图 3.16　$11i_0 - i_1 = 31$ 时序列 $(3,2,10)$ 的 $m(\cdot)$

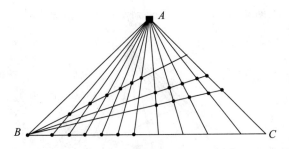

图 3.17　$11i_0 - i_1 = 41$ 时序列 $(4,3,21)$ 的 $m(\cdot)$

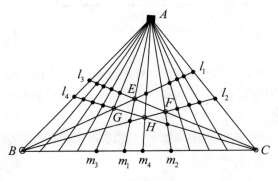

图 3.18　$11i_0 - i_1 = 19$ 时序列 $(2,3,21)$ 的 $m(\cdot)$

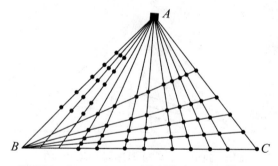

图 3.19　$11i_0 - i_1 = 27$ 时序列 $(3,6,54)$ 的 $m(\cdot)$

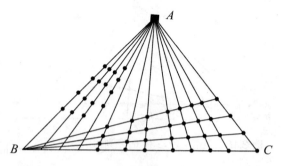

图 3.20　$11i_0 - i_1 = 28$ 时序列 $(3,5,43)$ 的 $m(\cdot)$

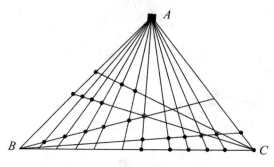

图 3.21　$11i_0 - i_1 = 30$ 时序列 $(3,3,21)$ 的 $m(\cdot)$

　　最后两个序列 $(2,4,32)$ 和 $(2,5,43)$ 是最难的, 它们的 $m(\cdot)$ 是应用交点赋零的思想通过计算机辅助搜索得到的. 为了论述它们, 必须给出 $PG(2,11)$ 中全部点的具体表示. $PG(2,11)$ 共包含 133 个点和 133 条线, 后文中我们用一个 11 进制的三位数 $b_1 b_2 b_3$(用字母 t 代表数字 10) 且从左边起第 1 个非零位为 1 来表示 $PG(2,11)$ 中的点. 设点

$$e_1 = 001,\quad e_2 = 010,\quad e_3 = 100$$

构成射影空间 $PG(2,11)$ 的 3 个基点 (图 3.23), 用 $\langle p, p' \rangle$ 表示由 2 个不同的

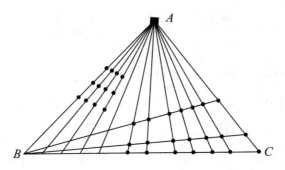

图 3.22　$11i_0 - i_1 = 40$ 时序列 $(4,4,32)$ 的 $m(\cdot)$

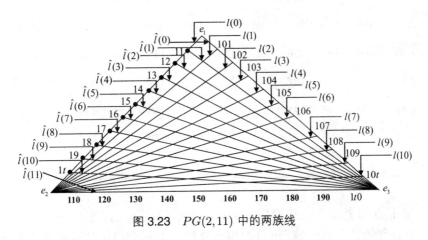

图 3.23　$PG(2,11)$ 中的两族线

点 $(p \neq p')$ 所确定的线, 且每条线上都有 12 个点, 如线 $\langle e_1, e_3 \rangle$ 上的 12 个点依次为

$$001(e_1), 101, 102, 103, \cdots, 109, 10t, 100(e_3);$$

同理, 线 $\langle e_1, e_2 \rangle$ 上的 12 个点依次为

$$001(e_1), 011, 012, 013, \cdots, 019, 01t, 010(e_2).$$

在 $PG(2,11)$ 中, 过每个点必有 12 条线, 如过 e_2 的 12 条线可分别记为

$$l(0) = \langle e_2, e_1 \rangle, l(1) = \langle e_2, 101 \rangle, \cdots, l(10) = \langle e_2, 10t \rangle, l(11) = \langle e_2, e_3 \rangle;$$

过 e_3 的 12 条线可分别记为

$$\hat{l}(0) = \langle e_3, e_1 \rangle, \hat{l}(1) = \langle e_3, 011 \rangle, \cdots, \hat{l}(10) = \langle e_3, 01t \rangle, \hat{l}(11) = \langle e_3, e_2 \rangle.$$

当 $0 \leqslant i, j \leqslant 10$ 时, 令 $p(i,j) = l(i) \cap \hat{l}(j)$, 如 $p(0,0) = e_1$, $p(0,1) = 011$, 通过计算, 所有点的表示可如表 3.9 所示.

表 3.9 $PG(2,11)$ 中所有点的表示

$p(i,j)$	$\hat{l}(0)$	$\hat{l}(1)$	$\hat{l}(2)$	$\hat{l}(3)$	$\hat{l}(4)$	$\hat{l}(5)$	$\hat{l}(6)$	$\hat{l}(7)$	$\hat{l}(8)$	$\hat{l}(9)$	$\hat{l}(10)$
$l(0)$	001	011	012	013	014	015	016	017	018	019	01t
$l(1)$	101	111	161	141	131	191	121	181	171	151	1t1
$l(2)$	102	122	112	182	162	172	142	152	132	1t2	192
$l(3)$	103	133	173	113	193	153	163	123	1t3	143	183
$l(4)$	104	144	124	154	114	134	184	1t4	164	194	174
$l(5)$	105	155	185	195	145	115	1t5	175	125	135	165
$l(6)$	106	166	136	126	176	1t6	116	146	196	186	156
$l(7)$	107	177	197	167	1t7	187	137	117	157	127	147
$l(8)$	108	188	148	1t8	128	168	158	198	118	178	138
$l(9)$	109	199	1t9	139	159	149	179	169	189	119	129
$l(10)$	10t	1tt	15t	17t	18t	12t	19t	13t	14t	16t	11t

以上点的表示方法是把按 "坐标" 表示的点 $p(i,j)$ 更加深入与具体化了, 进而可用计算机计算, 也可把用计算机辅助研究得到的成果具体表示出来. 由于 $PG(2,11)$ 中大部分过 A 点的线在图中呈折线状, 不是直线, 所以, 用图已经难以清楚地表示最难的这两个序列的 $m(\cdot)$. 当 $j=18$ 时对应的序列为 $(2,4,32)$, 对它而言, $i_1+i_2=(i_0+i_1)^2$, 故考虑在最重点以外取 6 条线, 每条线赋值 6, 且所有的交点必须赋 0, 它的结构就是基于这种思想而找到的. 令 $m(e_1)=2$, 取出 6 条线 $l(1)$, $l(5)$, $l(7)$, $\hat{l}(1)$, $\hat{l}(2)$, $\hat{l}(4)$, 使得双线束交出的 11 个交点 (包括 e_2 和 e_3 两点) 分别均匀地分布在过 A 点的 11 条不同的线上, 这 6 条线是用计算机运行 1 分钟左右搜索得到的, 搜索的结果有很多, 仅取上述 6 条线举例说明. 在这 6 条线上每条线取 6 个点, 总共取如下 36 个点赋值 1: {101, 141, 191, 181, 151, 1t1; 105, 1t5, 175, 125, 135, 165; 167, 107, 117, 157, 127, 147; 011, 122, 133, 166, 188, 199; 012, 112, 173, 136, 148, 1t9; 014, 193, 114, 176, 159, 18t}(对照表 3.9); 11 个交点为 $\Delta=\{010,100,111,161,131,155,185,145,177,197,1t7\}$, 均赋值 0. 在此构造中, e_1 是唯一的最重点, 上述取出的 6 条线是最重线, 过 e_1 的 12 条线, 易算得赋值都为 5, 如 $m(\langle e_1,110\rangle)=m(e_1)+m(114)+m(117)+m(112)=5$, 均不是最重线; 而任意一条不过 e_1, e_2, e_3 的线, 其赋值 $\leqslant 6$. 因此序列 $(2,4,32)$ 是

无链差序列.

当 $j = 17$ 时, 相应的序列为 (2,5,43), 我们以上述序列 (2,4,32) 的构造为基础, 增加第 7 条线 $\langle 17,103 \rangle$, 线上的 12 个点为 017, 103, 11t, 126, 132, 149, 155, 161, 178, 184, 190, 1t7, 它与前 6 条线只有 3 个交点: 155, 161, 1t7, 即第 7 条线没有增加新的交点, 交点集还是 Δ. 首先, 交点已赋值 0; 然后在 $l(1)$ 上除点 141 也赋值 0 以外, 其余点都赋值 1, 于是 $m(l(1)) = 7$; 类似地, $l(5)$ 上除去 135, $l(7)$ 上除去 187 和 127, $\hat{l}(1)$ 上除去 122, $\hat{l}(2)$ 上除去 112, $\hat{l}(4)$ 上除去 176, $\langle 17,103 \rangle$ 上除去 126 和 190 赋值 0 以外, 其余点都赋值 1. 由此可知, 这 7 条线中 $l(7)$ 和 $\langle 17,103 \rangle$ 的值是 6; 其他线的值是 7. 计算可得, 过 e_1 的 12 条线的赋值都为 6; 而任意一条不过 e_1, e_2, e_3 的线, 其赋值 $\leqslant 7$. 因此序列 (2,5,43) 是无链差序列. □

3.4　成果与课题

陈文德、克楼夫 [12] 给出了 3 维 q 元链差序列、无链差序列的充分条件 (定理 3.2.2、引理 3.2.1 和 3.2.2 及定理 3.3.2 的原型) 与必要条件 (定理 3.3.1), 并完全确定了 $q \leqslant 5$ 时 3 维 q 元码的两类差序列 (定理 3.2.3 和 3.3.3). 孙旭顺、陈文德 [22,120] 略为改进了定理 3.3.2 的原型至目前的形式, 完全确定了 $q = 7,8,9$ 时 3 维 q 元码的无链差序列; 汪政红、佘伟、陈文德 [142] 完全确定了 3 维 11 元码的无链差序列 (定理 3.3.3).

以下课题可供进一步研究:

1. 对一般的 q, 研究更好的构造, 导出两类差序列更好的充分条件. 推论 3.2.1 中 $N(i)$ 的主阶项已最优, 但次阶项仍可能可以改进.

2. $q > 11$ 时, 完全确定所有无链差序列是可能的. 需要对参数关系、各种构造做深入研究, 也许要引入新的方法.

3. $q > 7$ 时, 可能仍有 "差序列都是链差序列" 的结论 (参见推论 3.3.2).

4. 发现更好的启发式算法, 用大型计算机计算, 可能完全确定 7 元码的链差序列, 并向更大的 q "进军".

第 4 章 4 维码的重量谱

可以用 3 维有限射影空间的图研究 4 维码的重量谱, 既直观, 又方便, 且能深入; 因而取得了丰富而深入细致的成果, 使本章成为书中最长的一章; 进而为研究一般 k 维码的重量谱奠定了基础.

我们把 4 维码及其重量谱分成 9 类. 对 4 维 q 元一般线性码, 给出了 A 类重量谱的充分条件, 得到了 9 类重量谱的紧上界, 确定了几乎所有重量谱. 进一步, 确定了 9 类 4 维 2 元线性码的所有重量谱; 还确定了 6 类 4 维 3 元线性码的所有重量谱.

本章内容主要取自文献 [13~26,17,19,21,23,25,30,75,84,137,139].

4.1 3 维几何方法与重量谱的分类

4.1.1 3 维几何方法

由 k 维的定理 2.1.2, 易得以下推论:

推论 4.1.1 正整数序列 (i_0, i_1, i_2, i_3) 成为某个 $[n, 4; q]$ 码 C 的差序列的充要条件是, 存在一个赋值函数 $m(\cdot)$, 使得以下条件均成立:

(i) $\max\{m(p) | p$ 是 V_3 中的点$\} = i_0$;

(ii) $\max\{m(l) | l$ 是 V_3 中的线$\} = i_0 + i_1$;

(iii) $\max\{m(P) | P$ 是 V_3 中的面$\} = i_0 + i_1 + i_2$;

(iv) $m(V_3) = i_0 + i_1 + i_2 + i_3$.

　　为了确定 4 维一般线性码的重量谱, 关键是在 3 维射影空间 $PG(3,q)$ 上构造合适的赋值函数, 使它们满足推论 4.1.1 的 4 个条件. 为此, 首先给出 $PG(3,q)$ 中所有点的表示. 我们有序地选出过同一条线的 $q+1$ 个面, 在每个面上用 3.1 节中的 2 维几何方法表示点. 具体如下: 令 A, B 是两个不同的点, 记包含线 $\overline{AB}$ 的面为

$$P(0), P(1), \cdots, P(q).$$

对于 $0 \leqslant t \leqslant q$, 记在 $P(t)$ 中包含 A 的线为

$$l(0,t), l(1,t), \cdots, l(q,t) = \overline{AB};$$

记在 $P(t)$ 中包含 B 的线为

$$\hat{l}(0,t), \hat{l}(1,t), \cdots, \hat{l}(q,t) = \overline{AB}.$$

记两组线的交点为

$$p(i,j,t) = \hat{l}(i,t) \cap l(j,t),$$

这里 $0 \leqslant t \leqslant q$, $0 \leqslant i \leqslant q-1$, $0 \leqslant j \leqslant q-1$. 最后, 记 $\overline{AB}$ 上的点为

$$p(0,q,t) = B, p(1,q,t), \cdots, p(q,q,t) = A,$$

其中 $0 \leqslant t \leqslant q$. 图 4.1 给出了 $PG(3,3)$ 中点的表示. 我们不妨把这种表示法称为按 "坐标" 表示, 以便与其他表示法区别.

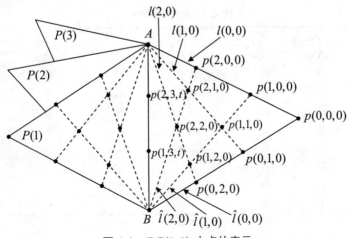

图 4.1　$PG(3,3)$ 中点的表示

4.1.2 9 类重量谱

引理 2.3.3 给出了 k 维链差序列的充要条件. 对于 4 维码, 相应的链条件式 (2.3.6) 仅含 3 项与 2 个包含关系. 当链条件不成立时, 根据包含关系的成立与否, 可把差序列 (或重量谱) 分类, 也就是把码 (或赋值函数) 分了类.

定义 4.1.1 记 M_r 为定理 2.1.2(取 $k = 4$) 中满足 $m(U_r) = \sum\limits_{j=0}^{r} i_j$ $(r = 0, 1, 2)$ 的 r 维子空间 U_r 的集合. 引入 4 个条件:

条件 1   存在 $p^* \in M_0$, $l^* \in M_1$, $P^* \in M_2$, 使得

$$p^* \in l^* \subset P^*;$$

条件 2   存在 $p^* \in M_0$, $l^* \in M_1$, 使得

$$p^* \in l^*;$$

条件 3   存在 $p^* \in M_0$, $P^* \in M_2$, 使得

$$p^* \in P^*;$$

条件 4   存在 $l^* \in M_1$, $P^* \in M_2$, 使得

$$l^* \subset P^*.$$

表 4.1 根据 4 个条件成立与否的各种组合把码或差序列分成了 A 到 I 类共 9 类. A 类就是满足链条件的差序列, 简称链差序列.

表 4.1   差序列的分类

类别	条件 1	条件 2	条件 3	条件 4
A	成立	成立	成立	成立
B	否	成立	成立	成立
C	否	成立	成立	否
D	否	成立	否	成立
E	否	成立	否	否
F	否	否	成立	成立
G	否	否	成立	否
H	否	否	否	成立
I	否	否	否	否

把差序列分为 9 类后, 对应地也就把重量谱分为了 9 类, 不再详述.

4.2　一般 q 元码的重量谱

4.2.1　一般 q 元链码的重量谱

定理 4.2.1　正整数序列 (i_0, i_1, i_2, i_3) 成为某个 $[n, 4; q]$ 码 C 的链差序列的必要条件是:

(i) $i_1 \leqslant qi_0$;

(ii) $i_2 \leqslant qi_1$;

(iii) $i_3 \leqslant qi_2$.

证明　由推论 4.1.1 与定义 4.1.1 易知, 存在 $m(\cdot)$, p^*, l^*, P^*, 使得

$$m(p^*) = i_0, m(l^*) = i_0 + i_1, m(P^*) = i_0 + i_1 + i_2 \quad (p^* \in l^* \subset P^*).$$

类似于定理 3.2.1 的证明, 可得 (i) 和 (ii). 因为过 l^* 的 $q+1$ 个面包含 V_3 中的每个点, 而每个面的值不超过 $i_0 + i_1 + i_2$, 所以

$$i_0 + i_1 + i_2 + i_3 = m(V_3) \leqslant i_0 + i_1 + (q+1)i_2,$$

这证得了 (iii).　　　　　　　　　　　　　　　　　　　　　　　　□

由引理 2.3.4 知, 满足定理 4.2.1 条件的序列正好是全部链可行差序列.

为了给出链差序列的充分条件, 先引入一些参数. 记

$$m_r = \left\lfloor \frac{i_r}{q^r} \right\rfloor, \quad p_r = i_r - m_r q^r,$$

这里 $0 \leqslant r \leqslant k - 1$. 记

$$\delta = \begin{cases} 0, & \text{当 } p_1 = 0, \\ 1, & \text{当 } p_1 \neq 0, \end{cases} \quad \text{即} \quad \delta = \operatorname{sgn} p_1,$$

以及

$$i_2 = \zeta i_0 q(q-1) + \eta q(q-1) + \theta q + \kappa = \lambda q^2 + \mu q + \kappa,$$

这里

$$0 \leqslant \eta < i_0, \quad 0 \leqslant \theta < q-1, \quad 0 \leqslant \kappa < q, \quad 0 \leqslant \mu < q.$$

再记

$$\epsilon_\kappa = \left\lceil \frac{\kappa}{q} \right\rceil = \begin{cases} 0, & \text{当 } \kappa = 0, \\ 1, & \text{当 } \kappa > 0. \end{cases}$$

因为 $i_2 \leqslant i_1 q \leqslant i_0 q^2$, 所以 $\zeta \in \{0, 1\}$. 而且当 $\zeta = 1$ 时, 有

$$\eta(q-1) + \theta \leqslant i_0 - \epsilon_k.$$

最后记

$$\eta q(q-1) + \theta q + \kappa = \xi(q-1) + \rho,$$

其中

$$0 \leqslant \rho < q-1.$$

以后经常把 "某 $[n,k;q]$ 码 C 的 (链) 差序列" 简称为 "(链) 差序列", 不再说明.

引理 4.2.1　正整数序列 (i_0, i_1, i_2, i_3) 成为链差序列的充分条件是:

(i) 它是链可行差序列;

(ii) i_0 取到下界, 即

$$i_0 = \lfloor i_1/q \rfloor + \delta; \tag{4.2.1}$$

(iii) 以下各式都成立:

$$i_0 \geqslant \begin{cases} q\delta - p_1, & \\ \kappa, & \text{当 } \zeta = 0, \mu = 0, \\ q - \mu, & \text{当 } \zeta = 0, \mu > 0, \\ q\delta - p_1 + q\epsilon_\kappa - \kappa, & \text{当 } \zeta = 1, \end{cases} \tag{4.2.2}$$

$$i_1 \geqslant \eta(q-1) + \theta + (q+1)\epsilon_\kappa - \kappa, \quad \text{当 } \zeta = 0. \tag{4.2.3}$$

证明　由引理 2.3.5(i), 仅需对 $i_3 = qi_2$ 给出证明. 构造如下 $m(\cdot)$:

构造 4.2.1　$\zeta = 0, 1$ 时的情形分别见表 $4.2 \sim 4.4$.

下面来证明构造 4.2.1 满足推论 4.1.1 中的 4 个条件.

(i) 显然, 对任一点 $p \in V_3$, 有

$$m(p) \leqslant i_0.$$

由于 $m_0 = i_0$, 以下证明中常用 m_0 来表示 i_0.

(ii) 首先考察线 l. 易知

$$m(l(0,0)) = m_0 q + m_0 - \delta q + p_1 = m_0 + m_1 q + p_1 = i_0 + i_1.$$

表 4.2　$\zeta = 0$ 时构造 4.2.1 的 $m(\cdot)$

$m(p)$	p	参数范围
i_0	$p(i,0,0)$	$0 \leqslant i \leqslant q-1$
$i_0 - \delta q + p_1$	A	
0	$\overline{AB} \backslash \{A\}$	
$\eta + 1$	$l(j,0) \backslash \{A\}$	$1 \leqslant j \leqslant \theta$
	$p(i, \theta+1, 0)$	$1 \leqslant i \leqslant \kappa$
η	$P(0) \backslash \overline{AB}$	其他
$\lambda + 1$	$P(t) \backslash \overline{AB}$	$1 \leqslant t \leqslant \mu$
	$\hat{l}(i, \mu+1) \backslash \{B\}$	$1 \leqslant i \leqslant \kappa$
λ	$V_3 \backslash P(0)$	其他

表 4.3　$\zeta = 1$ 时构造 4.2.1 的 $m(\cdot)$

$m(p)$	p	参数范围
$i_0 - \delta q + p_1$	A	
i_0	$V_3 \backslash P(q)$	
$\eta(q-1) + \theta + 1$	$\hat{l}(j,q) \backslash \{B\}$	$1 \leqslant j \leqslant \kappa$
$\eta(q-1) + \theta$	$P(q) \backslash \overline{AB}$	其他

表 4.4　$\zeta = 1$ 时表 4.3 中未给出的 $\overline{AB} \backslash \{B\}$ 中点的赋值

	$m(p)$	p	参数范围
$\xi(q-1) + \rho \leqslant$	$\xi + 1$	$l(i,q,t)$	$1 \leqslant i \leqslant \rho$
$(q-1)(m_0 - \delta q + p_1)$ 时	ξ	$l(i,q,t)$	$\rho+1 \leqslant i \leqslant q-1$
	0	B	
$\xi(q-1) + \rho >$	$m_0 - \delta q + p_1$	$\overline{AB} \backslash \{B\}$	
$(q-1)(m_0 - \delta q + p_1)$ 时	$\xi(q-1) + \rho -$	B	
	$(q-1)(m_0 - \delta q + p_1)$		

(a) 当 l 与 $\overline{AB}$ 有交点时, 记 $l \cap \overline{AB} = p(i,q,t)$. 易知

$$m(l) \leqslant m_0 q + m(p(i,q,t)).$$

若 $\zeta = 0$ 或 $\xi(q-1) + \rho \leqslant (q-1)(m_0 - \delta q + p_1)$ 或 $i > 0$, 则由构造 4.2.1 可得

$$m(p(i,q,t)) \leqslant m_0 - \delta q + p_1.$$

当 $\zeta = 1, \xi(q-1) + \rho > (q-1)(m_0 - \delta q + p_1)$ 且 $i = 0$, 即 $p(0,q,t) = B$ 时

$$m(B) = \xi(q-1) + \rho - (q-1)(m_0 - \delta q + p_1)$$

$$= i_2 - m_0 q(q-1) - (q-1)(m_0 - \delta q + p_1)$$
$$\leqslant q i_1 - m_0 q(q-1) - (q-1)(m_0 - \delta q + p_1)$$
$$= q(q(m_0 - \delta) + p_1 - m_0 q + m_0) - (q-1)(m_0 - \delta q + p_1)$$
$$= m_0 - \delta q + p_1.$$

于是下式总成立:

$$m(l) \leqslant m_0 q + (m_0 - \delta q + p_1) = m(l(0,0)) = i_0 + i_1.$$

(b) 当 l 与 $\overline{AB}$ 无交点时, l 必与每个面 $P(t)$ 恰有 1 个交点. 当 $\zeta = 0$ 时, 注意到

$$\lambda q^2 + \mu q + \kappa = i_2 \leqslant i_1 q,$$
$$i_1 \geqslant \lambda q + \mu + \epsilon_\kappa = (i_2 - \kappa)/q + \epsilon_\kappa,$$

于是

$$m(l) = m_0 + \lambda q + \mu + \epsilon_\kappa \leqslant m_0 + i_1 = i_0 + i_1.$$

若 $\zeta = 1$ 且 $l \cap P(q) = p(i,j,q)$, 则

$$m(l) = m_0 q + m(p(i,j,q)),$$

且有

$$\eta(q-1) + \theta + \epsilon_\kappa = (i_2 - \kappa)/q - m_0(q-1) + \epsilon_\kappa$$
$$\leqslant i_1 - m_0(q-1) = m_0 - q\delta + p_1.$$

于是, 由构造 4.2.1 得

$$m(l) \leqslant q m_0 + (m_0 - q\delta + p_1) = i_0 + i_1.$$

(iii) 现在考察面 P. 由构造 4.2.1 得

$$m(P(0)) = q m_0 + (m_0 - q\delta + p_1) + i_2 = i_0 + i_1 + i_2.$$

(a) 当 $\overline{AB} \subset P$ 时, 这意味着 $P = P(t)$, 对某个 t. 由构造 4.2.1 知, 当 $t \geqslant 1$ 时, $m(P(t)) \leqslant m(P(1))$. 下面来证明 $m(P(1)) \leqslant m(P(0))$. 若 $\zeta = 1$, 则 $m(P(1)) = m(P(0))$. 若 $\zeta = 0$, 由式 (4.2.2) 知, $\mu = 0$ 时

$$m(P(0)) - m(P(1)) = (q m_0 + (m_0 - q\delta + p_1) + \lambda q^2 + \kappa)$$

$$-((m_0 - q\delta + p_1) + \lambda q^2 + \kappa q)$$
$$= qm_0 + \kappa - \kappa q \geqslant 0;$$

$\mu > 0$ 时

$$m(P(0)) - m(P(1)) = (qm_0 + (m_0 - q\delta + p_1) + \lambda q^2 + \mu q + \kappa)$$
$$- ((m_0 - q\delta + p_1) + (\lambda + 1)q^2)$$
$$= qm_0 + \mu q + \kappa - q^2$$
$$\geqslant q(m_0 + \mu - q) \geqslant 0.$$

(b) 当 $\overline{AB} \not\subset P$, $B \subset P$ 时, 对某个 $j_t \neq q$, 有 $P \cap P(t) = \hat{l}(j_t, t)$. 先看 $\zeta = 0$ 的情形, 此时 $m(B) = 0$, 于是

$$m(P) = \sum_{i=0}^{q} m(\hat{l}(j_t, t)).$$

我们有

$$m(\hat{l}(j_0, 0)) \leqslant m_0 + (q-1)\eta + \theta + \epsilon_\kappa.$$

对 $1 \leqslant t \leqslant \mu$, 有

$$m(\hat{l}(j_t, t)) \leqslant (\lambda + 1)q, \quad \text{当 } 1 \leqslant t \leqslant \mu + \epsilon_\kappa,$$
$$m(\hat{l}(j_t, t)) = \lambda q, \quad \text{当 } \mu + \epsilon_\kappa + 1 \leqslant t \leqslant q.$$

于是, 由式 (4.2.3) 有

$$m(P) \leqslant m_0 + (q-1)\eta + \theta + \epsilon_\kappa + \lambda q^2 + (\mu + \epsilon_\kappa)q$$
$$= m_0 + (q-1)\eta + \theta + i_2 - \kappa + \epsilon_\kappa(q+1)$$
$$\leqslant i_0 + i_1 + i_2.$$

再看 $\zeta = 1$ 的情形. 若 $\xi(q-1) + \rho \leqslant (q-1)(m_0 - \delta q + p_1)$, 则 $m(B) = 0$, 且

$$m(\hat{l}(j_q, q) \backslash \{B\}) \leqslant q(\eta(q-1) + \theta + \epsilon_\kappa).$$

于是

$$m(P) \leqslant q(\eta(q-1) + \theta + \epsilon_\kappa) + q^2 m_0$$
$$= i_2 - \kappa + q\epsilon_\kappa + qm_0$$
$$= i_2 + i_1 + i_0 - (\kappa + m_0 - \epsilon_\kappa q - \delta q + p_1)$$

$$\leqslant i_2 + i_1 + i_0.$$

最后, 若 $\xi(q-1)+\rho > (q-1)(m_0 - \delta q + p_1)$, 则

$$
\begin{aligned}
m(P) &\leqslant q^2 m_0 + q(m_0 - \delta q + p_1) \\
&\quad + (\xi(q-1) + \rho - (q-1)(m_0 - \delta q + p_1)) \\
&= q^2 m_0 + \xi(q-1) + \rho + m_0 - \delta q + p_1 \\
&= i_2 + q m_0 + m_0 - \delta q + p_1 = i_2 + i_1 + i_0.
\end{aligned}
$$

(c) 当 $\overline{AB} \not\subset P$, $B \notin P$ 时, 令 $p' = P \cap \overline{AB}$. 对 $0 \leqslant t \leqslant q$, 有

$$P \cap P(t) = l_t,$$

这里 l_t 交 $\overline{AB}$ 于 p', 于是

$$m(P) = m(p') + \sum_{t=0}^{q} m(l_t \backslash \{p'\}), \quad |l_t \cap \hat{l}(j,t)| = 1,$$

其中 $0 \leqslant j \leqslant q-1$, $0 \leqslant t \leqslant q$. 若 $\zeta = 0$, 则从构造 4.2.1 得

$$
\begin{aligned}
m(P) &\leqslant (m_0 - \delta q + p_1) + m_0 q + (\lambda + 1)(\mu q + \kappa) \\
&\quad + \lambda(q^2 - (\mu q + \kappa)) \\
&= i_0 + i_1 + i_2.
\end{aligned}
$$

若 $\zeta = 1$, 则 $m(l_t \backslash \{p'\}) = q m_0 \ (0 \leqslant t \leqslant q-1)$. 因此

$$m(l_q \backslash \{p'\}) = q(\eta(q-1) + \theta) + \kappa,$$

于是

$$
\begin{aligned}
m(P) &\leqslant (m_0 - \delta q + p_1) + m_0 q^2 + q(\eta(q-1) + \theta) + \kappa \\
&= i_0 + i_1 + i_2.
\end{aligned}
$$

(iv) 由构造 4.2.1 可得

$$m(V_3) = m_0 + q m_1 + p_1 + i_2 + i_3 = i_0 + i_1 + i_2 + i_3.$$

最后指出

$$A \in l(0,0) \subset P(0).$$

综上, 当引理条件满足时, (i_0, i_1, i_2, i_3) 为链差序列. $\qquad\qquad \square$

引理 4.2.1 的条件比较复杂, 但应用它可以推出更为简洁漂亮的充分条件.

定理 4.2.2　正整数序列 (i_0, i_1, i_2, i_3) 成为链差序列的充分条件是:

(i) 它是链可行差序列;

(ii)

$$\lfloor i_1/q \rfloor \geqslant (q-1)(1+\delta) - p_1. \qquad (4.2.4)$$

这里 $p_1 = i_1 - q\lfloor i_1/q \rfloor$, $\delta = \operatorname{sgn} p_1$,

证明　由式 (4.2.1) 与 (4.2.4), 经计算可验证式 (4.2.2) 和 (4.2.3) 成立, 再应用引理 4.2.1 与 2.3.7 即可证明本定理.　　　　　　　　　　　　□

定理 4.2.2 是一个重要工具, 4.4 节中主要依靠它确定了 4 维 3 元链码的所有重量谱.

构造 4.2.1 的思想有更深的意义: 人们经过努力已把这类构造开拓到 k 维, 得到了 k 维 q 元链码重量谱的一个重要的充分条件, 这个条件是几乎必要的, 从而首次确定了 k 维 q 元链码的几乎所有重量谱. 详见文献 [16].

4.2.2　9 类 q 元码的重量谱的界

为了得到关于重量谱的更多、更深入细致的信息, 我们在 4.1 节中已把 4 维 q 元码或其差序列 (重量谱) 细分为 9 类. 本小节给出这 9 类差序列的紧的界. 先导出一个一般的引理:

引理 4.2.2　若 (i_0, i_1, i_2, i_3) 是一个差序列, 且条件 1 不成立, 则:

(i) 若条件 2 成立, 则 $i_1 \leqslant qi_0$;

若条件 2 不成立, 或条件 4 成立, 则 $i_1 \leqslant qi_0 - (q+1)$.

(ii) 若条件 3 成立, 则 $i_2 \leqslant qi_1 - (q+1)$;

若条件 3 不成立, 则 $i_1 + i_2 \leqslant (q^2+q)i_0 - (q^2+q+1)$.

(iii) 若条件 4 成立, 则 $i_3 \leqslant qi_2$;

若条件 2 成立, 或条件 4 不成立, 则 $i_3 \leqslant qi_2 - (q+1)$.

证明　若条件 2 不成立, 且 $l^* \in M_1$, 则对 $p \in l^*$, 有 $m(p) \leqslant i_0 - 1$. 若条件 4 成立, 则存在 $l^* \in M_1$, $P^* \in M_2$, 使得 $l^* \subset P^*$. 因为条件 1 不成立, 故对所有 $p \in l^*$, 有 $p \notin M_0$, 即 $m(p) \leqslant i_0 - 1$. 于是两种情形下均有

$$i_0 + i_1 = m(l^*) = \sum_{p \in l^*} m(p) \leqslant (q+1)(i_0 - 1).$$

当条件 2 成立时, 类似可由 $m(p) \leqslant i_0$ 证得 $i_1 \leqslant qi_0$. 这证得了 (i).

若条件 3 成立, 则存在 $p^* \in M_0$, $P^* \in M_2$, 使得 $p^* \in P^*$. 因为条件 1 不成立, 故对所有满足 $p^* \in l \subset P^*$ 的 l, 都有 $l \notin M_1$, 即 $m(l) \leqslant i_0 + i_1 - 1$. 因为 $P^* \backslash \{p^*\}$ 中的每个点都恰好在过 p^* 的一条线上, 所以

$$i_0 + i_1 + i_2 = m(P^*) = m(p^*) + \sum_{l, p^* \in l \subset P^*} (m(l) - m(p^*))$$

$$\leqslant i_0 + (q+1)(i_1 - 1).$$

这证明了 (ii) 的第 1 部分.

设条件 3 不成立, 令 $P^* \in M_2$, 则对所有 $p \in P^*$, 有 $m(p) \leqslant i_0 - 1$, 于是

$$i_0 + i_1 + i_2 = m(P^*) \leqslant (q^2 + q + 1)(i_0 - 1).$$

这得到了 (ii) 的第 2 部分.

若条件 2 成立, 则存在 $p^* \in M_0$, $l^* \in M_1$, 使得 $p^* \in l^*$. 因为条件 1 不成立, 所以对所有 $P \supset l^*$, 有 $P \notin M_2$, 即 $m(P) \leqslant i_0 + i_1 + i_2 - 1$. 若条件 4 不成立, 且 $l^* \in M_1$, 则对所有包含 l^* 的面 P, 有 $m(P) \leqslant i_0 + i_1 + i_2 - 1$. 因为 $V_2 \backslash l^*$ 中每个点恰好在包含 l^* 的一个面内, 所以上述两种情况下都有

$$i_0 + i_1 + i_2 + i_3 = m(V_2) = m(l) + \sum_{P, l^* \subset P} (m(P) - m(l^*))$$

$$\leqslant i_0 + i_1 + (q+1)(i_2 - 1).$$

类似可证 (iii) 的另两个结论. $\qquad\square$

下面给出 9 类差序列的紧的界.

A 类   即链差序列.

定理 4.2.1 已给出了 i_1, i_2, i_3 的上界, 由上界易推得

$$m(V_3) \leqslant (q^3 + q^2 + q + 1)i_0.$$

定义一个简单的赋值函数: 对所有 $p \in V_3$, 取 $m(p) = i_0$. 易知, 它使不等式取到等号.

B 类

定理 4.2.3   若 (i_0, i_1, i_2, i_3) 是 B 类差序列, 则:

(i) $i_1 \leqslant q i_0 - (q+1)$;

(ii) $i_2 \leqslant q i_1 - (q+1)$;

(iii) $i_3 \leqslant q i_2 - (q+1)$;

(iv) $m(V_3) \leqslant (q^3 + q^2 + q + 1)i_0 - (q^3 + 3q^2 + 5q + 3)$;

(v) 对 $j = 0, 1, 2$, 有 $i_j \geqslant 2$;

(vi) 若 $q = 2$, 则 $i_0 \geqslant 3$.

且 (i)~(iv) 都能取到等号 (除 $i_0 = 2$ 且 $q \geqslant 5$ 的情况外).

证明　由引理 4.2.2 可得 (i)~(iii), 而 (iv) 可从 (i)~(iii) 推出. 对于 $j = 0, 1, 2$, 由 (i)~(iii) 可得

$$i_j \geqslant (i_{j+1} + q + 1)/q \geqslant (q+2)/q,$$

这证得了 (v). 从 (i) 和 (v) 可得

$$qi_0 \geqslant q + 1 + i_1 \geqslant q + 3,$$

这证得了 (vi).

下面给出 3 个具体取到等号的构造, 由此说明绝大多数情况下 (i)~(iv) 已达到最优上界, 且是紧的. 图 4.2 与表 4.5 给出了构造 4.2.2, 这里 $\widehat{ABD}$ 表示过三点 A, B, D 的面, $\overline{BF}$ 表示过两点 B, F 的线.

构造 4.2.2　$i_0 \geqslant 3$, 见图 4.2 和表 4.5.

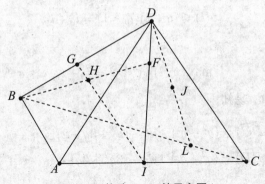

图 4.2　构造 4.2.2 的示意图

表 4.5　构造 4.2.2 的赋值函数 $m(\cdot)$

$m(p)$	p
$i_0 - 3$	$p \in \widehat{ABD} \backslash \{A, D\}$, $p \in \{F, H, I, J\}$
$i_0 - 2$	$p \in \overline{BF} \backslash \{B, F, H\}$, $p \in \overline{GI} \backslash \{G, H, I\}$, $p = D$
i_0	$p = C$
$i_0 - 1$	其他

图 4.2 中 A, B, C, D 表示不在一个面内的 4 个点, 点 I 在线 $\overline{AC}$ 上, 但不是 A 或 C 点; 类似地, 点 F 在 $\overline{DI}$ 上, G 在 $\overline{BD}$ 上, L 在 $\overline{BC}$ 上, J 在 $\overline{DL}$ 上. $\overline{BF}$ 与 $\overline{GI}$ 由于都在面 $\widehat{BDI}$ 内, 所以有交点, 记为 H.

现在来证明达上界的构造 4.2.2 满足推论 4.1.1 中的条件且为 B 类. 记 i_j $(1 \leqslant j \leqslant 3)$ 为 (i)~(iii) 中的上界值. 显然

$$\max\{m(p)|p \in V_3\} = i_0 = m(C).$$

首先考察线. 易知

$$m(\overline{CD}) = i_0 + (i_0 - 2) + (q-1)(i_0 - 1) = i_0 + i_1.$$

由构造 4.2.2, 除 $\overline{CD}$ 外的每条过 C 点的线 l 都包含一个值为 i_0 的点、至少一个值为 $i_0 - 3$ 的点, 而剩下的点取值最多为 $i_0 - 1$. 于是

$$m(l) \leqslant (q+1)i_0 - (q+2) = i_0 + i_1 - 1. \tag{4.2.5}$$

对于除 $\overline{AB}$, $\overline{AC}$ 外的 $\widehat{ABC}$ 中的每条过 A 点的线 l, 都有

$$m(l) = (q+1)(i_0 - 1) = i_0 + i_1.$$

对于其他的线 l, 有

$$m(l) \leqslant (q+1)(i_0 - 1) = i_0 + i_1.$$

于是

$$\max\{m(l)|l \subset V_3\} = i_0 + i_1.$$

其次, 考察面. 易知

$$m(\widehat{ABC}) = (q^2 + q + 1)i_0 - (q^2 + 3q + 2) = i_0 + i_1 + i_2,$$
$$m(\widehat{ABD}) = (q^2 + q + 1)i_0 - (3q^2 + 3q) < i_0 + i_1 + i_2.$$

对任意过 $\overline{AB}$ 的面 P, 有

$$\begin{aligned} m(P) &= m(\overline{AB}) + m(P \backslash \overline{AB}) \\ &\leqslant q(i_0 - 3) + (i_0 - 2) + q^2(i_0 - 1) \\ &= i_0 + i_1 + i_2. \end{aligned}$$

类似地, 对任意过 $\overline{CD}$ 的面 P, 有

$$m(P) = i_0 + i_1 + i_2 - 1. \tag{4.2.6}$$

由此可推出 (iii) 和 (iv) 可以取到等号. 对于除 $\widehat{ABD}$ 与 $\widehat{ACD}$ 外的过 $\overline{AD}$ 的面 P, 有

$$m(P) \leqslant i_0 + i_1 + i_2.$$

对过 $\overline{AC}$ 的面 P(除 $\widehat{ABC}$ 与 $\widehat{ACD}$ 外), 有

$$m(P) < i_0 + i_1 + i_2.$$

对任意过 A 点的其他面 P, 有

$$m(P) \leqslant q(i_0 - 3) + (i_0 - 2) + q^2(i_0 - 1) = i_0 + i_1 + i_2.$$

任意不含 A 的其他面 P, 至少含 ABD 中值为 $i_0 - 3$ 的 q 个点, 所以

$$m(P) \leqslant q(i_0 - 3) + (i_0 - 2) + q^2(i_0 - 1) = i_0 + i_1 + i_2.$$

于是

$$\max\{P | P \subset V_3\} = i_0 + i_1 + i_2.$$

因为 $m(C) = i_0,\, m(\overline{CD}) = i_0 + i_1,\, m(\widehat{ABC}) = i_0 + i_1 + i_2$, 所以条件 2 和 3 成立. 因为对除 $\overline{AB}$, $\overline{AC}$ 外 $\widehat{ABC}$ 中的任意过 A 点的线 l, 都有 $m(l) = i_0 + i_1$, 所以条件 4 成立. 由式 (4.2.5) 和 (4.2.6) 知, 条件 1 不成立, 于是 (i_0, i_1, i_2, i_3) 为 B 类差序列.

$q = 3$, $i_0 = 2$ 时, 图 4.3 与表 4.6 给出了构造 4.2.3.

构造 4.2.3　$q = 3$, $i_0 = 2$, 见图 4.3 和表 4.6.

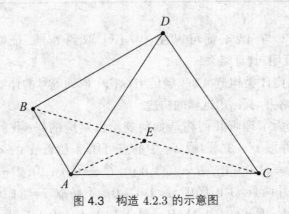

图 4.3　构造 4.2.3 的示意图

表 4.6　构造 4.2.3 的赋值函数 $m(\cdot)$

$m(p)$	p
2	$p = C$
1	$p \in \overline{AE}$, $p \in \overline{CD} \backslash \{C, D\}$
0	其他

$q = 4$, $i_0 = 2$ 时, 图 4.4 与表 4.7 给出了构造 4.2.4.

构造 4.2.4 $q = 4$, $i_0 = 2$, 见图 4.4 和表 4.7.

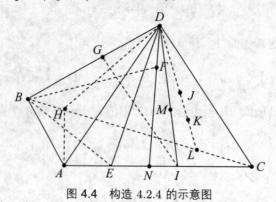

图 4.4 构造 4.2.4 的示意图

表 4.7 构造 4.2.4 的赋值函数 $m(\cdot)$

$m(p)$	p
2	$p = C$
0	$p \in \overline{BF}$, $p \in \overline{GI}$, $p \in \overline{DH}$
	$p \in \widehat{ABD} \backslash \{A\}$, $p \in \overline{AH} \backslash \{A\}$,
	$p \in \widehat{BDE} \backslash \overline{BE}$, $p \in \{J, K, N, M\}$
1	其他

构造 4.2.3 与 4.2.4 都可以使 (i)～(iv) 取到等号, 证明类似于关于构造 4.2.2 的证明, 详证略去. □

我们给出了 B 类构造 4.2.2 满足 (i)～(iv) 取到等号的详细证明, 以后类似的证明大都略去, 只给出这样的构造.

例 4.2.1 为了理解几何构造如何能给出对应的码, 我们以构造 4.2.2 为例来说明, 并取 $q = 3$. 回顾 V_3 中的点可用 4 位首 1 的 q 进制数表示, 顶点现取成 $A = (1,0,0,0)$, $B = (0,1,0,0)$, $C = (0,0,1,0)$, $D = (0,0,0,1)$; 而 $\overline{AC}$ 上还有另外两点 $(1,0,1,0)$ 与 $(1,0,2,0)$, 不妨取 $I = (1,0,1,0)$; 类似地取 $G = (0,1,0,1)$, $F = (1,0,1,1)$, $H = (1,1,1,1)$, $L = (0,1,1,0)$, $J = (0,1,1,1)$. (注意: 对 $q \neq 3$ 也可这样取点.) 由表 4.5, 可以定义矩阵 G_0, G_1, G_2, G_3 分别如下:

$$G_0 = \begin{pmatrix} 0 \\ 0 \\ 1 \\ 0 \end{pmatrix},$$

$$G_1 = \begin{pmatrix} 0 & 0 & 0 & 0 & 0 & 0 & 0 & 1 & 1 & 1 & 1 & 1 & 1 & 1 & 1 & 1 & 1 & 1 & 1 & 1 \\ 0 & 0 & 1 & 1 & 1 & 1 & 1 & 0 & 0 & 0 & 0 & 0 & 1 & 1 & 1 & 1 & 2 & 2 & 2 & 2 \\ 1 & 1 & 1 & 1 & 2 & 2 & 2 & 0 & 1 & 2 & 2 & 2 & 1 & 1 & 2 & 2 & 2 & 1 & 2 & 2 \\ 1 & 2 & 0 & 2 & 0 & 1 & 2 & 0 & 2 & 0 & 1 & 2 & 0 & 2 & 0 & 1 & 2 & 0 & 0 & 1 & 2 \end{pmatrix},$$

$$G_2 = \begin{pmatrix} 0 & 1 & 1 \\ 0 & 2 & 2 \\ 0 & 1 & 1 \\ 1 & 1 & 2 \end{pmatrix}, \quad G_3 = \begin{pmatrix} 0 & 0 & 0 & 0 & 1 & 1 & 1 & 1 & 1 & 1 & 1 & 1 & 1 & 1 & 1 \\ 1 & 1 & 1 & 1 & 0 & 0 & 0 & 0 & 1 & 1 & 1 & 1 & 2 & 2 & 2 \\ 0 & 0 & 1 & 0 & 0 & 1 & 1 & 0 & 0 & 0 & 1 & 0 & 0 & 0 \\ 0 & 1 & 2 & 1 & 1 & 2 & 0 & 1 & 0 & 1 & 2 & 1 & 0 & 1 & 2 \end{pmatrix},$$

这里 G_0 的列表示赋值为 i_0 的点 C, G_2 的列表示 $m(p) = i_0 - 2$ 的那些点, 即点集

$$(\overline{BF} \backslash \{B, F, H\}) \cup (\overline{GI} \backslash \{G, H, I\}) \cup \{D\}.$$

类似地, G_1 与 G_3 的列分别表示 $m(p) = i_0 - 1$ 与 $m(p) = i_0 - 3$ 的那些点. 用 $G_j^{i_0-j}$ 表示把 G_j 重复 $i_0 - j$ 次横排而得到的矩阵, 则由 4 个矩阵横排所得的 $G = G_0^{i_0} G_1^{i_0-1} G_2^{i_0-2} G_3^{i_0-3}$ 就是对应码的生成矩阵. 例如, 当 $i_0 = 3$ 时, 可得生成矩阵

$$G = \begin{pmatrix} 0 & 0 & 0 & 0 & 0 & 0 & 0 & 0 & 0 & 0 & 0 & 1 & 1 & 1 & 1 & 1 & 1 \\ 0 & 0 & 0 & 0 & 0 & 1 & 1 & 1 & 1 & 1 & 0 & 0 & 0 & 0 & 0 & 1 \\ 1 & 1 & 1 & 1 & 1 & 1 & 1 & 2 & 2 & 2 & 0 & 1 & 2 & 2 & 2 & 1 \\ 0 & 0 & 0 & 1 & 2 & 0 & 2 & 0 & 1 & 2 & 0 & 2 & 0 & 1 & 2 & 0 \end{pmatrix}$$

$$\begin{matrix} 1 & 1 & 1 & 1 & 1 & 1 & 1 & 1 & 0 & 0 & 0 & 0 & 0 & 0 & 0 & 1 \\ 1 & 1 & 1 & 1 & 2 & 2 & 2 & 2 & 0 & 0 & 1 & 1 & 1 & 1 & 1 & 0 \\ 1 & 2 & 2 & 2 & 1 & 2 & 2 & 2 & 1 & 1 & 1 & 1 & 2 & 2 & 2 & 0 \\ 2 & 0 & 1 & 2 & 0 & 0 & 1 & 2 & 1 & 2 & 0 & 2 & 0 & 1 & 2 & 0 \end{matrix}$$

$$\begin{matrix} 1 & 1 & 1 & 1 & 1 & 1 & 1 & 1 & 1 & 1 & 1 & 1 & 1 & 0 & 1 & 1 \\ 0 & 0 & 0 & 0 & 1 & 1 & 1 & 1 & 2 & 2 & 2 & 2 & 0 & 2 & 2 \\ 1 & 2 & 2 & 2 & 1 & 1 & 2 & 2 & 2 & 1 & 2 & 2 & 2 & 0 & 1 & 1 \\ 2 & 0 & 1 & 2 & 0 & 2 & 0 & 1 & 2 & 0 & 0 & 1 & 2 & 1 & 1 & 2 \end{matrix}.$$

C 类

定理 4.2.4 若 (i_0, i_1, i_2, i_3) 是一个 C 类差序列, 则:

(i) $i_1 \leqslant qi_0$;

(ii) $i_2 \leqslant qi_1 - (q+1)$;

(iii) $i_3 \leqslant qi_2 - (q+1)$;

(iv) $m(V_3) \leqslant (q^3 + q^2 + q + 1)i_0 - (q^2 + 3q + 2)$;

(v) 若 $q = 2$, 则 $i_0 \geqslant 2$.

且 (i)~(iv) 都能取到等号.

证明 (i)~(iii) 由引理 4.2.2 得出. (iv) 由 (i)~(iii) 推出. 当 $q = 2$ 时, 由 (iii) 得 $i_2 \geqslant 2$, 由 (ii) 得 $i_1 \geqslant 3$, 所以, 从 (i) 得 $i_0 \geqslant 2$.

当 $q \geqslant 3$ 时, 图 4.5 与表 4.8 给出了构造 4.2.5, 它可使得 (i)~(iv) 中等号成立.

构造 4.2.5 $q \geqslant 3$, 见图 4.5 和表 4.8.

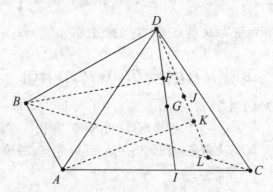

图 4.5 构造 4.2.5 的示意图

表 4.8 构造 4.2.5 的赋值函数 $m(\cdot)$

$m(p)$	p
$i_0 - 1$	$p \in \{G, J\}, p \in \overline{BF}, p \in \widehat{ABD} \backslash \{D\}, p \in \overline{AK}$
i_0	其他

$q = 2$ 时, 图 4.6 与表 4.9 给出了构造 4.2.6, 它可以使得 (i)~(iv) 中的等号成立. □

构造 4.2.6 $q = 2$, 见图 4.6 和表 4.9.

D 类

定理 4.2.5 若 (i_0, i_1, i_2, i_3) 是 D 类差序列, 则:

(i) $i_1 \leqslant q i_0 - (q + 1)$;

(ii) $i_1 + i_2 \leqslant (q^2 + q)i_0 - (q^2 + q + 1)$;

(iii) $m(V_3) \leqslant (q^3 + q^2 + q + 1)i_0 - (q^3 + 2q^2 + 2q + 1)$;

(iv) $i_0 \geqslant 2$.

且 (i)~(iii) 都能取到等号.

证明 (i) 与 (ii) 由引理 4.2.2 得出, (iv) 从 (i) 得出. 记 $p^* \in M_0$, 在

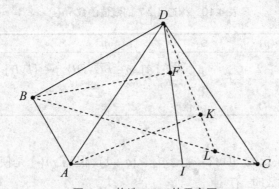

图 4.6　构造 4.2.6 的示意图

表 4.9　构造 4.2.6 的赋值函数 $m(\cdot)$

$m(p)$	p
$i_0 - 2$	$p \in \overline{BF} \backslash \{B\}$, $p \in \overline{AK} \backslash \{A\}$
$i_0 - 1$	$p \in \widehat{ABD} \backslash \{D\}$
i_0	其他

$V_3 \backslash \{p^*\}$ 中的每个点正好位于过 p^* 的一条线上, 所以

$$m(V_3) \leqslant m(p^*) + \sum_{l \subset V_3, p^* \in l} (m(l) - m(p^*))$$

$$\leqslant i_0 + (q^2 + q + 1) i_1$$

$$\leqslant i_0 + (q^2 + q + 1)(q i_0 - q - 1),$$

这证明了 (iii).

　　构造 4.2.7　见图 4.7 与表 4.10, 它可使得 (i)~(iii) 中的等号成立.　　□

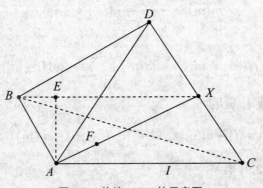

图 4.7　构造 4.2.7 的示意图

表 4.10 构造 4.2.7 的赋值函数 $m(\cdot)$.

$m(p)$	p
$i_0 - 2$	$p \in \overline{AE}\backslash\{A\}$, $p \in \overline{BG}\backslash\{B\}$, $p \in \{F, H\}$
i_0	$p = X$
$i_0 - 1$	其他

注 从引理 4.2.2 也可得 $i_3 \leqslant qi_2 - (q+1)$. 但当 $m(\cdot)$ 是使 (i)~(iii) 中等号成立的赋值函数时, 有

$$i_3 = q^3 i_0 - (q^3 + q^2 + q) < q(q^2 i_0 - q^2) - (q+1) = qi_2 - (q+1).$$

因此, 在这种意义下, 本定理中 (iii) 更强些.

E 类

定理 4.2.6 若 (i_0, i_1, i_2, i_3) 是 E 类差序列, 则:

(i) $i_1 + i_2 \leqslant (q^2 + q)i_0 - (q^2 + q + 1)$;

(ii) $i_2 \leqslant q^2 i_0 - (q^2 + 1)$;

(iii) $i_3 \leqslant qi_2 - (q+1)$;

(iv) $m(V_3) \leqslant (q^3 + q^2 + q + 1)i_0 - (q^3 + q^2 + 3q + 2)$;

(v) $i_0 \geqslant 2$.

且 (i)~(iv) 都能取到等号.

证明 (i) 与 (iii) 由引理 4.2.2 得出, (v) 由 (i) 得出. 记 $P^* \in M_2$, l 为 P 中的一条线. 因为条件 4 不成立, 所以 $m(l) \leqslant i_0 + i_1 - 1$. 用下式定义 z:

$$i_1 + i_2 = (q^2 + q)i_0 - (q^2 + q + 1) - z, \tag{4.2.7}$$

这里 $z \geqslant 0$. 记 $m(p_1) = \max\{m(p) | p \in P\}$, 则

$$m(p_1) \geqslant \frac{1}{q^2 + q + 1}(i_0 + i_1 + i_2). \tag{4.2.8}$$

因为

$$i_0 + i_1 + i_2 = m(P) = m(p_1) + \sum_{p_1 \in l \subset P} (m(l) - m(p_1)),$$

所以, 存在一条线 l, 满足

$$m(l) - m(p_1) \geqslant \frac{1}{q+1}(i_0 + i_1 + i_2 - m(p_1)). \tag{4.2.9}$$

由式 (4.2.7)~(4.2.9) 有

$$(q^2 + q + 1)i_0 - (q^2 + q + 1) - z - 1 - i_2$$

$$= i_0 + i_1 - 1$$

$$\geqslant m(l) \geqslant \frac{1}{q+1}(i_0 + i_1 + i_2 + qm(p_1))$$

$$\geqslant \frac{1}{q+1}\Big(1 + \frac{q}{q^2+q+1}\Big)(i_0 + i_1 + i_2)$$

$$= \frac{q+1}{q^2+q+1}((q^2+q+1)i_0 - (q^2+q+1) - z)$$

$$= (q+1)i_0 - (q+1) - \frac{(q+1)z}{q^2+q+1}.$$

于是

$$i_2 \leqslant q^2 i_0 - (q^2+1) - \frac{q^2 z}{q^2+q+1} \leqslant q^2 i_0 - (q^2+1),$$

这证明了 (ii). 再由 (i)~(iii) 得

$$m(V_3) = i_0 + (i_1 + i_2) + i_3$$

$$\leqslant i_0 + ((q^2+q)i_0 - (q^2+q+1))$$

$$+ q(q^2 i_0 - (q^2+1) - (q+1)),$$

这证明了 (iv).

当 $q \geqslant 3$ 时, 图 4.8 与表 4.11 给出了构造 4.2.8, 它可使得 (i)~(iv) 中的等号成立.

构造 4.2.8　$q \geqslant 3$, 见图 4.8 和表 4.11.

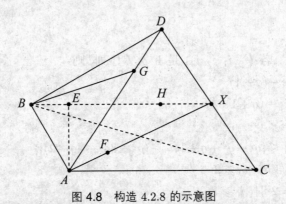

图 4.8　构造 4.2.8 的示意图

当 $q = 2$ 时, 图 4.9 与表 4.12 给出了构造 4.2.9, 它可使得 (i)~(iv) 中的等号成立.

构造 4.2.9　$q = 2$, 见图 4.9 和表 4.12.　　　　　　　　　　　　□

表 4.11   构造 4.2.8 的赋值函数 $m(\cdot)$

$m(p)$	p
$i_0 - 2$	$p \in \overline{AE} \backslash \{A\}$, $p \in \overline{BG} \backslash \{B\}$, $p \in \{F, H\}$
i_0	$p = X$
$i_0 - 1$	其他

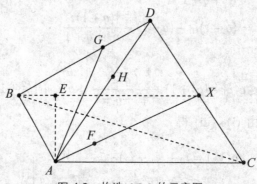

图 4.9   构造 4.2.9 的示意图

表 4.12   构造 4.2.9 的赋值函数 $m(\cdot)$

$m(p)$	p
$i_0 - 2$	$p \in \overline{AE} \backslash \{A\}$, $p \in \overline{AG} \backslash \{A\}$, $p \in \{F, H\}$
i_0	$p = X$
$i_0 - 1$	其他

F 类

定理 4.2.7   若 (i_0, i_1, i_2, i_3) 是 F 类差序列, 则:

(i) $i_1 \leqslant qi_0 - (q+1)$;

(ii) $i_2 \leqslant qi_1 - (q+1)$;

(iii) $i_3 \leqslant qi_2$;

(iv) $m(V_3) \leqslant (q^3 + q^2 + q + 1)i_0 - (q^3 + 3q^2 + 4q + 2)$;

(v) 当 $q \geqslant 3$ 时, $i_0 \geqslant 2$;

(vi) 当 $q = 2$ 时, $i_0 \geqslant 3$.

且 (i)~(iv) 都能取到等号 (除 $q \geqslant 3$, 且 $i_0 = 2, 3$ 的情况外).

证明   (i)~(iii) 由引理 4.2.2 得出, (iv) 由 (i)~(iii) 得出, (v) 由 (i) 得出, (vi) 由 (ii) 与 (i) 得出.

当 $i_0 \geqslant 4$ 时, 图 4.10 与表 4.13 给出了构造 4.2.10, 它可使得 (i)~(iv) 中的等号成立.

构造 4.2.10　$i_0 \geqslant 4$, 见图 4.10 和表 4.13.

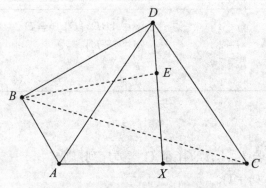

图 4.10　构造 4.2.10 的示意图

表 4.13　构造 4.2.10 的赋值函数 $m(\cdot)$

$m(p)$	p
$i_0 - 4$	$p = B$
$i_0 - 3$	$p \in \widehat{ABD} \backslash \{B, D\}$, $p = E$
$i_0 - 2$	$p \in \overline{BE} \backslash \{B, E\}$
i_0	$p = X$
$i_0 - 1$	其他

当 $q = 2$ 时, 图 4.11 与表 4.14 给出了构造 4.2.11, 它可使得 (i)~(iv) 中的等号成立.

构造 4.2.11　$q = 2$, 见图 4.11 和表 4.14.　　　　　　　　　　□

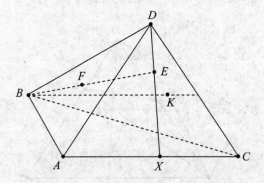

图 4.11　构造 4.2.11 的示意图

表 4.14 构造 4.2.11 的赋值函数 $m(\cdot)$

$m(p)$	p
$i_0 - 3$	$p \in \widehat{ABD}\setminus\{D\},\ p = E$
$i_0 - 2$	$p \in \{F, K\}$
i_0	$p = X$
$i_0 - 1$	其他

G 类

定理 4.2.8 若 (i_0, i_1, i_2, i_3) 是 G 类差序列, 则:

(i) $i_1 \leqslant qi_0 - (q+1)$;

(ii) $i_2 \leqslant qi_1 - (q+1)$;

(iii) $i_3 \leqslant qi_2 - (q+1)$;

(iv) $m(V_3) \leqslant (q^3 + q^2 + q + 1)i_0 - (q^3 + 3q^2 + 5q + 3)$;

(v) 当 $q \geqslant 3$ 时, $i_0 \geqslant 2$;

(vi) 当 $q = 2$ 时, $i_0 \geqslant 3$.

且 (i)~(iv) 都能取到等号 (除 $q = 3$, $q \geqslant 5$ 且 $i_0 = 2$ 及 $q = 2$ 且 $i_0 = 3$ 的情况外).

证明 (i)~(vi) 的证明类似于定理 4.2.7 的, 略去.

当 $q \geqslant 3$ 且 $i_0 \geqslant 3$ 时, 图 4.12 与表 4.15 给出了构造 4.2.12, 它可使得 (i)~(iv) 中的等号成立.

构造 4.2.12 $q \geqslant 3$, $i_0 \geqslant 3$, 见图 4.12 和表 4.15. 当 $q = 2$, $i_0 \geqslant 4$ 时, 图 4.13 与表 4.16 给出了构造 4.2.13, 它可使得 (i)~(iv) 中的等号成立.

构造 4.2.13 $q = 2$, $i_0 \geqslant 4$, 见图 4.13 和表 4.16.

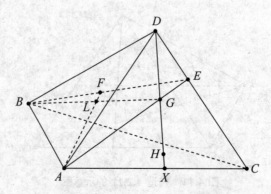

图 4.12 构造 4.2.12 的示意图

表 4.15　构造 4.2.12 的赋值函数 $m(\cdot)$

$m(p)$	p
$i_0 - 3$	$p \in \widehat{ABD}\backslash\{D\}$, $p \in \{F, G, L\}$
$i_0 - 2$	$p \in \overline{BG}\backslash\{B, G, L\}$, $p \in \overline{AF}\backslash\{A, F, L\}$, $p = H$
i_0	$p = X$
$i_0 - 1$	其他

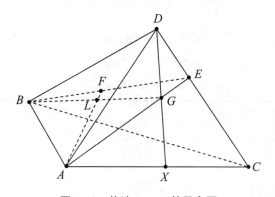

图 4.13　构造 4.2.13 的示意图

表 4.16　构造 4.2.13 的赋值函数 $m(\cdot)$

$m(p)$	p
$i_0 - 4$	$p = G$
$i_0 - 3$	$p \in \widehat{ABD}\backslash\{D\}$, $p \in \{F, L\}$
i_0	$p = X$
$i_0 - 1$	其他

当 $q = 4$, $i_0 = 2$ 时, 图 4.14 与表 4.17 给出了构造 4.2.14, 它可使得 (i)～(iv) 中的等号成立.

构造 4.2.14　$q = 4$, $i_0 = 2$, 见图 4.14 和表 4.17.

当 $q = 3$, $i_0 = 2$ 时, 可使得 (i)～(iv) 中等号成立的序列是 (2,2,2,2). 下面证明这个序列不是 G 类差序列. 反设存在一个 $m(\cdot)$, 使得 (2,2,2,2) 为 G 类差序列, 则存在一个面 P^* 与一个点 p^*, 使得 $m(p^*) = 2$, $m(P^*) = 6$, $p^* \subset P^*$. 记 l^* 为使 $m(l^*) = 4$ 的一条线, 则条件 2 与 4 都不成立, 即

$$p^* \notin l^* \not\subset P^*.$$

但对于由 p^* 与 l^* 张成的面 P, 有 $m(P) = 6$, 即条件 4 成立, 矛盾.

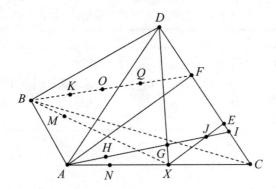

图 4.14   构造 4.2.14 的示意图

表 4.17   构造 4.2.14 的赋值函数 $m(\cdot)$

$m(p)$	p
0	$p\in\widehat{ABD}\backslash\{D\}$, $p\in\overline{AK}$
	$p\in\widehat{ABE}\backslash\{E\}$, $p\in\overline{BG}$
	$p\in\{H,J,M,O,Q\}$, $p\in\overline{BN}$
2	$p=X$
1	其他

当 $q=2$, $i_0=3$ 时, 类似可证没有 G 类差序列可使得 (i)~(iv) 中的等号成立, 证明略去.   □

由定理 4.2.8 的证明可知: 例外情况中, $q=3$, $i_0=2$ 及 $q=2$, $i_0=3$ 时, 等号不能取到; 而 $q\geqslant 5$, $i_0=2$ 时, 能否取到等号还是个有待研究的问题.

H 类

定理 4.2.9   若 (i_0,i_1,i_2,i_3) 是 H 类差序列, 则:

(i) $i_1\leqslant qi_0-(q+1)$;

(ii) $i_1+i_2\leqslant(q^2+q)i_0-(q^2+q+1)$;

(iii) $m(V_3)\leqslant(q^3+q^2+q+1)i_0-(q^3+3q^2+3q+2)$;

(iv) 当 $q\geqslant 3$ 时, $i_0\geqslant 2$;

(v) 当 $q=2$ 时, $i_0\geqslant 3$.

且 (i)~(iii) 都能取到等号.

证明   (i) 和 (ii) 由引理 4.2.2 得出, (iv) 由 (i) 得出. 令 $p^*\in M_0$. 因为条件 2 不成立, 所以对所有含 p^* 的线 l, 都有

$$m(l)\leqslant i_0+i_1-1.$$

在 $V_3 \backslash \{p^*\}$ 中的每个点, 正好在过 p^* 的一条线上. 于是

$$m(V_3) \leqslant m(p^*) + \sum_{l \subset V_3, p^* \in l} (m(l) - m(p))$$

$$\leqslant i_0 + (q^2 + q + 1)(i_1 - 1)$$

$$\leqslant i_0 + (q^2 + q + 1)(q i_0 - q - 2),$$

这证明了 (iii). 当 $q = 2$, $i_0 = 2$ 时, 由 (iii) 得 $m(V_3) \leqslant 2$, 这与 $i_1 \geqslant 1$ 矛盾, 于是得到 (v).

当 $q \geqslant 3$ 时, 图 4.15 与表 4.18 给出了构造 4.2.15, 它可使得 (i)~(iii) 中的等号成立.

构造 4.2.15　$q \geqslant 3$, 见图 4.15 和表 4.18.

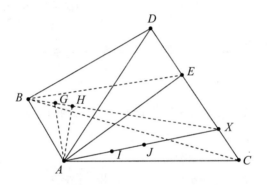

图 4.15　构造 4.2.15 的示意图

表 4.18　构造 4.2.15 的赋值函数 $m(\cdot)$

$m(p)$	p
$i_0 - 2$	$p \in \widehat{ABD} \backslash \overline{AB},\ p \in \overline{AG} \backslash \{A\},\ p \in \{I, J\}$
	$p \in \widehat{ABE} \backslash \overline{AB},\ p \in \overline{AH} \backslash \{A\}$
i_0	$p = X$
$i_0 - 1$	其他

当 $q = 2$ 时, 图 4.16 与表 4.19 给出了构造 4.2.16, 它可使得 (i)~(iii) 中的等号成立.

构造 4.2.16　$q = 2$, 见图 4.16 和表 4.19.　　　　　　　　□

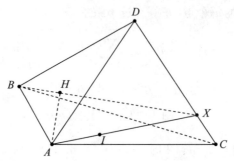

图 4.16　构造 4.2.16 的示意图

表 4.19　构造 4.2.16 的赋值函数 $m(\cdot)$

$m(p)$	p
$i_0 - 3$	$p \in \widehat{ABD} \backslash \overline{AB}, p \in \overline{AH} \backslash \{A\}, p = I$
i_0	$p = X$
$i_0 - 1$	其他

I 类

定理 4.2.10　若 (i_0, i_1, i_2, i_3) 是 I 类差序列, 则:

(i) $i_1 \leqslant q i_0 - (q+1)$;

(ii) $i_2 + i_3 \leqslant (q^2 + q) i_1 - (q^2 + q + 1)$;

(iii) $m(V_3) \leqslant (q^3 + q^2 + q + 1) i_0 - (q^3 + 3q^2 + 3q + 2)$;

(iv) $i_0 \geqslant 2$.

且 (i)~(iii) 都能取到等号 (除 $q = 3$ 且 $i_0 = 2$ 及 $q = 2$ 的情况外).

证明　(i) 由引理 4.2.2(i) 得出, (iv) 由 (i) 得出. (iii) 的证明与 H 类的相同, 在这证明的过程中, 有

$$i_0 + i_1 + i_2 + i_3 \leqslant i_0 + (q^2 + q + 1)(i_1 - 1),$$

由此得 (ii).

当 $q \geqslant 4$ 且 $i_0 \geqslant 2$ 时, 图 4.17 与表 4.20 给出了构造 4.2.17, 它可使得 (i)~(iii) 中的等号成立.

构造 4.2.17　见图 4.17 和表 4.20.

现在来证明构造 4.2.17 满足推论 4.1.1 的条件且为 I 类, 而 (i)~(iii) 可以取到等号. 记

$$i_1 = q i_0 - (q+1),$$
$$i_2 = q^2 i_0 - (q^2 + q + 1),$$

$$i_3 = q^3 i_0 - (q^3 + 2q^2 + q).$$

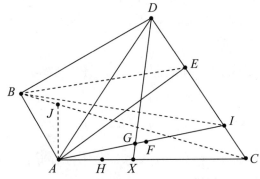

图 4.17　构造 4.2.17 的示意图

表 4.20　构造 4.2.17 的赋值函数 $m(\cdot)$

$m(p)$	p
$i_0 - 2$	$p \in \widehat{ABD} \backslash \{D\},\ p \in \widehat{ABE} \backslash \{E\}$
	$p \in \overline{AJ},\ p \in \{F, G, H\}$
i_0	$p = X$
$i_0 - 1$	其他

显然, 对这组记号, (i)~(iii) 中不等式取等号. 由表 4.20, 易得

$$\max\{m(p) | p \in V_3\} = i_0 = m(X).$$

首先, 考察线. 每条过 X 的线 l 含 1 个取值为 i_0 的点 (即 X 自身)、2 个取值为 $i_0 - 2$ 的点、$q - 2$ 个取值为 $i_0 - 1$ 的点, 所以 $m(l) = (q+1)i_0 - (q+2)$. 对任一条不含 X 的线 l, 有

$$m(l) \leqslant (q+1)(i_0 - 1) = (q+1)i_0 - (q+1),$$

而

$$m(\overline{CD}) = (q+1)(i_0 - 1) = (q+1)i_0 - (q+1),$$

于是得

$$\max\{m(l) | l \text{ 是 } V_3 \text{ 中的线}\} = m(\overline{CD}) = i_0 + i_1,$$

且条件 2 不成立.

其次, 考察面. 对图 4.17 中画出的过 $\overline{AB}$ 的 4 个面, 有

$$m(\widehat{ABC}) = (q^2 + q + 1)i_0 - (q^2 + 3q + 2),$$

$$m(\widehat{ABI}) = (q^2+q+1)i_0 - (q^2+2q+4),$$
$$m(\widehat{ABE}) = m(\widehat{ABD}) = (q^2+q+1)i_0 - (2q^2+2q+1).$$

对其他过 $\overline{AB}$ 的面 P^*, 有

$$\begin{aligned} m(P^*) &= m(\overline{AB}) + m(P\backslash\overline{AB}) \\ &= (q+1)(i_0-2) + q^2(i_0-1) \\ &= (q^2+q+1)i_0 - (q^2+2q+2). \end{aligned}$$

对不过 $\overline{AB}$ 的任意面 P, 它至少包含 $2q-1$ 个取值为 i_0-2 的来自 $\widehat{ABE}\cup$ $\widehat{ABD}$ 中的点, 于是

$$\begin{aligned} m(P) &\leqslant (2q-1)(i_0-2) + i_0 + (q^2-q+1)(i_0-1) \\ &= (q^2+q+1)i_0 - (q^2+3q-1) < m(P^*). \end{aligned}$$

因此

$$i_0 + i_1 + i_2 = \max\{m(P)|P \text{ 是 } V_3 \text{ 中的面}\} = m(P^*).$$

进而, 对 P^* 中所有的线 l, 有 $m(l) \leqslant (q+1)i_0 - (q+2)$, 对 P^* 中所有的点 p, 有 $m(p) \leqslant i_0-1$; 所以, 条件 3 与 4 不成立.

最后, 有

$$\begin{aligned} m(V_3) &= i_0 + (2q^2+2q+2)(i_0-2) + (q^3-q^2-q-2)(i_0-1) \\ &= (q^3+q^2+q+1)i_0 - (q+2)(q^2+q+1) \\ &= i_0 + i_1 + i_2 + i_3. \end{aligned}$$

构造 4.2.18 $q \geqslant 3$ 且 $i_0 \geqslant 3$ 时, 仍用图 4.17, 并用表 4.21 给出构造 4.2.18, 它可使得 (i)~(iii) 中的等号成立. 关于构造 4.2.18 的证明类似于构造 4.2.17 的, 故略去. □

表 4.21 构造 4.2.18 的赋值函数 $m(\cdot)$

$m(p)$	p
i_0-3	$p \in \widehat{ABD}\backslash(\{D\}\cup\overline{AB}), p = G$
i_0-2	$p \in \overline{AB}\cup\overline{AJ}\cup\{H\}$
i_0	$p = X$
i_0-1	其他

I 类对应的码称为极端无链码. 定理 4.2.10 取自文献 [15], 但叙述方式采用了文献 [146] 中的形式, 从而与其他类保持形式上的一致. 文献 [15] 中还有关于 i_2 的上界的更详细的论述.

4.2.3　4 维 q 元码的几乎所有重量谱的确定

定义 3.2.1 引入了必要且几乎充分条件的定义, 它对 $k=4$ 也是适用的. 引理 2.3.2 把差序列分为 I 型与 II 型两类, 并给出了两类的必要条件, 本节在以上定义与引理的基础上, 给出以下主要结果:

定理 4.2.11　对 4 维 q $(q \geqslant 3)$ 元线性码, 有:

(1) 序列 (i_0, i_1, i_2, i_3) 为 I 型差序列的必要且几乎充分条件是:

(i) $i_1 \leqslant qi_0$;　(ii) $i_2 \leqslant qi_1$;　(iii) $i_3 \leqslant qi_2$.

(2) 序列 (i_0, i_1, i_2, i_3) 为 II 型差序列的必要且几乎充分条件是:

(i) $i_1 \leqslant qi_0$;　(ii) $qi_1 < i_2 \leqslant \dfrac{q^2(i_0 + i_1)}{q+1}$;　(iii) $i_0 \leqslant i_3 \leqslant (q^2 + q)i_1 - i_2$.

由上述 II 型差序列必要条件中的 (iii), 得 $i_0 \leqslant (q^2+q)i_1 - i_2$, 即 $i_2 \leqslant (q^2+q)i_1 - i_0$, 故条件 (ii) 即为 $qi_1 < i_2 \leqslant \min\left(\dfrac{q^2(i_0+i_1)}{q+1}, (q^2+q)i_1 - i_0\right)$. 由这个条件可再细分为两类:

II 型 H 类:　当 $i_1 > i_0/q$ 时, $i_2 \leqslant \min\left(\dfrac{q^2(i_0+i_1)}{q+1}, (q^2+q)i_1 - i_0\right)$ $= \dfrac{q^2(i_0+i_1)}{q+1}$;

II 型 E 类:　当 $i_1 \leqslant i_0/q$ 时, $i_2 \leqslant \min\left(\dfrac{q^2(i_0+i_1)}{q+1}, (q^2+q)i_1 - i_0\right) = (q^2+q)i_1 - i_0$.

我们称它们为 H 类和 E 类的原因是: 由下面的证明, 可知这两类正好分别是 4.1.2 小节中的 H 类和 E 类. 本小节的主要困难在于证明 II 型的条件是几乎充分的, 以下将克服这一困难.

引理 4.2.3　对 4 维 q $(q \geqslant 3)$ 元线性码, 序列 (i_0, i_1, i_2, i_3) 为 II 型 H 类差序列的充分条件是:

(i) $i_0/q + h_1(q) \leqslant i_1 \leqslant qi_0 - (q+1)$;

(ii) $qi_1 + q \leqslant i_2 \leqslant \dfrac{q^2(i_0+i_1)}{q+1} - h_2(q)$;

(iii) $i_0 \leqslant i_3 \leqslant (q^2+q)i_1 - i_2 - (q^2+q+1)$.

其中 $h_1(q) = q^6 - q^4 + q - 1 - 2/q, h_2(q) = q^5(q-1)$.

这里仅给出证明的主要思想, 详细证明可参见文献 [76].

我们对满足充分条件的全部序列, 都对应地构造出满足推论 4.1.1(i)~(iv) 的赋值函数. 仅需对 $i_3 = (q^2+q)i_1 - i_2 - (q^2+q+1)$ 构造 $m(\cdot)$, 最后简单地调整函数 $m(\cdot)$, 即可得到 $i_0 \leqslant i_3 \leqslant (q^2+q)i_1 - i_2 - (q^2+q+1)$ 时的 $m(\cdot)$.

(1) 边界构造

令 $i_1 = qi_0 - (q+1)$, 此时 i_2 的上、下界相等, 取 i_2 为下界 $qi_1 + q$, 下面有时用符号 $\langle p_1, p_2, \cdots, p_r \rangle$ 表示由点 $\{p_i | 1 \leqslant i \leqslant r\}$ 所组成的 $PG(3,q)$ 中的 $r-1$ 维子空间. 用构造 4.2.15 作为上界构造, 并一直采用图 4.15.

为了从边界结构得到全部结构, 可用文献 [27] 提出的子空间集方法使 $m(\cdot)$ 均匀下降. 这里新困难在于 i_2 要求上升, 下面用一种特别的新的面集, 使 $P^* \backslash l^*$ 部分下降得比 l^* 部分多, 为 i_2 上升做好准备. 这样的新方法不妨称为落差法.

(2) i_1 由上界开始下降

令 $i_1' = i_1 - 1$, 而 $i_2' = qi_1' + q$, $i_3' = (q^2+q)i_1' - i_2' - (q^2+q+1)$. 为方便起见, 我们定义一些特殊的符号:

$$l^* = \langle AB \rangle = \{M_k | 0 \leqslant k \leqslant q\}, \quad \langle ABC \rangle \backslash \langle AB \rangle = \{Q_i | 0 \leqslant i \leqslant q^2\},$$
$$V_3 \backslash \{\langle ABC \rangle \cup X \cup \langle M_k Q_i X \rangle\} = \{P_j(i,k) = P_j | 0 \leqslant j < q^3 - q^2\}.$$

构造函数 $m'(\cdot)$ 如下:

$$m'(p) = \begin{cases} m(p)-1, & p \in \langle Q_i P_j M_k \rangle \ (0 \leqslant i \leqslant q^2, 0 \leqslant j < q^3 - q^2, 0 \leqslant k \leqslant q), \\ m(p), & \text{其他}. \end{cases}$$

这里 $m(p)$ 为构造 4.2.15 的赋值函数. 可证明用子空间集 $\langle Q_i P_j M_k \rangle$ 能保持推论 4.1.1(i)~(iv) 仍满足且仍为 H 类, i_1 可下降至下界附近, 即 $i_1 \geqslant i_0/q + h_1(q)$.

(3) i_2 由下界开始上升

令 $i_2'' = i_2' + 1$, 而 $i_1' = qi_0 - (q+1) - wq^4(q^2-1) \ (w \in [0, \lfloor (i_0-2)/q^5 \rfloor], w$ 为整数), $i_3'' = (q^2+q)i_1' - i_2'' - (q^2+q+1)$.

定义以下符号:

$$\langle XQ_i \rangle \backslash \{X, Q_i\} = \{N(i,h) | 0 \leqslant h < q-1\},$$

构造函数 $m''(\cdot)$ 如下:

$$m''(p) = \begin{cases} m'(p)+1, & p = Q_i \ (0 \leqslant i \leqslant q^2), \\ m'(p)-1, & p = N(i,h) \ (0 \leqslant h < q-1), \\ m'(p), & \text{其他}. \end{cases}$$

可证明能保持推论 4.1.1(i)~(iv) 仍满足, i_2 可上升至上界附近, 即 $i_2 \leqslant \dfrac{q^2(i_0 + i_1)}{q+1} - h_2(q)$ 且 $i_3 \geqslant i_0$. □

引理 4.2.4 对 4 维 q 元线性码, 序列 (i_0, i_1, i_2, i_3) 为 II 型 E 类差序列的充分条件是:

(i) $\lceil (i_0 - 2)/q^2 \rceil + 2q \leqslant i_1 \leqslant \lfloor i_0/q \rfloor$;

(ii) $qi_1 + 2(q^3 - 1) \leqslant i_2 \leqslant (q^2 + q)i_1 - i_0$;

(iii) $i_0 \leqslant i_3 \leqslant (q^2 + q)i_1 - i_2$.

我们仍仅给出证明的主要思想, 详见文献 [76].

(1) 上界构造

令 $i_1 = \lfloor i_0/q \rfloor$, $i_2 = (q^2 + q)i_1 - i_0$, $i_3 = (q^2 + q)i_1 - i_2$, 构造函数 $m(\cdot)$ 如下:

$$m(p) = \begin{cases} i_0, & p = X, \\ i_1, & p \in \langle ABC \rangle, \\ 0, & \text{其他}. \end{cases}$$

(2) i_1 由上界开始下降

令 $i_1' = i_1 - 1$, 而 $i_2' = (q^2 + q)i_1' - i_0$, $i_3' = (q^2 + q)i_1' - i_2'$, 构造函数 $m'(\cdot)$ 如下:

$$m'(p) = \begin{cases} i_0, & p = X, \\ m(p) - 1, & p \in \langle ABC \rangle, \\ 0, & \text{其他}. \end{cases}$$

(3) i_2 由上界开始下降

令 $i_2'' = i_2' - 1$, $i_1' = i_1 - h$, 而 $i_3'' = (q^2 + q)i_1' - i_2''$. 为方便起见, 这里定义一些特殊的符号:

$$\langle ABC \rangle = \{p_i | 0 \leqslant i \leqslant q^2 + q\}, \quad \langle Ap_i \rangle \backslash \{A, p_i\} = \{p_{ij} | 0 \leqslant j \leqslant q - 2\}.$$

构造函数 $m''(\cdot)$ 如下:

$$m''(p) = \begin{cases} i_0, & p = X, \\ m'(p) - 1, & p = p_i \ (0 \leqslant i \leqslant q^2 + q), \\ m'(p) + 1, & p = p_{ij} \ (0 \leqslant j \leqslant q - 2), \\ m'(p), & \text{其他}. \end{cases}$$

可证 i_2 可下降至 (ii) 所示的下界; 由 (ii) 和 (iii) 可得 (i) 中的下界. □

应用引理 4.2.3 与 4.2.4, 经过计算, 易证定理 4.2.11 中 II 型差序列的必要条件符合定义 3.2.1 中的几乎充分的要求. 应用定理 4.2.2, 经过计算, 易证定理 4.2.11 中 I 型差序列的必要条件也是几乎充分的. 定理 4.2.11 得证, 也就是确定了 4 维 q 元一般线性码的几乎所有的重量谱.

4.3　4 维 2 元码的 9 类重量谱的确定

4.3.1　射影空间 $PG(3,2)$ 中的点、线、面

根据第 2 章的知识, 射影空间 $PG(3,2)$ 含 15 个点、35 条线、15 个面, 且线、面均可构造出来. 现用英文大写字母 A 到 O 表示 15 个点, 示于图 4.18; 图中画出了一些线, 而一些面用三角形表示. 按照第 2 章的方法, 用点构造出所有的线与面, 线用 $l_1 \sim l_{35}$ 表示, 面用 $P_1 \sim P_{15}$ 表示, 在表 4.22 中给出了每条线及每个面所含的全部点.

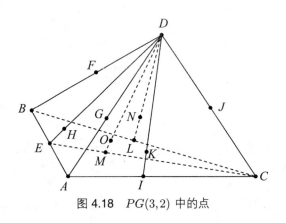

图 4.18　$PG(3,2)$ 中的点

4.3.2　差序列的上、下界

4 维 2 元码是 4 维 q 元码中最重要、最常用的. 我们完全确定了 9 类 4 维 2 元码的所有重量谱. 先给出差序列的一系列上、下界, 也就是必要条件; 后面分类给出差序列的充要条件时可方便地应用它们. 因为本节专门研究 4 维 2 元码, 所以 "某个 $[n,4;2]$ 码 C 的差序列" 常简称为 "差序列".

在引理 4.2.2 中取 $q=2$, 并适当合并或分列一些情况, 可得如下引理:

表 4.22　$PG(3,2)$ 中的线与面

i	l_i	P_i	i	l_i
1	$\{A,D,G\}$	$\{A,C,D,G,I,J,K\}$	19	$\{C,E,M\}$
2	$\{D,E,H\}$	$\{C,D,E,H,J,M,O\}$	20	$\{C,F,N\}$
3	$\{B,D,F\}$	$\{B,C,D,F,J,L,N\}$	21	$\{C,G,K\}$
4	$\{C,D,J\}$	$\{A,B,D,E,F,G,H\}$	22	$\{C,H,O\}$
5	$\{D,I,K\}$	$\{A,B,C,E,I,L,M\}$	23	$\{E,F,G\}$
6	$\{D,L,N\}$	$\{A,D,G,L,M,N,O\}$	24	$\{E,I,L\}$
7	$\{D,M,O\}$	$\{A,B,E,J,K,N,O\}$	25	$\{E,J,O\}$
8	$\{A,B,E\}$	$\{A,C,F,H,I,N,O\}$	26	$\{E,K,N\}$
9	$\{A,C,I\}$	$\{A,F,H,J,K,L,M\}$	27	$\{F,I,O\}$
10	$\{A,F,H\}$	$\{B,C,G,H,K,L,O\}$	28	$\{F,J,L\}$
11	$\{A,J,K\}$	$\{B,D,F,I,K,M,O\}$	29	$\{F,K,M\}$
12	$\{A,L,M\}$	$\{B,G,H,I,J,M,N\}$	30	$\{G,I,J\}$
13	$\{A,N,O\}$	$\{C,E,F,G,K,M,N\}$	31	$\{G,L,O\}$
14	$\{B,C,L\}$	$\{D,E,H,I,K,L,N\}$	32	$\{G,M,N\}$
15	$\{B,G,H\}$	$\{E,F,G,I,J,L,O\}$	33	$\{H,I,N\}$
16	$\{B,I,M\}$		34	$\{H,J,M\}$
17	$\{B,J,N\}$		35	$\{H,K,L\}$
18	$\{B,K,O\}$			

引理 4.3.1　若 (i_0,i_1,i_2,i_3) 是一个差序列, 且条件 1 不成立, 则:

(i) $i_1 \leqslant 2i_0$;

(ii) 当条件 2 不成立, 或条件 4 成立时, $i_1 \leqslant 2i_0 - 3$;

(iii) 当条件 3 成立时, $i_2 \leqslant 2i_1 - 3$;

(iv) $i_3 \leqslant 2i_2$;

(v) 当条件 2 成立, 或条件 4 不成立时, $i_3 \leqslant 2i_2 - 3$.

在本节中, 定义整数 b, t, θ, ϑ 如下:

$$2i_0 - i_1 = 3b - t, \tag{4.3.1}$$

这里 $t \in \{-1, 0, 1\}$, 以及

$$\theta = \begin{cases} 1, & \text{当 } t = 1, \\ 0, & \text{当 } t \in \{-1, 0\}, \end{cases} \tag{4.3.2}$$

$$\vartheta = \begin{cases} 1, & \text{当 } t = -1, \\ 0, & \text{当 } t \in \{0, 1\}. \end{cases} \tag{4.3.3}$$

下面给出另外一些上界.

引理 4.3.2 若 (i_0, i_1, i_2, i_3) 是一个差序列, 且条件 3 不成立, 则:

(i) 当条件 2 成立而条件 4 不成立时, $i_1 \leqslant 2i_0 - 1$;

(ii) $i_2 \leqslant (4i_0 + 4i_1 - 4\theta)/3$;

(iii) $i_2 \leqslant 6i_0 - i_1 - 7$;

(iv) $i_2 \leqslant 6i_1 - i_0$;

(v) 当条件 4 不成立时, $i_2 \leqslant (4i_0 + 4i_1 - 4\vartheta - 7)/3$;

(vi) 当条件 2 成立而条件 4 不成立时, $i_2 \leqslant i_0 + 2i_1 - 2$;

(vii) $i_3 \leqslant 6i_1 - i_2$;

(viii) 当条件 2 不成立时, $i_3 \leqslant 6i_1 - i_2 - 7$;

(ix) 当条件 2 不成立而条件 4 成立时, $i_3 \leqslant 2i_2 - 1$.

证明 (i), (vi) 因为条件 2 成立, 故存在 $p^* \in M_0$, $l^* \in M_1$, 使得 $p^* \in l^*$. 令 $P^* \in M_2$, 因为条件 4 不成立, 故 $l^* \not\subset P^*$. 记 $l^* \cap P^* = \{p\}$. 因为条件 3 不成立, 故 $m(p) \leqslant i_0 - 1$. 令 $l^* = \{p, p^*, p'\}$, 则

$$i_0 + i_1 = m(l^*) = m(p) + m(p^*) + m(p') \leqslant i_0 - 1 + i_0 + i_0,$$

(i) 得证. 另有

$$i_0 + i_1 = m(l^*) \geqslant m(p) + m(p^*) = m(p) + i_0,$$

所以 $m(p) \leqslant i_1$. 于是

$$m(P^* \setminus \{p\}) = i_0 + i_1 + i_2 - m(p) \geqslant i_0 + i_2.$$

因此, 存在一条线 $l \subset (P \setminus \{p\})$, 使得

$$m(l) \geqslant \frac{1}{2} m(P^* \setminus \{p\}) \geqslant \frac{1}{2}(i_0 + i_2).$$

因为条件 4 不成立, 故 $m(l) \leqslant i_0 + i_1 - 1$. 于是

$$\frac{1}{2}(i_0 + i_2) \leqslant i_0 + i_1 - 1,$$

(vi) 得证.

(ii), (iii), (v) 令 $P^* \in M_2$, p 为 P^* 中取极大值的一个点, 则

$$m(p) \geqslant \frac{1}{7} m(P^*) = \frac{1}{7}(i_0 + i_1 + i_2). \tag{4.3.4}$$

因为条件 3 不成立, 故 $m(p) \leqslant i_0 - 1$. 把它与式 (4.3.4) 结合就证得 (iii). 其次, 因为

$$i_0 + i_1 + i_2 = m(P^*) = m(p) + \sum_{p \in l \subset P^*} (m(l) - m(p)),$$

故存在一条线 l, 使得 $p \in l \subset P^*$, 满足

$$m(l) - m(p) \geqslant \frac{1}{3}(i_0 + i_1 + i_2 - m(p)).$$

于是

$$\frac{2m(p)}{3} \leqslant m(l) - \frac{i_0 + i_1 + i_2}{3} \leqslant i_0 + i_1 - \frac{i_0 + i_1 + i_2}{3}, \tag{4.3.5}$$

从而得

$$m(p) \leqslant i_0 + i_1 - \frac{i_2}{2}. \tag{4.3.6}$$

由式 (4.3.4) 与 (4.3.6), 得

$$\frac{1}{7}(i_0 + i_1 + i_2) \leqslant i_0 + i_1 - \frac{i_2}{2},$$

这证明了

$$i_2 \leqslant (4i_0 + 4i_1)/3. \tag{4.3.7}$$

即当 $\theta = 0$ 时, (ii) 成立. 若 $\theta = 1$, 即 $i_1 = 2i_0 - 3\alpha + 1$, 则式 (4.3.7) 变为

$$i_2 \leqslant \left\lfloor \frac{4i_0 + 4(2i_0 - 3\alpha + 1)}{3} \right\rfloor = 4i_0 - 4\alpha + 1.$$

假设 $i_2 = 4i_0 - 4\alpha + 1$, 则式 (4.3.4) 变为

$$m(p) \geqslant \frac{1}{7}(i_0 + i_1 + i_2) = i_0 - \alpha + \frac{2}{7} > i_0 - \alpha,$$

而式 (4.3.6) 变为

$$m(p) \leqslant i_0 + i_1 - \frac{i_2}{2} = i_0 - \alpha + \frac{1}{2} < i_0 - \alpha + 1.$$

但由于 $m(p)$ 是一个整数, 故这不可能. 于是

$$i_2 \leqslant 4i_0 - 4\alpha = \frac{4i_0 + 4i_1 - 4}{3}.$$

这完成了 (ii) 的证明. 若附加上条件 4 不成立, 则在式 (4.3.5) 中 $m(l) \leqslant i_0 + i_1 - 1$, 即

$$m(p) \leqslant i_0 + i_1 - \frac{i_2 + 3}{2}. \tag{4.3.8}$$

再由式 (4.3.4) 可得

$$i_2 \leqslant (4i_0 + 4i_1 - 7)/3. \tag{4.3.9}$$

取 $\vartheta = 0$, 就证得了 (v). 若 $\vartheta = 1$, 则 $i_1 = 2i_0 - 3\alpha - 1$, 且式 (4.3.9) 变为

$$i_2 \leqslant \left\lfloor \frac{4i_0 + 4(2i_0 - 3\alpha - 1) - 7}{3} \right\rfloor = 4i_0 - 4\alpha - 4.$$

假设 $i_2 = 4i_0 - 4\alpha - 4$, 则由式 (4.3.4) 和 (4.3.8) 得

$$i_0 - \alpha + \frac{5}{7} \leqslant m(p) \leqslant i_0 - \alpha - \frac{1}{2},$$

这是不可能的. 于是

$$i_2 \leqslant 4i_0 - 4\alpha - 5 = \frac{4i_0 + 4i_1 - 11}{3}.$$

这完成了 (v) 的证明.

(iv) 记 $p^* \in M_0$. 由于条件 3 不成立, 故 $p^* \notin P^*$. 在式 (4.3.4) 中, $p \in P^*$, 所以 $p^* \neq p$. 把过 p 与 p^* 的线记为 l, 利用式 (4.3.4), 可得

$$i_0 + i_1 \geqslant m(l) \geqslant i_0 + m(p) \geqslant i_0 + \frac{1}{7}(i_0 + i_1 + i_2),$$

于是 (iv) 得证.

(vii), (viii) 易知, 当 l 为过 p^* 的线时

$$i_0 + i_1 + i_2 + i_3 = m(V_3) = m(p^*) + \sum_{l, p^* \in l} (m(l) - m(p^*)) \leqslant i_0 + 7i_1, \quad (4.3.10)$$

由此得出 (vii). 若条件 2 不成立, 则对所有线 l, 有

$$m(l) - m(p^*) \leqslant i_1 - 1,$$

于是, 从式 (4.3.10) 可得 (viii).

(ix) 由于条件 4 成立, 所以存在 $l^* \in M_1$, $P^* \in M_2$, 使得 $l^* \subset P^*$. 仍记 $p^* \in M_0$. 因为条件 2 不成立, 故 $p^* \notin l^*$. 再由于条件 3 不成立, 故含 p^* 与 l^* 的面最多取值 $i_0 + i_1 + i_2 - 1$, 因此

$$i_0 + i_1 + i_2 + i_3 = m(V_3) = m(l^*) + \sum_{P, l^* \subset P} m(P \backslash l^*)$$

$$\leqslant (i_0 + i_1) + i_2 + i_2 + (i_2 - 1),$$

这证得了 (ix). □

下面给出一系列下界:

引理 4.3.3 若 (i_0, i_1, i_2, i_3) 是一个差序列, 且条件 1 不成立, 则:

(i) 当条件 4 成立时, $i_1 \geqslant i_0/2$;

(ii) 当条件 4 成立而条件 2 不成立时, $i_1 \geqslant (i_0 + 3)/2$;

(iii) 当条件 4 成立时, $i_2 \geqslant i_0$;

(iv) 当条件 4 成立而条件 3 不成立时, $i_2 \geqslant i_0 + 1$;

(v) 当条件 3 成立而条件 2 与 4 都不成立时, $i_2 \geqslant i_0 + 1$;

(vi) 当条件 3 不成立时, $i_3 \geqslant i_0$;

(vii) 当条件 3 成立而条件 2 与 4 都不成立时, $i_3 \geqslant i_0 + 1$;

(viii) 当条件 2 成立时, $i_3 \geqslant i_1$;

(ix) 当条件 2 成立而条件 3 不成立时, $i_3 \geqslant i_1 + 1$;

(x) 当条件 4 不成立且条件 2 或 3 不成立时, $i_3 \geqslant i_1 + 1$;

(xi) 当条件 2 成立而条件 3 不成立时, $i_3 \geqslant i_2/2$;

(xii) 当条件 2 成立而条件 3 与 4 都不成立时, $i_3 \geqslant (i_2 + 3)/2$.

证明　(i)~(iv) 因为条件 4 成立, 故存在 $l^* \in M_1$, $P^* \in M_2$, 使得 $l^* \subset P^*$. 记 $p^* \in M_0$. 由于条件 1 不成立, 故 $p^* \notin l^*$. 记 l^* 中取极大值的点为 p, 则 $m(p) \geqslant (i_0 + i_1)/3$. 记过 p 与 p^* 的线为 l, 则

$$i_0 + i_1 \geqslant m(l) \geqslant m(p^*) + m(p) \geqslant i_0 + \frac{i_0 + i_1}{3},$$

这证得了 (i). 若附加上条件 2 不成立, 则 $m(l) \leqslant i_0 + i_1 - 1$, 这证得了 (ii). 记含 p^* 与 l^* 的面为 P, 则

$$i_0 + (i_0 + i_1) = m(p^*) + m(l^*) \leqslant m(P) \leqslant i_0 + i_1 + i_2,$$

这证得了 (iii). 若附加上条件 3 不成立, 那么 $m(P) \leqslant i_0 + i_1 + i_2 - 1$, 这证得了 (iv).

(v) 因为条件 3 成立, 故存在 $p^* \in M_0$, $P^* \in M_2$, 使得 $p^* \in P^*$. 记 $l^* \in M_1$. 由于条件 2 不成立, 故 $p^* \notin l^*$. 把含 p^* 与 l^* 的面记为 P, 由于条件 4 不成立, 故 $m(P) \leqslant i_0 + i_1 + i_2 - 1$, 可得

$$i_0 + i_1 + i_2 - 1 \geqslant m(P) \geqslant m(p^*) + m(l^*) = i_0 + i_0 + i_1,$$

这证得了 (v).

(vi) 以后始终记 $p^* \in M_0$, $l^* \in M_1$, $P^* \in M_2$, 不再重复标记. 由于条件 3 不成立, 故 $p^* \notin P^*$, 可得

$$i_0 + i_1 + i_2 + i_3 = m(V_3) \geqslant m(p^*) + m(P^*) = i_0 + (i_0 + i_1 + i_2),$$

这证得了 (vi).

(vii) 由于条件 3 成立, 故 $p^* \in P^*$. 但条件 2 和 4 都不成立, 故 $p^* \notin l^*$, $l^* \not\subset P^*$. 记 $p = l^* \cap P^*$, 再记过 p 和 p^* 的线为 l, 则 $l \notin M_1$. 于是

$$i_0 + i_1 - 1 \geqslant m(l) \geqslant i_0 + m(p),$$

所以 $m(p) \leqslant i_1 - 1$. 综上所述, 可得

$$i_0 + i_1 + i_2 + i_3 = m(V_3) \geqslant m(P^*) + m(l^* \setminus \{p\})$$
$$\geqslant (i_0 + i_1 + i_2) + (i_0 + i_1 - (i_1 - 1)),$$

即 $i_3 \geqslant i_0 + 1$, 这证得了 (vii).

(viii), (ix) 因为条件 2 成立, 所以存在 $p^* \in l^*$. 又由于条件 1 不成立, 故 $l^* \not\subset P^*$, 记 $p = l^* \cap P^*$, 则由 $m(p) \leqslant i_0$, 可得

$$i_0 + i_1 + i_2 + i_3 = m(V_3) \geqslant m(l^* \cup P^*) = (i_0 + i_1 + i_2) + (i_0 + i_1) - m(p)$$
$$\geqslant i_0 + 2i_1 + i_2,$$

(viii) 得证. 若附加上条件 3 不成立, 从而 $m(p) \leqslant i_0 - 1$, 则 (ix) 得证.

(x) 由于条件 4 不成立, 故 $l^* \not\subset P^*$. 仍记 $p = l^* \cap P^*$. 因为条件 2 或 3 不成立, 故 $p \notin M_0$, 且 $m(p) \leqslant i_0 - 1$, 类似于 (ix) 的证明可证得 (x).

(xi), (xii) 设 p, p^*, l^*, P^* 与 (viii) 证明中的一样. 由于

$$i_0 + i_1 + i_2 = m(P^*) = m(p) + \sum_{\substack{l \\ p \in l \subset P^*}} (m(l) - m(p)),$$

故存在一条线 l, 使得 $p \in l \subset P^*$, 且

$$m(l) - m(p) \geqslant \frac{1}{3}(i_0 + i_1 + i_2 - m(p)).$$

又因为 $m(l) \leqslant i_0 + i_1$, 故可得

$$m(p) \leqslant i_0 + i_1 - \frac{i_2}{2}.$$

由 $(l^* \setminus \{p\}) \subset V_3 \setminus P^*$, 最后得

$$i_3 = m(V_3 \setminus P^*) \geqslant m(l^* \setminus \{p\}) \geqslant \frac{i_2}{2}.$$

这证明了 (xi). 若附加上条件 4 不成立, 则由 $m(l) \leqslant i_0 + i_1 - 1$ 得出 (xii). □

为了完全确定 9 类 4 维 2 元码的所有重量谱, 需构造各类赋值函数. 下面将指出: 仅需对 i_3 的上界去构造, 其他 i_3 可以从上界的 $m(\cdot)$ 变形而来. 为此, 首先引入 $m(\cdot)$ 的核的概念. 以 B 类为例, 这时条件 $2 \sim 4$ 都成立, 所以存在点 p_2^* 和 $p_3^* \in M_0$、线 l_2^* 和 $l_4^* \in M_1$、面 P_3^* 和 $P_4^* \in M_2$, 使得 $p_2^* \in l_2^*$, $p_3^* \in P_3^*$, $l_4^* \subset P_4^*$. 称集合

$$\Gamma = \{\{p_2^*\}, \{p_3^*\}, l_2^*, l_4^*, P_3^*, P_4^*\}$$

为 $m(\cdot)$ 的核 (可以不唯一). 点 p_2^* 和 p_3^* 可以相同或不同, 面也如此. 但线必须不同, 若 $l_2^* = l_4^*$, 则 $p_2^* \in l_2^* \subset P_4^*$, 条件 1 成立, 差序列就不是 B 类而是 A 类了. 上述核的值定义为

$$m(\Gamma) = m(\{p_2^*\} \cup \{p_3^*\} \cup l_2^* \cup l_4^* \cup P_3^* \cup P_4^*).$$

后面分类确定的各小节中, 将对每一类具体给出一个核.

引理 4.3.4　若 (i_0, i_1, i_2, i_3') 是赋值函数 $m(\cdot)$ 对应的差序列, 且 Γ 是 $m(\cdot)$ 的核, 则当 $i_3 \geqslant 1$, 且

$$m(\Gamma) - (i_0 + i_1 + i_2) \leqslant i_3 < i_3'$$

时, (i_0, i_1, i_2, i_3) 是同类差序列.

证明　设 $i_3' > 1$, 易知

$$m(\Gamma) < m(V_3) = i_0 + i_1 + i_2 + i_3'.$$

于是, 存在一个点 $p' \in V_3 \setminus \Gamma$, 使得 $m(p') > 0$. 用

$$m'(p) = \begin{cases} m(p) - 1, & \text{当 } p = p', \\ m(p), & \text{其他} \end{cases}$$

定义 $m'(\cdot)$, 则相应的差序列是 $(i_0, i_1, i_2, i_3' - 1)$. 显然它与原来的差序列同类, 且具有相同的核. 当 $m(V_3) > m(\Gamma)$ 且 $i_3 > 1$ 时, 可重复上述过程.　　□

注意　引理 4.3.4 对所有 q 值都成立.

4.3.3　A 类

文献 [80] 用组合方法确定了 4 维 2 元链码的重量谱, 也就是得到了 A 类重量谱的充要条件. 本小节把这个结果用差序列的语言表达, 并用有限射影几何方法给出一个新证明.

定理 4.3.1　设 C 为 4 维 2 元线性码. 正整数序列 (i_0, i_1, i_2, i_3) 成为某个码 C 的 A 类差序列的充要条件是:

(i) $i_1 \leqslant 2i_0$;

(ii) $i_2 \leqslant 2i_1$;

(iii) $i_3 \leqslant 2i_2$.

证明　必要性. 在定理 4.2.1 中, 取 $q = 2$ 即得.

充分性. 在定理 4.2.2 中, 取 $q = 2$, 然后计算各参数, 得

$$\delta = p_1 = \begin{cases} 0, & \text{当 } i_1 \text{ 为偶数}, \\ 1, & \text{当 } i_1 \text{ 为奇数}. \end{cases}$$

于是, 当 $i_1 > 1$ 时, 式 (4.2.4) 满足, 应用定理 4.2.2 即证得 $i_1 > 1$ 时的充分性. 下面仅需考察 $i_1 = 1$ 的情况.

由引理 2.3.7, 仅需判断 $(1,1,1,2)$ 与 $(1,1,2,4)$ 是否为 A 类差序列. 对于 $(1,1,2,4)$, 可应用引理 4.2.1. 经计算得各参数: $\delta = p_1 = 1$, $\zeta = 1$, $\eta = 0$, $\theta = 0$, $\kappa = 0$, $\epsilon_\kappa = 0$. 于是式 (4.2.2) 成立, $(1,1,2,4)$ 为 A 类差序列. 对于 $(1,1,1,2)$, 给出一个简单的赋值函数

$$m(p) = \begin{cases} 1, & p \text{为} A, B, C, D, O, \\ 0, & \text{其他}. \end{cases}$$

易验证, 它满足推论 4.1.1 中的条件, 且为 A 类. $\square$

4.3.4 B 类

定理 4.3.2 设 C 为 4 维 2 元线性码, 则正整数序列 (i_0, i_1, i_2, i_3) 成为某个码 C 的 B 类差序列的充要条件是:

(i) $i_1 \leqslant 2i_0 - 3$;

(ii) $i_0 \leqslant i_2 \leqslant 2i_1 - 3$;

(iii) $i_1 \leqslant i_3 \leqslant 2i_2 - 3$.

证明 必要性. 从引理 4.3.1(ii), (iii), (v) 可得上界; 从引理 4.3.3(iii), (viii) 可得下界.

充分性. 我们始终对 i_3 取上界时构造出所需的 $m(\cdot)$, 然后应用引理 4.3.4, 得到一般 i_3 的 $m(\cdot)$. 给出 $m(\cdot)$ 时需要引入新的参数 c, u 等, 这些参数对不同类与不同构造有不同的定义. 对于 B 类, $i_3 = 2i_2 - 3$ 时, 使用下面的构造.

构造 4.3.1 见表 4.23.

设 (i) 和 (ii) 满足, 由 (ii) 和 (i) 可得

$$i_1 \geqslant \frac{1}{2}(i_0 + 3), \quad i_0 \geqslant 3.$$

用以下式子定义新参数 c, u, α:

$$2i_1 - i_2 - 3 = 3c + u, \quad u \in \{0, 1, 2\},$$

$$\alpha = \begin{cases} 1, & \text{当 } i_2 = i_0, \\ 0, & \text{其他.} \end{cases}$$

表 4.23 给出了赋值函数 $m(\cdot)$ 及其所用参数 $\delta(p)$, $\epsilon(p)$ 的定义.

表 4.23　构造 4.3.1 的定义

$m(p)$	p
i_0	$p = C$
$i_0 - b$	$p \in \{A, E\}$
$i_0 - b + t$	$p = B$
$\frac{1}{2}(i_1 + \delta(p))$	$p \in \{D, J\}$
$\frac{1}{2}(i_1 + \delta(p)) - c - \epsilon(p)$	$p \in \{F, G, H, K, N, O\}$
$i_1 - i_0 + b - 1 - c - \epsilon(p) - t$	$p = L$
$i_1 - i_0 + b - 1 - c - \epsilon(p)$	$p \in \{I, M\}$

i_1	$\delta(p) = \delta(i_1, p)$			
	D	F, G, O	H, K, N	J
偶	0	−4	−2	0
奇	−1	−3	−3	1

u	$\epsilon(p) = \epsilon(u, p)$			
	F, G, M, O	H	I, N	K, L
0	0	0	0	0
1	0	1	$1 - \alpha$	α
2	1	0	1	0

可以证明: 构造 4.3.1 满足推论 4.1.1 中的条件且为 B 类. 由于这项验证工作占用篇幅较大, 这里略去; 我们也略去后面其他类中这验证工作中的绝大部分, 仅对 I 类中的一个构造给出详细验证作为示范. 但我们经常给出构造的核. 对于构造 4.3.1, 有

$$M_0 = \{C\}, \quad M_1 = \{l_4, l_8\}, \quad P_5 \in M_2, \quad P_1, P_2, P_3 \notin M_2,$$
$$m(V_3) = i_0 + i_1 + i_2 + (2i_2 - 3).$$

于是 $m(\cdot)$ 的核是

$$\Gamma = \{\{C\}, l_4, l_8, P_5\},$$

且 $m(\Gamma) = i_0 + i_2 + 2i_1$. 由引理 4.3.4 得, 当 $i_1 \leqslant i_3 \leqslant 2i_2 - 3$ 时, (i_0, i_1, i_2, i_3) 为 B 类差序列, 充分性证毕. □

4.3.5　C 类

定理 4.3.3　设 C 为 4 维 2 元线性码, 正整数序列 (i_0, i_1, i_2, i_3) 成为某个码 C 的 C 类差序列的充要条件是:

(i) $i_1 \leqslant 2i_0$;

(ii) $i_2 \leqslant 2i_1 - 3$;

(iii) $i_1 \leqslant i_3 \leqslant 2i_2 - 3$.

证明　必要性. 由引理 4.3.1(i), (iii), (v) 可得上界; 由引理 4.3.3(viii) 可得下界.

充分性. 用下面的构造 4.3.2 得出.

构造 4.3.2　见表 4.24.

表 4.24　构造 4.3.2 的定义

$m(p)$	p
i_0	$p = C$
$\frac{1}{2}(i_1 + \delta(p))$	$p \in \{D, J\}$
$\frac{1}{2}(i_1 + \delta(p)) - c - \epsilon(p)$	$p \in \{A, B, E, I, L, M\}$
$\frac{1}{2}(i_1 + \delta(p)) - 2c - \epsilon(p)$	$p \in \{F, G, H, K, N, O\}$

i_1	$\delta(p) = \delta(i_1, p)$				
	A, B, E	D	F, G, H	I, J, L, M	K, N, O
偶	-2	0	$-\alpha - 2$	0	$\alpha - 4$
奇	-3	-1	-3	1	-3

u	$\epsilon(p) = \epsilon(u, p)$								
	A	B, G, H	E	F	I	K	L	M	N, O
0	0	0	0	0	0	0	0	0	0
1	1	0	0	0	0	0	0	0	1
2	1	0	1	1	0	1	0	0	1
3	1	1	1	1	0	1	0	0	1
4	1	1	1	1	1	1	0	0	2
5	1	1	1	2	1	2	0	1	2

设 (i)~(iii) 满足, 由此可得

$$i_0 \geqslant 2, \quad 3 \leqslant i_1 \leqslant 2i_0, \quad \frac{1}{2}(i_1 + 3) \leqslant i_2 \leqslant 2i_1 - 3.$$

用以下式子定义参数 c, u, α:

$$2i_1 - i_2 - 3 = 6c + u, \quad u \in \{0, 1, 2, 3, 4, 5\},$$

$$\alpha = \begin{cases} 2, & \text{当 } i_1 = 2i_0 - 4, \\ 0, & \text{其他.} \end{cases}$$

表 4.24 给出了 $m(\cdot)$ 及其所用参数 $\delta(p)$, $\epsilon(p)$ 的定义.

可以证明 (参见文献 [23])

$$M_0 = \{C\}, \quad M_1 = \{l_4\}, \quad M_2 = \{P_5\};$$

构造 4.3.2 对应的 $(i_0, i_1, i_2, 2i_2 - 3)$ 是 C 类差序列. $m(\cdot)$ 的核是 $\Gamma = \{\{C\}, l_4, P_5\}$, 且 $m(\Gamma) = i_0 + 2i_1 + i_2$. 由引理 4.3.4 易知, $i_1 \leqslant i_3 \leqslant 2i_2 - 3$ 时, (i_0, i_1, i_2, i_3) 是 C 类差序列. $\qquad\square$

4.3.6　D 类

定理 4.3.4 设 C 为 4 维 2 元线性码, 则正整数序列 (i_0, i_1, i_2, i_3) 成为某个码 C 的 D 类差序列的充要条件是:

(i) $i_0/2 \leqslant i_1 \leqslant 2i_0 - 3$;

(ii) $i_0 + 1 \leqslant i_2 \leqslant (4i_0 + 4i_1 - 4\theta)/3$;

(iii) $\max(i_0, i_1 + 1, i_2/2) \leqslant i_3 \leqslant \min(2i_2 - 3, 6i_1 - i_2)$.

证明 必要性. 由引理 4.3.1(ii), (v) 与引理 4.3.2(ii), (vii) 得上界; 由引理 4.3.3(i), (iv), (vi), (ix), (xi) 得下界.

充分性. 需要用 3 个构造.

构造 4.3.3　由表 4.25 给出具体定义.

设 $i_2 \leqslant 2i_1$, 且 (i)~(iii) 满足. 由此可得

$$\max(i_0, i_1 + 1, i_2/2) = \max(i_0, i_1 + 1), \quad \min(2i_2 - 3, 6i_1 - i_2) = 2i_2 - 3,$$

所以

$$i_0 \geqslant 3, \quad (i_0 + 1)/2 \leqslant i_1 \leqslant 2i_0 - 3, \quad i_0 + 1 \leqslant i_2 \leqslant 2i_1.$$

用以下式子定义参数 c, u, α:

$$2i_1 - i_2 = 3c + u, \quad u \in \{0, 1, 2\},$$

$$\alpha = \begin{cases} 1, & \text{当 } t = 1 \text{ 且 } i_2 \in \{i_0 + 1, i_0 + 2\}, \\ 0, & \text{其他.} \end{cases}$$

表 4.25 给出了 $m_1(\cdot)$ 及其所需参数 $\delta(p)$, $\epsilon(p)$ 的定义.

表 4.25   构造 4.3.3 的定义

$m_1(p)$	p
i_0	$p = J$
$i_0 - b$	$p \in \{B, E\}$
$i_0 - b + t$	$p = A$
$\dfrac{1}{2}(i_1 + \delta(p))$	$p \in \{C, D\}$
$\dfrac{1}{2}(i_1 + \delta(p)) - \alpha - c - \epsilon(p)$	$p = G$
$\dfrac{1}{2}(i_1 + \delta(p)) + \alpha - c - \epsilon(p)$	$p = H$
$\dfrac{1}{2}(i_1 + \delta(p)) - c - \epsilon(p)$	$p \in \{F, I, L, M\}$
$i_1 - i_0 + b - 1 + \alpha - t - c$	$p = K$
$i_1 - i_0 + b - c - \epsilon(p)$	$p = N$
$i_1 - i_0 + b - \alpha - c - \epsilon(p)$	$p = O$

i_1	$\delta(p) = \delta(i_1, p)$		
	C, I	D, G, L, M	F, H
偶	0	0	-2
奇	1	-1	-1

u	$\epsilon(p) = \epsilon(u, p)$			
	F, G, M, O	H	I, N	L
0	0	0	0	0
1	0	1	1	0
2	1	0	1	0

可以证明: 对这个构造 (及 D 类的另两个构造), 有

$$M_0 = \{J\}, \quad l_4, l_8 \in M_1, \quad M_2 = \{P_5\}.$$

这个构造对应的 $(i_0, i_1, i_2, 2i_2 - 3)$ 是 D 类差序列, 核是 $\Gamma = \{\{J\}, l_4, P_5\}$, 且

$$m(\Gamma) = 2i_0 + i_1 + i_2 + m(D) = (i_0 + i_1 + i_2) + i_0 + \lfloor i_1/2 \rfloor.$$

由引理 4.3.4 易知, $i_0 + \lfloor i_1/2 \rfloor \leqslant i_3 \leqslant 2i_2 - 3$ 时, (i_0, i_1, i_2, i_3) 是 D 类差序列.

构造 4.3.4   由表 4.26 给出具体定义.

设 $i_2 > 2i_1$, 且 (i)~(iii) 满足, 由此可得

$$\max(i_0, i_1 + 1, i_2/2) = \max(i_0, i_2/2), \quad \min(2i_2 - 3, 6i_1 - i_2) = 6i_1 - i_2,$$

所以

$$i_0 \geqslant 2 + \theta, \quad i_0/2 \leqslant i_1 \leqslant 2i_0 - 3 - \theta, \quad 2i_1 + 1 \leqslant i_2 \leqslant (4i_0 + 4i_1 - 4\theta)/3.$$

用下式定义参数 c, u:

$$i_2 - 2i_1 - 1 = 4c + u, \quad u \in \{0,1,2,3\}.$$

表 4.26 给出了 $m_2(\cdot)$ 及其所需参数 $\delta(p)$, $\epsilon(p)$ 的定义.

表 4.26　构造 4.3.4 的定义

$m_2(p)$	p
i_0	$p = J$
$i_0 - b$	$p \in \{A, E\}$
$i_0 - b + t$	$p = B$
$\frac{1}{2}(i_1 + \delta(p)) + c + \epsilon(p)$	$p \in \{C, I, L, M\}$
$\frac{1}{2}(i_1 + \delta(p)) - c - \epsilon(p)$	$p \in \{D, F, G, H\}$
$i_1 - i_0 + b$	$p \in \{K, O\}$
$i_1 - i_0 + b - t$	$p = N$

i_1	$\delta(p) = \delta(i_1, p)$			
	C, G, L	D, F, I	H	M
偶	0	0	-2	2
奇	1	-1	-1	1

u	$\epsilon(p) = \epsilon(u, p)$			
	C, D	F, L	G, I	H, M
0	0	0	0	0
1	0	0	1	0
2	0	1	1	0
3	1	1	1	0

这个构造对应的 $(i_0, i_1, i_2, 6i_1 - i_2)$ 是 D 类差序列. 由引理 4.3.4 易知, $i_0 + i_1 - m_2(C) \leqslant i_3 \leqslant 6i_1 - i_2$ 时, (i_0, i_1, i_2, i_3) 是 D 类差序列.

以上 2 个构造中 i_3 未能达到 (iii) 的下界, 为了解决 i_3 较小时遗留的问题, 把 $i_3 - i_0$ 的值集中赋在 D 点上, $V_3 \backslash P_5$ 中的其他点赋值 0, 对所有遗留的 i_3(不取 i_3 为上界) 引入如下构造:

构造 4.3.5　由表 4.27 给出具体定义.

记 $\lambda = i_0 + i_1 - i_3$. 表 4.27 给出了 $m_3(\cdot)$ 及其所需参数 $\zeta(p)$ 的定义.

为了满足推论 4.1.1 中的条件, 不仅设 (i)~(iii) 满足, 还特别要求

$$\lambda \geqslant \max(0, i_2 - i_0 - i_1 + \theta, i_1 - i_0 + 1) := \lambda_L.$$

当 $i_2 \leqslant 2i_1$ 时, 易证 $i_1 - \lambda_L \geqslant i_1/2$; 当 $i_2 > 2i_1$ 时, 易证 $\lambda_L \leqslant m_2(C)$. 于是, 构

表 4.27 构造 4.3.5 的定义

$m_3(p)$	p
i_0	$p = J$
$i_0 - b$	$p \in \{A, E\}$
$i_0 - b + t$	$p = B$
λ	$p = C$
$i_1 - \lambda$	$p = D$
0	$p \in \{F, G, H, K, N, O\}$
$\frac{1}{3}(i_2 - \lambda - \zeta(p))$	$p \in \{I, L, M\}$

$(i_2 - \lambda)(\mathrm{mod}\ 3)$	$\zeta(p) = \zeta(\theta, i_2 - \lambda, p)$			
	θ	I	L	M
0		0	0	0
1	0	1	-2	1
1	1	-2	1	1
2		-1	2	-1

造 4.3.5 确实覆盖了构造 4.3.3 与 4.3.4 未覆盖的部分. 在这部分, 可证: $m_3(\cdot)$ 对应的 (i_0, i_1, i_2, i_3) 是 D 类差序列 (参见文献 [17]).   □

4.3.7 E 类

定理 4.3.5 设 C 为 4 维 2 元线性码, 则正整数序列 (i_0, i_1, i_2, i_3) 成为某个码 C 的 E 类差序列的充要条件是:

(i) $i_1 \leqslant 2i_0 - 1$;

(ii) $i_2 \leqslant \min(i_0 + 2i_1 - 2, 6i_0 - i_1 - 7, 6i_1 - i_0, (4i_0 + 4i_1 - 4\vartheta - 7)/3)$;

(iii) $\max(i_0, i_1 + 1, (i_2 + 3)/2) \leqslant i_3 \leqslant \min(2i_2 - 3, 6i_1 - i_2)$.

证明 必要性. 由引理 4.3.1(v) 与 4.3.2(iii), (iv), (v), (vi), (vii) 得上界; 由引理 4.3.3(vi), (ix), (xii) 得下界.

充分性. 需要用 4 个构造.

构造 4.3.6 由表 4.28 给出具体定义.

设 $i_2 \leqslant 2i_1$, $i_1 \geqslant i_0$, 且条件 (i)~(iii) 满足. 由此可得

$$\max(i_0, i_1 + 1, (i_2 + 3)/2) = i_1 + 1 + \pi,$$

$$\min(2i_2 - 3, 6i_1 - i_2) = 2i_2 - 3.$$

表 4.28　构造 4.3.6 的定义

$m_1(p)$	p
i_0	$p = J$
$\frac{1}{2}(i_1 + \delta(p)) - c - \epsilon(p)$	$p \in \{A, B, I, L\}$
$i_0 - 2 - \alpha/2$	$p = C$
$i_1 - i_0 + 2 + \alpha/2$	$p = D$
$\frac{1}{2}(i_1 + \delta(p) + \alpha) - c - \epsilon(p)$	$p = E$
$\frac{1}{2}(i_1 + \delta(p) + \beta) - 2c - \epsilon(p)$	$p \in \{F, G, H, K, N, O\}$
$\frac{1}{2}(i_1 + \delta(p) + \beta) - c - \epsilon(p)$	$p = M$

i_1	$\delta(p) = \delta(i_1, p)$									
	A	B	E	F	G,H	I	K	L	M	N,O
偶	0	0	2	-2	-2	0	α	$\alpha+2$	0	-2
奇	$\alpha+1$	-1	1	$\alpha-1$	-3	$\beta+1$	-1	$\beta+1$	1	-1

u	$\epsilon(p) = \epsilon(u, p)$							
	A	B,G,H	E	F,K	I	L	M	N,O
0	0	0	0	0	0	0	0	0
1	1	0	0	0	0	0	0	1
2	1	0	1	1	0	0	0	1
3	1	1	1	1	0	0	0	1
4	1	1	1	1	1	0	0	2
5	1	1	1	2	1	0	1	2

这里

$$\pi = \begin{cases} 1, & \text{当 } i_1 \leqslant 2i_0 - 5 \text{ 且 } i_2 = 2i_1, \\ 0, & \text{其他}. \end{cases}$$

进一步, 不难得出

$$i_0 \geqslant 2, \quad i_0 \leqslant i_1 \leqslant 2i_0 - 1,$$
$$(i_1 + 4 + \pi)/2 \leqslant i_2 \leqslant 2i_1 + (\alpha + 3\beta)/2,$$

这里

$$\alpha = \begin{cases} 0, & \text{当 } i_1 \leqslant 2i_0 - 5 \text{ 且 } i_2 = 2i_1, \\ -2, & \text{其他}, \end{cases}$$

$$\beta = \begin{cases} -2, & \text{当 } i_1 = 2i_0 - 1, \\ 0, & \text{其他}. \end{cases}$$

用下式定义参数 c, u:

$$2i_1 + (\alpha + 3\beta)/2 - i_2 = 6c + u, \quad u \in \{0,1,2,3,4,5\}.$$

表 4.28 给出了 $m_1(\cdot)$ 及其所需参数 $\delta(p)$, $\epsilon(p)$ 的定义.

$m_1(\cdot)$ 对应的 $(i_0, i_1, i_2, 2i_2 - 3)$ 是 E 类差序列 [17]. 核是 $\Gamma = \{\{J\}, l_4, P_5\}$(E 类中 4 个构造都有此核). 由引理 4.3.4 易知, $i_1 + 1 + \pi \leqslant i_3 \leqslant 2i_2 - 3$ 时, (i_0, i_1, i_2, i_3) 是 E 类差序列.

构造 4.3.7　由表 4.29 给出具体定义.

表 4.29　构造 4.3.7 的定义

$m_2(p)$									p	
i_0									$p = J$	
$i_1 - \sigma$									$p = C$	
σ									$p = D$	
$\omega + \zeta(p) - c - \epsilon(p)$									$p \in \{A,B,E,I,L,M\}$	
$i_1 - \omega + \zeta(p) - 2c - \epsilon(p)$									$p \in \{F,G,H,K,N,O\}$	

u	$\epsilon(p) = \epsilon(u,p)$										
	A	B,E,G	F	H	I	K	L	M	N	O
0	0	0	0	0	0	0	0	0	0	0
1	0	0	$1-\mu$	μ	0	1	μ	$1-\mu$	0	0
2	0	1	1	0	0	1	0	0	0	1
3	1	1	1	1	0	1	0	0	1	1
4	1	1	1	$2-\beta$	0	2	1	0	1	$1+\beta$
5	1	1	2	1	1	2	0	1	2	2

ρ	$\zeta(p) = \zeta(\rho,p)$										
	A	B	E	F	G	H	I	K	L	M	N	O
0	0	0	0	0	0	-1	-1	0	0	0	-1	0
1	0	1	0	-1	-1	$\alpha-\sigma$	0	α	α	σ	-1	-1
2	1	0	1	0	-1	-1	0	-1	0	0	-1	-1
3	0	1	1	-1	-1	-1	1	-1	0	0	-1	-1
4	0	1	1	$-1-\sigma$	-1	-2	1	-1	σ	1	-1	-1
5	γ	1	1	-1	$-2+\gamma$	-2	$2-2\gamma$	-1	γ	1	$-1-\gamma$	-1

设 $i_2 \leqslant 2i_1$, $i_1 < i_0$, 且条件 (i)～(iii) 满足. 由此可得

$$\max(i_0, i_1+1, (i_2+3)/2) = i_0 + \sigma,$$

$$\min(2i_2 - 3, 6i_1 - i_2) = 2i_2 - 3,$$

这里

$$\sigma = \begin{cases} 1, & \text{当 } i_1 = i_0 - 1 \text{ 且 } i_2 = 2i_1, \\ 0, & \text{其他}. \end{cases}$$

进一步, 可得

$$i_0 \geqslant 3, \quad (i_0 + 3 + \sigma - 2\alpha)/4 \leqslant i_1 \leqslant i_0 - 1,$$
$$(i_0 + 3 + \sigma)/2 \leqslant i_2 \leqslant 2i_1 + \alpha,$$

这里

$$\alpha = \begin{cases} 0, & \text{当 } i_1 \leqslant 2i_0 - 5, \\ -1, & \text{其他}. \end{cases}$$

用以下式子定义 c, u, ρ 等一系列参数:

$$2i_1 + \alpha - i_2 = 6c + u, \quad u \in \{0,1,2,3,4,5\},$$
$$\rho \equiv i_0 + 2i_1 (\text{mod } 6) \quad (0 \leqslant \rho \leqslant 5),$$
$$\mu = \begin{cases} 1, & \text{当 } \rho = 1, \\ 0, & \text{其他}, \end{cases} \qquad \beta = \begin{cases} 1, & \text{当 } \rho \in \{0,4,5\}, \\ 0, & \text{其他}, \end{cases}$$
$$\gamma = \begin{cases} 1, & \text{当 } \rho = 5 \text{ 且 } u = 2, \\ 0, & \text{其他}, \end{cases} \qquad \omega = \frac{1}{6}(i_0 + 2i_1 - \rho).$$

表 4.29 给出了 $m_2(\cdot)$ 及其所需参数 $\epsilon(p)$, $\zeta(p)$ 的定义.

可证明: 构造 4.3.7 对应的 $(i_0, i_1, i_2, 2i_2 - 3)$ 是 E 类差序列. 由引理 4.3.4 易知, $i_0 + \sigma \leqslant i_3 \leqslant 2i_2 - 3$ 时, (i_0, i_1, i_2, i_3) 是 E 类差序列.

构造 4.3.8　表 4.30 给出了具体定义.

设 $i_2 > 2i_1$, $i_2 \geqslant 2i_0 - 3$, 且 (i)～(iii) 满足. 由此得

$$\max(i_0, i_1 + 1, (i_2 + 3)/2) = (i_2 + 3)/2,$$
$$\min(2i_2 - 3, 6i_1 - i_2) = 6i_1 - i_2.$$

进一步, 可得

$$i_0 \geqslant 3 + 2\vartheta, \quad (i_0 - 1)/2 < i_1 \leqslant 2i_0 - 5 - 2\vartheta,$$
$$\max(2i_0 - 3, 2i_1 + 1) \leqslant i_2 \leqslant (4i_0 + 4i_1 - 4\vartheta - 7)/3.$$

用以下式子定义参数 c, u, α:

$$i_2 - 2i_1 - 1 = 4c + u, \quad u \in \{0,1,2,3\},$$

表 4.30 构造 4.3.8 的定义

$m_3(p)$	p
i_0	$p = J$
$i_0 - 2c - \epsilon(C) - 2$	$p = C$
$i_1 - i_0 + 2c + \epsilon(D) + 2$	$p = D$
$\dfrac{1}{2}(i_1 + \delta(p)) + c + \epsilon(p)$	$p \in \{A, B, E, I, L, M\}$
$\dfrac{1}{2}(i_1 - \delta(p)) - c - \epsilon(p)$	$p \in \{F, G, H, K, N, O\}$

i_1	$\delta(p) = \delta(i_1, p)$	
	A, E, F, K, L, O	B, G, H, I, M, N
偶	2	0
奇	1	1

u	$\epsilon(p) = \epsilon(u, p)$				
	A, E, K, O	B, G, I, N	C, D	F, L	H, M
0	0	0	0	0	0
1	0	1	1	0	0
2	$1 - \alpha$	α	1	$1 - \alpha$	α
3	1	1	2	0	1

$$\alpha = \begin{cases} 1, & \text{当 } i_1 \text{为偶数,} \\ 0, & \text{当 } i_1 \text{为奇数.} \end{cases}$$

表 4.30 给出了 $m_3(\cdot)$ 及其所需参数 $\delta(p)$, $\epsilon(p)$ 的定义.

可以证明: 构造 4.3.8 对应的 $(i_0, i_1, i_2, 6i_1 - i_2)$ 是 E 类差序列. 由引理 4.3.4 易知, $\lceil (i_2 + 3)/2 \rceil \leqslant i_3 \leqslant 6i_1 - 2$ 时, (i_0, i_1, i_2, i_3) 是 E 类差序列.

构造 4.3.9 由表 4.31 给出具体定义.

设 $i_2 > 2i_1$, $i_2 \leqslant 2i_0 - 4$, 且 (i)~(iii) 满足. 由此得 $(4i_0 + 4i_1 - 4\vartheta - 7)/3 > \min(2i_0 - 4, 6i_1 - i_0)$, 下面分 3 种情况证明以上结论: 当 $i_0 = 2i_1 + 1$ 时, $2i_0 - i_1 = 3(i_1 + 1) - 1$, 所以 $t = 1$, $\vartheta = 0$, 得

$$\frac{4i_0 + 4i_1 - 4\vartheta - 7}{3} = 2i_0 - 3 > 2i_0 - 4;$$

当 $i_0 \leqslant 2i_1$ 时, 有

$$\frac{4i_0 + 4i_1 - 11}{3} - (2i_0 - 4) = \frac{4i_1 + 1 - 2i_0}{3} > 0;$$

当 $i_0 > 2i_1 + 1$ 时, 有

$$\frac{4i_0 + 4i_1 - 11}{3} - (6i_1 - i_0) = \frac{7i_0 - 14i_1 - 11}{3} > 0.$$

表 4.31　构造 4.3.9 的定义

$m_4(p)$				p	
$\frac{1}{6}(i_0+i_2-\alpha)+\zeta(p)$				$p \in \{A,B,E,I,L,M\}$	
i_1				$p = C$	
0				$p = D$	
$i_1 - \frac{1}{6}(i_0+i_2-\alpha) - \zeta(p)$				$p \in \{F,G,H,K,N,O\}$	
i_0				$p = J$	

α	$\zeta(p)=\zeta(\alpha,p)$				
	A,K	B,G,I,N	E,O	F,L	H,M
0	0	0	0	0	0
1	1	0	0	0	0
2	1	0	1	0	0
3	1	0	1	1	0
4	1	1	0	1	0
5	1	1	1	0	1

类似可证

$$\min(2i_0-4, 6i_1-i_0)$$
$$< \min(i_0+2i_1-2, 6i_0-i_1-7, (4i_0+4i_1-4\vartheta-7)/3).$$

于是得

$$2i_1+1 \leqslant i_2 \leqslant \min(2i_0-4, 6i_1-i_0).$$

进一步, 可得

$$\max(i_0, i_1+1, (i_2+3)/2) = i_0,$$
$$\min(2i_2-3, 6i_1-i_2) = 6i_1-i_2,$$
$$i_0 \geqslant 5, \quad (i_0+1)/4 \leqslant i_1 \leqslant i_0-3.$$

记

$$\alpha \equiv i_0+i_2 \pmod 6 \quad (0 \leqslant \alpha \leqslant 5).$$

表 4.31 给出了 $m_4(\cdot)$ 及其所需参数 $\zeta(p)$ 的定义.

　　可以证明: 构造 4.3.9 对应的 $(i_0,i_1,i_2,6i_1-i_2)$ 是 E 类差序列. 由引理 4.3.4 易知, $i_0 \leqslant i_3 \leqslant 6i_1-i_2$ 时, (i_0,i_1,i_2,i_3) 是 E 类差序列.　□

4.3.8 F 类

定理 4.3.6 设 C 为 4 维 2 元线性码, 则正整数序列 (i_0, i_1, i_2, i_3) 成为某个码 C 的 F 类差序列的充要条件是:

(i) $i_1 \leqslant 2i_0 - 3$;

(ii) $i_0 \leqslant i_2 \leqslant 2i_1 - 3$;

(iii) $i_3 \leqslant 2i_2$.

证明 必要性. 由引理 4.3.1(ii), (iii), (iv) 得上界; 由引理 4.3.3(iii) 得下界.

充分性. 用构造 4.3.10 证得.

构造 4.3.10 由表 4.32 给出具体定义.

表 4.32 构造 4.3.10 的定义

$m(p)$	p
i_0	$p = C$
$i_0 - b$	$p \in \{A, E\}$
$i_0 - b + t$	$p = B$
$\frac{1}{2}(i_1 + \delta(p))$	$p \in \{D, J\}$
$\frac{1}{2}(i_1 + \delta(p)) - c - \epsilon(p)$	$p \in \{F, G, H, K, N, O\}$
$i_1 - i_0 + b - 1 - c - \epsilon(p) - t$	$p = L$
$i_1 - i_0 + b - 1 - c - \epsilon(p)$	$p \in \{I, M\}$

i_1	$\delta(p) = \delta(i_1, p)$		
	D, K	F, G, J, O	H, N
偶	0	-2	-2
奇	-1	-1	-3

u	$\epsilon(p) = \epsilon(u, p)$			
	F, G, M, O	H	I, N	K, L
0	0	0	0	0
1	0	1	$1 - \alpha$	α
2	1	0	0	1

设 (i)~(iii) 满足. 由此可得

$$i_0 \geqslant 3, \quad (i_0 + 3)/2 \leqslant i_1 \leqslant 2i_0 - 3, \quad i_0 \leqslant i_2 \leqslant 2i_1 - 3.$$

用以下式子定义参数 c, u, α:

$$2i_1 - i_2 - 3 = 3c + u, \quad u \in \{0, 1, 2\},$$

$$\alpha = \begin{cases} 1, & \text{当 } i_2 = i_0, \\ 0, & \text{其他.} \end{cases}$$

表 4.32 给出了 $m(\cdot)$ 及其所需参数 $\delta(p)$, $\epsilon(p)$ 的定义.

可证明:

$M_0 = \{C\}, l_8 \in M_1, P_5 \in M_2$;

若 $C \in l$, 则 $l \notin M_1$.

构造 4.3.10 对应的 $(i_0, i_1, i_2, 2i_2)$ 是 F 类差序列. 核是 $\Gamma = \{\{C\}, l_8, P_5\}$, 且 $m(\Gamma) = i_0 + i_1 + i_2$. 由引理 4.3.4 易知, 当 $1 \leqslant i_3 \leqslant 2i_2$ 时, (i_0, i_1, i_2, i_3) 是 F 类差序列. □

4.3.9　G 类

定理 4.3.7　设 C 为 4 维 2 元线性码, 则正整数序列 (i_0, i_1, i_2, i_3) 成为某个码 C 的 G 类差序列的充要条件是:

(i) $i_1 \leqslant 2i_0 - 3$;

(ii) $i_0 + 1 \leqslant i_2 \leqslant 2i_1 - 3$;

(iii) $\max(i_0 + 1, i_1 + 1) \leqslant i_3 \leqslant 2i_2 - 3$.

证明　必要性. 由引理 4.3.1(ii), (iii), (v) 得上界; 由引理 4.3.3(v), (vii), (x) 得下界.

充分性. 需要用 2 个构造.

构造 4.3.11　具体定义见表 4.33.

设 (i)~(iii) 满足. 由此可得

$$i_0 \geqslant 4, \quad (i_0 + 4)/2 \leqslant i_1 \leqslant 2i_0 - 3, \quad i_0 + 1 \leqslant i_2 \leqslant 2i_1 - 3.$$

用下式定义参数 c, u:

$$2i_1 - i_2 - 3 = 3c + u, \quad u \in \{0, 1, 2\}.$$

表 4.33 给出了 $m_1(\cdot)$ 及其所需参数 $\delta(p)$, $\epsilon(p)$, $\zeta(p)$ 的定义.

可证明:

$M_0 = \{A\}, M_1 = \{l_4\}, P_5 \in M_2$;

若 $A \in l$, 则 $l \notin M_1$;

若 $A \in P$, 则 $P \notin M_2$.

表 4.33　构造 4.3.11 的定义

$m_1(p)$	p
i_0	$p = A$
$i_0 - b$	$p \in \{C, J\}$
$i_0 - b + t$	$p = D$
$\frac{1}{2}(i_1 + \delta(p))$	$p \in \{B, E\}$
$\frac{1}{2}(i_1 + \delta(p)) - 1 - c - \epsilon(p)$	$p \in \{F, H, L, M, N, O\}$
$i_1 - i_0 + b - 1 - c - \epsilon(p) + \zeta(p)$	$p \in \{G, I, K\}$

i_1	$\delta(p) = \delta(i_1, p)$			
	B, H, N	E, F, O	L	M
偶	0	−2	0	2
奇	−1	−1	1	1

u	$\epsilon(p) = \epsilon(u, p)$			
	F, G, M, O	H	I, N	K, L
0	0	0	0	0
1	0	1	1	0
2	1	0	1	0

t	$\zeta(p) = \zeta(t, p)$		
	G	I	K
−1	0	0	0
0	0	0	−1
1	−1	0	−1

构造 4.3.11 对应的 $(i_0, i_1, i_2, 2i_2 - 3)$ 是 G 类差序列. 核是 $\Gamma = \{\{A\}, l_4, P_5\}$ (下一个构造也有此核), 且

$$m(\Gamma) = 2i_0 + 2i_1 + i_2 - m_1(C).$$

由引理 4.3.4 易知, 当

$$i_0 + i_1 - m(C) = i_1 + b \leqslant i_3 \leqslant 2i_2 - 3$$

时, (i_0, i_1, i_2, i_3) 是 G 类差序列.

构造 4.3.12　见表 4.34.

假设同构造 4.3.11. 在 $m_1(\cdot)$ 基础上, 表 4.34 给出了 $m_2(\cdot)$ 及其所需参数 $\lambda(p)$ 的定义, 其中参数 η 的取值范围为

$$1 \leqslant \eta \leqslant b - 1 + \min(0, i_1 - i_0).$$

表 4.34 构造 4.3.12 的定义

$m_2(p)$	p
0	$p \in \{F,G,H,K,N,O\}$
$m_1(p)$	$p \in \{A,L,M\}$
$m_1(p) + \eta$	$p = C$
$m_1(p) - \max(0, \eta - c)$	$p = I$
$m_1(p) - \dfrac{1}{2}(\eta - \lambda(p))$	$p \in \{D,J\}$
$m_1(p) - \dfrac{1}{2}(\min(c,\eta) - \lambda(p))$	$p \in \{B,E\}$

η	$\lambda(p) = \lambda(c,\eta,p)$				
	D	J	$\min(c,\eta)$	B	E
偶	0	0	偶	0	0
奇	1	-1	奇	-1	1

应用引理 4.3.4, 对于

$$(i_0 + 1, i_1 + 1) \leqslant i_3 \leqslant 2i_2 - 3,$$

易知构造 4.3.12 与 4.3.11 一起给出了 G 类差序列 (i_0, i_1, i_2, i_3). □

4.3.10 H 类

定理 4.3.8 设 C 为 4 维 2 元线性码, 则正整数序列 (i_0, i_1, i_2, i_3) 成为某个码 C 的 H 类差序列的充要条件是:

(i) $(i_0 + 3)/2 \leqslant i_1 \leqslant 2i_0 - 3$;

(ii) $i_0 + 1 \leqslant i_2 \leqslant 4(i_0 + i_1 - \theta)/3$;

(iii) $i_0 \leqslant i_3 \leqslant \min(2i_2 - 1, 6i_1 - i_2 - 7)$.

证明 必要性. 由引理 4.3.1(ii) 及 4.3.2(ii), (viii), (ix) 得上界; 由引理 4.3.3(ii), (iv), (vi) 得下界.

充分性. 需要用 2 个构造.

构造 4.3.13 具体定义见表 4.35.

设 $i_2 \leqslant 2i_1$, 且 (i)~(iii) 满足. 由此可得

$$i_0 \geqslant 3, \quad (i_0 + 3)/2 + \rho \leqslant i_1 \leqslant 2i_0 - 3, \quad i_0 + 1 + \sigma \leqslant i_2 \leqslant 2i_1,$$

这里

$$\rho = \begin{cases} 1, & \text{当 } i_0 = 3 \text{ 且 } i_2 = 2i_1, \\ 0, & \text{其他}, \end{cases}$$

表 4.35　构造 4.3.13 的定义

$m_1(p)$	p
i_0	$p = J$
$i_0 - b$	$p \in \{A, E\}$
$i_0 - b + t$	$p = B$
$\frac{1}{2}(i_1 + \delta(p))$	$p \in \{C, D\}$
$\frac{1}{2}(i_1 + \delta(p)) - c - \epsilon(p)$	$p \in \{F, H, L, M\}$
$\frac{1}{2}(i_1 + \delta(p)) - c - \epsilon(p) - \pi$	$p = G$
$\frac{1}{2}(i_1 + \delta(p)) - c + \pi$	$p = I$
$i_1 - i_0 + b - 1 - c - \epsilon(p)$	$p \in \{K, O\}$
$i_1 - i_0 + b - 1 - c - \epsilon(p) - t$	$p = N$

i_1	$\delta(p) = \delta(i_1, p)$					
	C, G	D, I	F	H	L	M
偶	0	-2	-2α	-2	$2\alpha - 2$	0
奇	-1	-1	-1	$-1 - 2\alpha$	-1	$2\alpha - 1$

u	$\epsilon(p) = \epsilon(u, p)$					
	F, K	G	H	L, O	M	N
0	0	0	0	0	0	0
1	$1 - \beta$	β	0	0	1	β
2	1	1	0	1	1	0

$$\sigma = \begin{cases} 1, & \text{当 } i_0 \in \{3, 4\} \text{ 且 } i_2 = 2i_1, \\ 0, & \text{其他}. \end{cases}$$

进一步, 可得

$$\min(2i_2 - 1, 6i_1 - i_2 - 7) = 2i_2 - 1 - 3\pi - 3\alpha,$$

这里

$$\pi = \begin{cases} 1, & \text{当 } i_2 = 2i_1, \\ 0, & \text{其他}, \end{cases} \qquad \alpha = \begin{cases} 1, & \text{当 } i_2 \in \{2i_1 - 1, 2i_1\}, \\ 0, & \text{其他}. \end{cases}$$

用以下式子定义参数 c, u, β:

$$2i_1 - i_2 - 3 = 3c + u, \quad u \in \{0, 1, 2\},$$

$$\beta = \begin{cases} 1, & \text{当 } t = 1 \text{ 且 } i_2 = i_0 + 2, \\ 0, & \text{其他}. \end{cases}$$

表 4.35 给出了 $m_1(\cdot)$ 及其所需参数 $\delta(p)$, $\epsilon(p)$ 的定义.

可证明:

$M_0 = \{J\}, l_8 \in M_1, P_5 \in M_2$;

若 $J \in l$, 则 $l \notin M_1$;

若 $J \in P$, 则 $P \notin M_2$.

核是 $\Gamma = \{\{J\}, l_8, P_5\}$, 且 $m(\Gamma) = 2i_0 + i_1 + i_2$. 构造 4.3.13 对应的 $(i_0, i_1, i_2, 2i_2 - 1 - 3\pi - 3\alpha)$ 是 H 类差序列. 由引理 4.3.4 易知, 当 $i_0 \leqslant i_3 \leqslant 2i_2 - 1 - 3\pi - 3\alpha$ 时, (i_0, i_1, i_2, i_3) 是 H 类差序列. □

构造 4.3.14　具体定义见表 4.36.

表 4.36　构造 4.3.14 的定义

$m_2(p)$	p
i_0	$p = J$
$i_0 - b$	$p \in \{A, E\}$
$i_0 - b + t$	$p = B$
$\frac{1}{2}(i_1 + \delta(p)) + c + \epsilon(p)$	$p \in \{C, I, L, M\}$
$\frac{1}{2}(i_1 + \delta(p)) - c - \epsilon(p)$	$p \in \{D, F, G, H\}$
$i_1 - i_0 + b - 1$	$p \in \{K, O\}$
$i_1 - i_0 + b - 1 - t$	$p = N$

i_1	$\delta(p) = \delta(i_1, p)$					
	C, L	D, F	G	H	I	M
偶	0	−2	−2	−4	0	2
奇	1	−3	−1	−3	−1	1

u	$\epsilon(p) = \epsilon(u, p)$			
	C, D	F, L	G, I	H, M
0	0	0	0	0
1	0	0	1	0
2	0	1	1	0
3	1	1	1	0

设 $i_2 > 2i_1$, 且 (i)~(iii) 满足. 由此可得

$$i_0 \geqslant 3, \quad (i_0 + 3)/2 \leqslant i_1 \leqslant 2i_0 - 3, \quad 2i_1 + 1 \leqslant i_2 \leqslant (4i_0 + 4i_1 - 4\theta)/3,$$

$$\min(2i_2 - 1, 6i_1 - i_2 - 7) = 6i_1 - i_2 - 7.$$

用下式定义参数 c, u:

$$i_2 - 2i_1 - 1 = 4c + u, \quad u \in \{0, 1, 2, 3\}.$$

表 4.36 给出了 $m_2(\cdot)$ 及其所需参数 $\delta(p)$, $\epsilon(p)$ 的定义.

可证明: 构造 4.3.14 的核与构造 4.3.13 的相同, 对应的 $(i_0, i_1, i_2, 6i_1 - i_2 - 7)$ 是 H 类差序列. 由引理 4.3.4 易知, 当 $i_0 \leqslant i_3 \leqslant 6i_1 - i_2 - 7$ 时, (i_0, i_1, i_2, i_3) 是 H 类差序列. $\qquad\qquad\qquad\qquad\qquad\qquad\qquad\qquad\qquad\qquad\qquad$ $\square$

4.3.11　I 类

定理 4.3.9　设 C 为 4 维 2 元线性码, 则正整数序列 (i_0, i_1, i_2, i_3) 成为某个码 C 的 I 类差序列的充要条件是:

(i) $i_1 \leqslant 2i_0 - 3$;

(ii) $i_2 \leqslant 2i_1 - 4$;

(iii) $\max(i_0 + i_1 + 1, 2i_0 + 3) \leqslant i_3 \leqslant 2i_2 - 3$.

证明　必要性. 由引理 4.3.1(ii), (v) 得 (iii) 的上界及 (i). 不失一般性, 可设

$$I = p^* \in M_0, \quad l_4 = l^* \in M_1, \quad P_4 = P^* \in M_2.$$

因为条件 1 不成立, 故有

$$m(A) + m(C) + i_0 = m(l_9) \leqslant i_0 + i_1 - 1,$$
$$m(G) + m(J) + i_0 = m(l_{30}) \leqslant i_0 + i_1 - 1.$$

于是

$$m(A) + m(G) - m(D) \leqslant 2i_1 - 2 - (m(C) + m(J) + m(D))$$
$$= 2i_1 - 2 - (i_0 + i_1)$$
$$= i_1 - i_0 - 2. \tag{4.3.11}$$

由条件 3 不成立, 可得

$$m(l_j) \leqslant i_0 + i_1 - 1 \quad (j = 2, 3). \tag{4.3.12}$$

从式 (4.3.11) 和 (4.3.12) 得

$$i_0 + i_1 + i_2 = m(P^*) = m(A) + m(G) - m(D) + m(l_2) + m(l_3)$$
$$\leqslant i_1 - i_0 - 2 + 2(i_0 + i_1 - 1) = i_0 + 3i_1 - 4.$$

这证明了 (ii).

为证明下界, 注意到

$$m(\{A, G\}) \leqslant m(P_1) - m(p^*) - m(l^*)$$

$$\leqslant i_0 + i_1 + i_2 - 1 - i_0 - (i_0 + i_1)$$

$$= i_2 - i_0 - 1. \tag{4.3.13}$$

由式 (4.3.12) 和 (4.3.13) 得

$$m(D) = m(\{A, G\}) + m(l_2) + m(l_3) - m(P^*)$$

$$\leqslant (i_2 - i_0 - 1) + 2(i_0 + i_1 - 1) - (i_0 + i_1 + i_2)$$

$$= i_1 - 3.$$

另外, 有 $m(D) \leqslant i_0 - 1$. 于是

$$i_3 = m(V_3) - (i_0 + i_1 + i_2)$$

$$\geqslant m(p^*) + m(l^*) + m(P^*) - m(D) - (i_0 + i_1 + i_2)$$

$$= 2i_0 + i_1 - m(D)$$

$$\geqslant 2i_0 + i_1 - \min(i_0 - 1, i_1 - 3)$$

$$= \max(i_0 + i_1 + 1, 2i_0 + 3).$$

这证明了 (iii) 的下界.

充分性. 需要用 2 个构造.

构造 4.3.15　具体定义见表 4.37.

表 4.37　构造 4.3.15 的定义

$m_1(p)$	p
i_0	$p = I$
$(i_2 - i_0 - 1 + \delta(p))/2$	$p \in \{A, G\}$
$(i_0 + 2 + \delta(p))/2$	$p \in \{B, E, F, H\}$
$(i_0 + 3 + \delta(p))/2$	$p \in \{C, J\}$
$i_1 - 3$	$p = D$
0	$p = K$
$(i_2 - i_0 - 3 + \delta(p))/2$	$p \in \{L, M, N, O\}$

	\multicolumn{7}{c}{$\delta(p) = \delta(i_0, i_2, p)$}
i_0	B, E	C	F, H	J	$i_2 - i_0$	A, N, O	G, L, M
奇	1	0	−1	0	奇	0	0
偶	0	−1	0	1	偶	1	−1

设 $i_1 \leqslant i_0 + 2$, 且 (i)~(iii) 满足. 由此可得

$$i_0 \geqslant 5, \quad (i_0 + 7)/2 \leqslant i_1 \leqslant i_0 + 2,$$

$$i_0 + 3 \leqslant i_2 \leqslant 2i_1 - 4.$$

$$\max(i_0 + i_1 + 1, 2i_0 + 3) = 2i_0 + 3.$$

表 4.37 给出了 $m_1(\cdot)$ 及其所需参数 $\delta(p)$ 的定义.

下面来详细验证 $m_1(\cdot)$ 满足推论 4.1.1 中的 4 个条件, 且其对应的差序列为 I 类.

(i) 点. 验证: 对任意点 $p \in V_3$, 有 $0 \leqslant m_1(p) \leqslant i_0$. 注意到: 若不计 $\delta(p)$, 则 $m_1(A) > m_1(L)$, $m_1(C) > m_1(B)$; 而 $\delta(p) \leqslant 1$. 所以, 用 $\delta(p)$ 的上界值 1 代替 $\delta(p)$ 后, 表 4.38 给出了 6 个点的 $i_0 - m_1(p)$ 的下界.

表 4.38　$i_0 - m_1(p)$ 的下界

p	$i_0 - m_1(p)$
I	$\geqslant 0$
A, G	$\geqslant (3i_0 - i_2)/2$
C, J	$\geqslant (i_0 - 4)/2$
D	$\geqslant i_0 - i_1 + 3$

由式 (4.3.14) 和 (4.3.15) 易知, 这些下界 $\geqslant 0$, 于是, 对所有 $p \in V_3$, 有 $m_1(p) \leqslant i_0$.

由式 (4.3.15) 得 $i_2 - i_0 \geqslant 3$, 且当 $i_2 - i_0$ 为偶数时, $i_2 - i_0 \geqslant 4$. 于是, 对所有 $p \in V_3$, 有 $m(p) \geqslant 0$.

(ii) 线. 验证: 对所有 $l \in V_3$, 有 $m_1(l) \leqslant i_0 + i_1$. 表 4.39 给出了 $i_0 + i_1 - m_1(l_i)$ 的值. 表中 $\sum$ 表示对线 l_i 上所有点求和, $\sum\limits_{p \in l_1 \backslash \{D\}}$ 表示对线 l_1 上、D 点外另 2 个点 $\{A, G\}$ 求和. 由式 (4.3.14) 和 (4.3.15)、表 4.37 和 4.39, 易知 $i_0 + i_1 - m_1(l_i) \geqslant 0$, 且仅当 $l^* = l_4 = \{C, D, J\}$ 时取等号. l_4 是仅有的一条最重线. 注意到: $p^* = I \notin l_4$.

(iii) 面. 验证: 对任意面 $P_i \in V_3$, 有 $m_1(P_i) \leqslant i_0 + i_1 + i_2$. 表 4.40 给出了 $i_0 + i_1 + i_2 - m_1(P_i)$ 的值. 表中 $\sum\limits_{p \in P_1 \backslash \{D, I, K\}}$ 表示对 P_1 中 D, I, K 外另 4 个点 $\{A, C, G, J\}$ 求和. 由式 (4.3.14) 和 (4.3.15)、表 4.37 和 4.40, 易知 $i_0 + i_1 + i_2 - m_1(P_i) \geqslant 0$, 且仅当 $P^* = P_4 = \{A, B, D, E, F, G, H\}$ 时取等号, P_4 为唯一最重面. 注意到: $I \notin P_4$, $l_4 \not\subset P_4$.

(iv) 体. 验证: $m_1(V_3) = i_0 + i_1 + i_2 + i_3$. 这一点由 $m_1(\cdot)$ 的定义及 $i_3 = 2i_2 - 3$ 易得.

综上所述, $m_1(\cdot)$ 对应的 $(i_0, i_1, i_2, 2i_2 - 3)$ 是 I 类差序列, 核是 $\Gamma = \{I, l_4, P_4\}$, 且 $m(\Gamma) = i_0 + i_1 + i_2 + 2i_0 + 3$. 由引理 4.3.4 易知, $2i_0 + 3 \leqslant i_3 \leqslant$

表 4.39　$i_0 + i_1 - m_1(l_i)$ 的值

i	$i_0 + i_1 - m_1(l_i)$
4	0
1	$2i_0 - i_2 + 4 - \sum_{p \in l_i \setminus \{D\}} \delta(p)/2$
6,7	$2i_0 - i_2 + 6 - \sum_{p \in l_i \setminus \{D\}} \delta(p)/2$
2,3	$1 - \sum_{p \in l_i \setminus \{D\}} \delta(p)/2$
5	3
8,10,15,23	$i_1 + (i_0 - i_2)/2 - 3/2 - \sum \delta(p)/2$
14,17,19,20,22,25,28,34	$i_1 + (i_0 - i_2)/2 - 1 - \sum \delta(p)/2$
11,21	$i_0 + i_1 - i_2/2 - 1 - \sum_{p \in l_i \setminus \{K\}} \delta(p)/2$
18,26,29,35	$i_0 + i_1 - i_2/2 + 1/2 - \sum_{p \in l_i \setminus \{K\}} \delta(p)/2$
9,30	$i_1 - i_2/2 - 1 - \sum_{p \in l_i \setminus \{I\}} \delta(p)/2$
16,24,27,33	$i_1 - i_2/2 + 1/2 - \sum_{p \in l_i \setminus \{I\}} \delta(p)/2$
12,13,31,32	$5i_0/2 + i_1 - 3i_2/2 + 7/2 - \sum \delta(p)/2$

表 4.40　$i_0 + i_1 + i_2 - m_1(P_i)$ 的值

i	$i_0 + i_1 + i_2 - m_1(P_i)$
4	0
11,14	$4 - \sum_{p \in P_i \setminus \{D,I,K\}} \delta(p)/2$
1	$1 - \sum_{p \in P_i \setminus \{D,I,K\}} \delta(p)/2$
2,3	$1 - \sum_{p \in P_i \setminus \{D\}} \delta(p)/2$
5,8,12,15	$i_1 - i_2/2 - \sum_{p \in P_i \setminus \{I\}} \delta(p)/2$
7,9,10,13	$i_0 + i_1 - i_2/2 - \sum_{p \in P_i \setminus \{K\}} \delta(p)/2$
6	$4i_0 - 2i_2 + 10 - \sum_{p \in P_i \setminus \{D\}} \delta(p)/2$

$2i_2 - 3$ 时, (i_0, i_1, i_2, i_3) 是 I 类差序列.

构造 4.3.16　见表 4.41.

设 $i_1 > i_0 + 2$, 且 (i)~(iii) 满足. 由此可得

$$i_0 \geqslant 6, \quad i_0 + 3 \leqslant i_1 \leqslant 2i_0 - 3, \quad (i_0 + i_1 + 4)/2 \leqslant i_2 \leqslant 2i_1 - 4,$$

$$\max(i_0 + i_1 + 1, 2i_0 + 3) = i_0 + i_1 + 1.$$

表 4.41   构造 4.3.16 的定义

$m_2(p)$	p
i_0	$p = I$
$i_0 - 1$	$p = D$
$i_1 - i_0 - 2 - 4c - \epsilon(K)$	$p = K$
$\frac{1}{2}(i_1 + \delta(p))$	$p \in \{C, J\}$
$\frac{1}{2}(i_1 + \delta(p)) - c - \epsilon(p)$	$p \in \{B, E, F, H\}$
$\frac{1}{2}(i_1 + \delta(p)) - c - \epsilon(p) - c_5 - \zeta(p)$	$p \in \{A, G\}$
$\frac{1}{2}(i_1 + \delta(p)) - 2c - \epsilon(p) - c_5 - \zeta(p)$	$p \in \{L, M, N, O\}$

i_1	$\delta(p) = \delta(i_1, p)$								
	A	B, H	C	E, F, J	G	L	M	N	O
偶	-4	0	2	0	-2	$-6 + \beta$	$-6 + \alpha$	$-4 - \beta$	$-4 - \alpha$
奇	-3	-1	1	1	-3	-5	-5	-5	-5

u_2	u	$\zeta(p) = \zeta(u, u_2, p)$					
		A	G	L	M	N	O
0		0	0	0	0	0	0
1	0,2	1	0	0	0	1	1
1	1	1	0	1	1	0	0
1	3,4,5	0	1	1	0	0	1

表 4.42 给出了参数 $\epsilon(p) = \epsilon(u, p)$ 的定义. 根据 $\epsilon(u, K)$ 的定义, 设 κ 是满足

$$i_1 - i_0 - 2 - 4\left\lfloor \frac{2i_1 - \kappa - 4}{6} \right\rfloor - \epsilon((2i_1 - \kappa - 4)(\bmod 6), K) \geqslant 0,$$

表 4.42 $\epsilon(p)$ 的定义

u	$\epsilon(p) = \epsilon(u, p)$									
	A	B	E	F, H	G	K	L	M	N	O
0	0	0	0	0	0	0	0	0	0	0
1	1	0	0	0	0	0	0	0	1	1
2	1	0	0	0	1	0	1	1	1	1
3	1	0	0	1	0	2	1	1	1	1
4	1	0	0	1	1	2	1	2	2	1
5	1	0	1	1	1	3	2	2	2	1

且 $\geqslant i_2$ 的最小正整数. 再用以下式子定义参数 c, u, c_5, u_2, α, β:

$$2i_1 - \kappa - 4 = 6c + u, \quad u \in \{0,1,2,3,4,5\},$$

$$\kappa - i_2 = 2c_5 + u_2, \quad u_2 \in \{0,1\},$$

$$\alpha = \begin{cases} 2, & \text{当 } u = 4, \\ 0, & \text{其他}, \end{cases}$$

$$\beta = \begin{cases} 2, & \text{当 } u = 5, \\ 0, & \text{其他}. \end{cases}$$

表 4.41 给出了 $m_2(\cdot)$ 及其所需参数 $\delta(p)$, $\zeta(p)$ 的定义.

可证: 构造 4.3.16 对应的 $(i_0, i_1, i_2, 2i_2 - 3)$ 是 I 类差序列, 核为 $\Gamma = \{\{I\}, l_4, P_4\}$, 且

$$m_2(\Gamma) = (i_0 + i_1 + i_2) + (i_0 + i_1 + 1).$$

由引理 4.3.4 易知, 当

$$i_0 + i_1 + 1 \leqslant i_3 \leqslant 2i_2 - 3$$

时, (i_0, i_1, i_2, i_3) 为 I 类差序列. □

这里指出: 构造 4.3.16 比文献 [19] 的构造 2 要简单些, 但能达到同样的效果.

4.3.12　小结

我们已经完全确定了 4 维 2 元线性码的 9 类重量谱 (差序列). 把 9 类结果小结一下, 可归纳为:

定理 4.3.10　4 维 2 元线性码成为 9 类差序列 (i_0, i_1, i_2, i_3) 之一的充要条件如表 4.43 所示. 这里 9 类差序列的定义见表 4.1; θ, ϑ 的定义见式 (4.3.2) 和 (4.3.3); $i_r \geqslant 1$ $(r = 0,1,2,3)$.

最后指出: 克楼夫把可行序列分为 I 型与 II 型两类 (参见定义 2.3.1). 对于 4 维 2 元码, I 型可行序列就是 A 类重量谱; II 型可行序列成为重量谱的充要条件已用组合方法于 1993 年被克楼夫确定, 详见文献 [80].

表 4.43　成为 9 类差序列之一的充要条件

类别	i_1, i_2, i_3 的条件
A	$i_1 \leqslant 2i_0,\ i_2 \leqslant 2i_1,\ i_3 \leqslant 2i_2$
B	$i_1 \leqslant 2i_0 - 3,\ i_0 \leqslant i_2 \leqslant 2i_1 - 3,\ i_1 \leqslant i_3 \leqslant 2i_2 - 3$
C	$i_1 \leqslant 2i_0,\ i_2 \leqslant 2i_1 - 3,\ i_1 \leqslant i_3 \leqslant 2i_2 - 3$
D	$i_0/2 \leqslant i_1 \leqslant 2i_0 - 3,\ i_0 + 1 \leqslant i_2 \leqslant (4i_0 + 4i_1 - 4\theta)/3,$ $\max(i_0, i_1 + 1, i_2/2) \leqslant i_3 \leqslant \min(2i_2 - 3, 6i_1 - i_2)$
E	$i_1 \leqslant 2i_0 - 1,$ $i_2 \leqslant \min(i_0 + 2i_1 - 2, 6i_0 - i_1 - 7, 6i_1 - i_0, (4i_0 + 4i_1 - 4\vartheta - 7)/3),$ $\max(i_0, i_1 + 1, (i_2 + 3)/2) \leqslant i_3 \leqslant \min(2i_2 - 3, 6i_1 - i_2)$
F	$i_1 \leqslant 2i_0 - 3,\ i_0 \leqslant i_2 \leqslant 2i_1 - 3,\ 1 \leqslant i_3 \leqslant 2i_2$
G	$i_1 \leqslant 2i_0 - 3,\ i_0 + 1 \leqslant i_2 \leqslant 2i_1 - 3,\ \max(i_0 + 1, i_1 + 1) \leqslant i_3 \leqslant 2i_2 - 3$
H	$(i_0 + 3)/2 \leqslant i_1 \leqslant 2i_0 - 3,\ i_0 + 1 \leqslant i_2 \leqslant 4(i_0 + i_1 - \theta)/3,$ $i_0 \leqslant i_3 \leqslant \min(2i_2 - 1, 6i_1 - i_2 - 7)$
I	$i_1 \leqslant 2i_0 - 3,\ i_2 \leqslant 2i_1 - 4,$ $\max(i_0 + i_1 + 1, 2i_0 + 3) \leqslant i_3 \leqslant 2i_2 - 3$

4.4　4 维 3 元码的 6 类重量谱的确定

除了 2 元码外, 最重要的是 3 元码, 但它的有关计算比 2 元码复杂得多. 本节确定了 6 类 4 维 3 元码的所有重量谱, 这 6 类是: 最重要的 A 类, 即链码; 与 A 类对偶的 I 类; 还有复杂程度相对低的 B, C, F, G 这 4 类. 还剩下 D, E, H 共 3 类, 复杂程度高, 有待以后研究确定.

根据第 2 章的知识, 射影空间 $PG(3,3)$ 含 40 个点、130 条线、40 个面, 且全部线、面均可构造出来. 由于英文字母不够用, 我们记点为 (b_1, b_2, b_3, b_4), 其中从左边起第 1 个非零分量为 1, 点的上述 3 进制数对应的 10 进制数记为 $\beta = b_1 \cdot 3^3 + b_2 \cdot 3^2 + b_3 \cdot 3 + b_4$, 于是可用 p_β 表示点, 40 个点为 $p_1, p_3, p_4, p_5,$ $p_9, p_{10}, p_{11}, p_{12}, p_{13}, p_{14}, p_{15}, p_{16}, p_{17}, p_{27}, p_{28}, p_{29}, p_{30}, p_{31}, p_{32}, p_{33}, p_{34}, p_{35},$ $p_{36}, p_{37}, p_{38}, p_{39}, p_{40}, p_{41}, p_{42}, p_{43}, p_{44}, p_{45}, p_{46}, p_{47}, p_{48}, p_{49}, p_{50}, p_{51}, p_{52},$ p_{53}. 130 条线太多, 后面证明中相当一部分线可用 "其他" 表示, 所以不一一列出. 每条线常用它含的 4 个点表示. 类似地, 面也不一一列出, 一个面常用它含的 13 个点表示, 或用它含的不在一条线上的 3 个点加括号 $\langle \rangle$ 表示.

4.4.1　A 类

按照文献 [13], 本小节直接用重量谱语言叙述定理.

定理 4.4.1　设 C 为 4 维 3 元线性码, 则正整数序列 (a_1, a_2, a_3, a_4) 成为某个码 C 的 A 类重量谱的充要条件是:

(i) $a_3 - a_2 \leqslant 3(a_4 - a_3)$;

(ii) $a_2 - a_1 \leqslant 3(a_3 - a_2)$;

(iii) $a_1 \leqslant 3(a_2 - a_1)$;

(iv) 再扣除以下 3 种例外序列:

$$(3, 4, 5, j) \quad (j \geqslant 6),$$

$$(j, j+3, j+4, j+5) \quad (1 \leqslant j \leqslant 9),$$

$$(j, j+5, j+7, j+8) \quad (13 \leqslant j \leqslant 15).$$

证明　必要性. 由定理 4.2.1 得 (i)~(iii). 对于 (iv) 用反证法. 码长 n 的 k 维 3 元码 C 可简称为 $[n, k; 3]$ 码 C. 反设 $[j, 4; 3]$ 码 C 有重量谱 $(3, 4, 5, j)$, 记支撑重为 5 的 3 维子码为 D_3, 则

$$d_1(D_3) \geqslant d_1(C) = 3, \quad d_1(D_3) \leqslant d_3(D_3) - 2 = 3.$$

所以, D_3 有重量谱 $(3, 4, 5)$, 这与表 3.3 矛盾.

其次, 反设 $[j+5, 4; 3]$ 码 C 有重量谱 $(j, j+3, j+4, j+5)$, 这里 $1 \leqslant j \leqslant 9$. 记 C 中最小重量的码字为 x, 令 C' 是从码 C 中挖去 $\chi(x)$ 的分量位置得到的 $[5, 3; 3]$ 码, 则

$$d_1(C') \geqslant d_2(C) - d_1(C) = 3.$$

所以 C' 必有重量谱 $(3, 4, 5)$, 矛盾.

最后, 反设 $[j+8, 4; 3]$ 码 C 有重量谱 $(j, j+5, j+7, j+8)$, 这里 $13 \leqslant j \leqslant 15$. 令 D_3 是支撑重量为 $j+7$ 的 3 维子码, 则会有以下 3 种情况:

(a) $d_1(D_3) > j$. 由引理 2.3.1(i) 得

$$j + 7 = d_3(D_3) \geqslant \frac{4}{3} \cdot \frac{13}{12}(j+1),$$

所以 $j \leqslant 12.5$, 矛盾.

(b) $d_2(D_3) > j+5$. 由引理 2.3.1(i) 得

$$j + 7 = d_3(D_3) \geqslant \frac{13}{12}(j+6),$$

所以 $j \leqslant 6$, 矛盾.

(c) $d_1(D_3) = j$, $d_2(D_3) = j+5$. 这时再分 2 种情况. 当 D_3 不满足链条件时, 令 D_2 是支撑重量为 $j+5$ 的 D_3 的 2 维子码, 则有 $d_1(D_2) > j$ (否则 D_3 满足链条件). 由引理 2.3.1(i) 得

$$j+5 \geqslant \frac{4}{3}(j+1),$$

所以 $j \leqslant 11$, 矛盾. 当 D_3 满足链条件时, 用计算机进行完全的搜索后, 就可证明 $(13, 18, 20, 21)$ 不是 A 类重量谱, 由引理 2.3.5(i) 易知, $j = 14, 15$ 时, $(j, j+5, j+7, j+8)$ 也不是 A 类重量谱.

充分性. 由定理 4.2.2 可得 $i_1 = 6$ 或 $i_1 \geqslant 8$ 时的充分性, 故仅需对 $i_1 \leqslant 5$ 或 $i_1 = 7$ 给出证明. 下面要用 20 多个构造, 为此先给出表示构造的简法. 生成矩阵的每个列是一个 4 位 3 进制数, 低位到高位是从上向下排列的. 把生成矩阵的所有列对应的 10 进制数 β 分成 4 组列表, 从左向右每组数的数目分别等于 $i_j (0 \leqslant j \leqslant 3)$ 的值. 例如, 生成矩阵

$$\begin{pmatrix} 1 & 1 & 0 & 0 & 2 & 2 & 0 & 2 & 1 & 2 & 2 & 0 & 2 & 0 & 0 \\ 0 & 0 & 1 & 0 & 1 & 2 & 0 & 1 & 2 & 0 & 1 & 2 & 0 & 1 & 2 \\ 0 & 0 & 0 & 1 & 1 & 1 & 0 & 0 & 0 & 1 & 1 & 1 & 2 & 2 & 2 \\ 0 & 0 & 0 & 0 & 0 & 0 & 1 & 1 & 1 & 1 & 1 & 1 & 1 & 1 & 1 \end{pmatrix}$$

对应于表 4.44 中数据栏的第 2 行. 表中, 1^2 表示 1, 1 这 2 个数. 由于数 β 对应于 $PG(3,3)$ 中的点 p_β, $m(p)$ 表示 p 在生成矩阵列中出现的次数, 因而表 4.44 中的每一行都定义了一个赋值函数 $m(\cdot)$. 这样表 4.44 简化了这 3 个构造的表示方法. 用表 4.44 的每一行可立即得出生成矩阵或 $m(\cdot)$. 下面用这种方法列出 i_1 取不同值时的各种构造, 即表右边表示的生成矩阵能生成一个链码, 它的差序列是表左边的 (i_0, i_1, i_2, i_3).

表 4.44 $i_1 = 1$ 时的生成矩阵

i_0	i_1	i_2	i_3				生成矩阵	
1	1	1	2	1	5	17	27, 45	
2	1	3	9	1^2	3	9, 14, 17	27, 32, 34, 38, 41, 42, 47, 48, 51	
1	1	2	6	1	3	9, 17	27, 31, 41, 43, 47, 51	

$i_1 = 1$. 由引理 2.3.7, 对于给定的 i_1 与 $i_2 \leqslant 3i_1$, 若满足 $i_0 = \lfloor i_1/3 \rfloor + \delta$, $i_3 = 3i_2$ 的序列 (i_0, i_1, i_2, i_3) 是链码的差序列, 则所有带同样 i_1, i_2 值的序列也是链码的差序列. 否则, 需考察把 i_0 加 1 或 i_3 减 1 对应的序列. 对于 $i_1 = 1$, 由于 (iv) 的前 2 种例外序列经 $a_{r+1} - a_r$ 得到的 (i_0, i_1, i_2, i_3) 是 $(j-5, 1, 1, 3)$,

$(1,1,3,j)$, 它们不是重量谱的差序列, 所以需考察表 4.44 中数据栏的第 1 行与第 2 行所示的序列. 表 4.44 给出了 $i_1=1$ 时所需考察的全部序列, 并给出了对应的生成矩阵, 也就是 $m(\cdot)$ 定义的构造. 易验证这些构造对应的 (i_0,i_1,i_2,i_3) 是 A 类差序列. 在本定理证明中略去所有这类验证.

$i_1=2$. 类似于 $i_1=1$ 的情形, 由引理 2.3.7 知, 当 $i_2\neq 5$ 时, 仅需考察满足 $i_0=\lfloor i_1/q\rfloor+\delta=1$, $i_3=2i_2$ 的 5 个序列, 示于表 4.45. 易验证这 5 个生成矩阵能生成 5 个链码, 它们的差序列为 $(1,2,i_2,2i_2)(i_2=1,2,3,4,6)$. 当 $i_2=5$ 时, (iv) 中的第 3 种序列的 (i_0,i_1,i_2,i_3) 是 $(1,2,5,j)$ $(13\leqslant j\leqslant 15)$, 它们不是差序列, 因而类似于 $i_1=1$ 时, 需考察表 4.46 所示的 2 个序列, 表 4.46 给出了对应的构造, 即生成矩阵. 综上所述, 得到了 $i_1=2$ 时的充分性.

表 4.45　$i_1=2$, $i_2\neq 5$ 时的生成矩阵

i_2			生成矩阵
1	1　3, 5	9	27, 40, 45
2	1　3, 5	9, 17	27, 31, 41, 42, 45, 46
3	1　3, 5	9, 16, 17	27, 30, 31, 38, 40, 43, 45, 46, 48
4	1　3, 5	9, 14, 15, 17	27, 31, 32, 35, 36, 38, 39, 43, 46, 47, 48, 49
6	1　4, 5	10, 11, 13, 14, 16, 17	$\{3i,3i+1\mid 9\leqslant i\leqslant 17\}$

表 4.46　$i_1=2$, $i_2=5$ 时的生成矩阵

i_0	i_2	i_3				生成矩阵
2	5	15	1^2	4, 5	10, 13, 14, 16, 17	27, 28, 31, 33, 34, 36, 37, 40, 42, 43, 45, 46, 49, 51, 52
1	5	12	1	4, 5	11, 13, 14, 16, 17	27, 28, 30, 31, 33, 36, 37, 39, 40, 42, 45, 46

当 $i_1>2$ 时, 类似可证, 但不再有例外序列; 所以, 仅需对 $i_0=m_0=m_1+\delta$, $i_3=3i_2$ 给出构造, 即生成矩阵, 示于表 4.47~4.49.

$i_1=3$. 这时有 $\lfloor i_1/3\rfloor=1$, $\delta=0$, $i_0=1$. 表 4.47 中记号 $a..b$ 表示 $a,a+1,a+2,\cdots,b-1,b$.

$i_1=4$. 这时有 $\lfloor i_1/3\rfloor=1$, $\delta=1$, $i_0=2$. 表 4.48 中构造 * 定义如下: 这一行的 $(i_0,i_1,i_2,i_3)=(2,4,11,33)$, 令 $i_r'=i_r-3^r$ $(0\leqslant r\leqslant 3)$, 得 $(i_0',i_1',i_2',i_3')=(1,1,2,6)$, 这正是表 4.44 的最后一行; 用这个构造及引理 2.3.6(取 $\alpha_r=1$), 可得差序列 $(2,4,11,33)$ 的构造, 即构造 *. 以后构造 * 就类似上述定义, 也就是对应的已有某构造的 i_r' 加 3^r 所得的构造.

表 4.47 $i_1 = 3$ 时的生成矩阵

i_2			生成矩阵	
1	1	3..5	9	27, 36, 45
2	1	3..5	9, 17	27, 32, 36, 39, 45, 46
3	1	3..5	9, 16, 17	27, 31, 32, 36, 39, 42, 45..47
4	1	3..5	9, 15..17	27, 31, 32, 35, 36, 38, 42, 43, 45..48
5	1	3..5	9, 14..17	27, 28, 31, 32, 34, 37..39, 42, 43, 45..48, 51
6	1	3..5	9, 13..17	27, 28, 31, 32, 34..39, 42, 43, 45..49, 51
7	1	3..5	9, 12..17	27..30, 32, 34..38, 40..42, 44..49, 51, 52
8	1	3..5	9, 11..17	27..32, 34..42, 44..52
9	1	3..5	9..17	27..53

表 4.48 $i_1 = 4$ 时的生成矩阵

i_2	生成矩阵	
$\leqslant 6$	构造 4.2.1	
7	1^2 $4^2, 5^2$ 10,11^2,13,14,16,17	27..29,31,32,34,35,37,38,40..47,49,50,52,53
8,9	构造 4.2.1	
10	1^2 $4^2, 5^2$ 11^2,13^2,14^2,16^2,17^2	27..53,27,37,47
11	构造 *	
12	构造 4.2.1	

表 4.49 $i_1 = 5$ 时的生成矩阵

i_0	i_1	i_2	生成矩阵
2	5	$\leqslant 9$	构造 4.2.1
2	5	10, 13, 15	构造 *
2	5	14	构造 4.2.1

$i_1 = 5$. 这时有 $\lfloor i_1/3 \rfloor = 1$, $\delta = 1$, $i_0 = 2$.

$i_1 = 7$. 这时有 $\lfloor i_1/3 \rfloor = 2$, $\delta = 1$, $i_0 = 3$. 当 $i_2 \leqslant 15$ 时用构造 4.2.1, 当 $10 \leqslant i_2 \leqslant 21$ 时用构造 *.   □

推论 4.4.1   定理 4.4.1 中 (iv) 的 3 种例外序列, 不仅不是 A 类重量谱, 而且也不是其他类的重量谱.

以上推论可由定理 4.4.1 的必要性证明得到.

4.4.2　B 类

对于 A 类以外的其他类, 仍用差序列语言来叙述定理.

定理 4.4.2　设 C 为 4 维 3 元线性码, 则正整数序列 (i_0, i_1, i_2, i_3) 成为某个码 C 的 B 类差序列的充要条件是:

(i) $i_1 \leqslant 3i_0 - 4$;

(ii) $i_0 \leqslant i_2 \leqslant 3i_1 - 4$;

(iii) $i_1 \leqslant i_3 \leqslant 3i_2 - 4$.

证明　必要性. 在定理 4.2.3(i)~(iii) 中, 取 $q = 3$ 可得上界; 由引理 4.3.3(iii), (viii) 可得下界 (注意到那里的证明与 q 无关).

充分性. 用下面构造 4.4.1 得出.

构造 4.4.1　设 (i), (ii) 满足, 且 $i_3 = 3i_2 - 4$. 由此可得

$$i_0 \geqslant 2, \quad i_1 \geqslant 2.$$

用以下式子定义参数 b, t, c, u:

$$i_1 = 3i_0 - 8b - t - 4, \quad t \in \{0, 1, \cdots, 7\}, \tag{4.4.1}$$

$$i_2 = 3i_1 - 8c - u - 4, \quad u \in \{0, 1, \cdots, 7\}. \tag{4.4.2}$$

定义 $m(\cdot)$ 如下:

$$
m(p_i) = \begin{cases}
i_0, & i = 1, \\
i_0 - 2b - 1 - \lambda(p_i), & i = 11, 29, 37, 45, \\
i_0 - 3b - c - 2 - \lambda(p_i) - \epsilon(p_i), & i = 9, 10, 27, 28, \\
& \qquad 36, 38, 46, 47, \\
\dfrac{1}{3}(i_1 + \delta(p_i)), & i = 3, 4, 5, \\
\dfrac{1}{3}(i_1 + \delta(p_i)) - c - \epsilon(p_i), & \text{其他},
\end{cases}
$$

这里 $\lambda(p_i), \epsilon(p_i), \delta(p_i)$ 的定义分别由表 4.50~4.52 给出.

下面来详细验证 $m(\cdot)$ 满足推论 4.1.1 中的 4 个条件, 且其对应的差序列为 B 类.

(i) 点. 验证: 对任意 $p_i \in PG(3, 3)$, 有

$$0 \leqslant m(p_i) \leqslant i_0.$$

表 4.53 给出了 $i_0 - m(p_i)$ 的值, 由表 4.50~4.53 易知, $i_0 - m(p_i) \geqslant 0$, 且仅当 $i = 1$ 时取等号, p_1 为唯一最重点.

表 4.50 $\lambda(p_i) = \lambda(t, p_i)$ 的定义

t	p_1	p_3	p_4	p_5	p_9	p_{10}	p_{11}	p_{12}	p_{13}	p_{14}	p_{15}	p_{16}	p_{17}	p_{27}	p_{28}	p_{29}	p_{30}	p_{31}	p_{32}	p_{33}
0	0	0	0	0	0	0	0	0	0	0	0	0	0	0	0	0	0	0	0	0
1	0	0	0	0	0	0	1	0	0	0	0	0	0	0	1	0	0	0	0	0
2	0	0	0	0	0	1	1	0	0	0	0	0	0	0	1	1	0	0	0	0
3	0	0	0	0	1	1	0	0	0	0	0	0	0	1	1	1	0	0	0	0
4	0	0	0	0	1	2	1	0	0	0	0	0	0	1	2	1	0	0	0	0
5	0	0	0	0	1	2	2	0	0	0	0	0	0	2	2	1	0	0	0	0
6	0	0	0	0	2	2	2	0	0	0	0	0	0	2	2	2	0	0	0	0
7	0	0	0	0	2	3	1	0	0	0	0	0	0	2	3	2	0	0	0	0

t	p_{34}	p_{35}	p_{36}	p_{37}	p_{38}	p_{39}	p_{40}	p_{41}	p_{42}	p_{43}	p_{44}	p_{45}	p_{46}	p_{47}	p_{48}	p_{49}	p_{50}	p_{51}	p_{52}	p_{53}
0	0	0	0	0	0	0	0	0	0	0	0	0	0	0	0	0	0	0	0	0
1	0	0	0	0	1	0	0	0	0	0	0	0	0	1	0	0	0	0	0	0
2	0	0	1	0	1	0	0	0	0	0	0	0	1	1	0	0	0	0	0	0
3	0	0	1	1	1	0	0	0	0	0	0	1	1	2	0	0	0	0	0	0
4	0	0	1	1	2	0	0	0	0	0	0	1	1	2	0	0	0	0	0	0
5	0	0	2	1	2	0	0	0	0	0	0	1	2	2	0	0	0	0	0	0
6	0	0	2	1	3	0	0	0	0	0	0	1	2	3	0	0	0	0	0	0
7	0	0	2	2	3	0	0	0	0	0	0	2	3	3	0	0	0	0	0	0

当 $i \in \{11, 29, 37, 45\}$ 时, 由式 (4.4.1), $i_0 + i_1 \geqslant 4$ 和表 4.50, 得

$$4m(p_i) = 4i_0 - 8b - 4 - 4\lambda(p_i) = (3i_0 - 8b - 4) + i_0 - 4\lambda(p_i)$$
$$= i_1 + t + i_0 - 4\lambda(p_i) \geqslant t + 4 - 4\lambda(p_i) \geqslant 0.$$

当 $i \in \{9, 10, 27, 28, 36, 38, 46, 47\}$ 时, 由式 (4.4.1) 和 (4.4.2), $i_2 \geqslant i_0$, 以及表 4.50 和 4.51, 得

$$8m(p_i) = 8i_0 - 24b - 8c - 16 - 8\lambda(p_i) - 8\epsilon(p_i)$$
$$= 3(3i_0 - 8b - 4) - i_0 - 8c - 4 - 8\lambda(p_i) - 8\epsilon(p_i)$$
$$= 3i_1 - 8c - 4 + 3t - i_0 - 8\lambda(p_i) - 8\epsilon(p_i)$$
$$= i_2 - i_0 + u + 3t - 8\lambda(p_i) - 8\epsilon(p_i)$$
$$\geqslant u + 3t - 8\lambda(p_i) - 8\epsilon(p_i) \geqslant -7.$$

当 $i \in \{3, 4, 5\}$ 时, 由 $i_1 \geqslant 2$ 和表 4.52 得

$$3m(p_i) = i_1 + \delta(p_i) \geqslant 2 + \delta(p_i) \geqslant -2.$$

表 4.51　$\epsilon(p_i) = \epsilon(u, p_i)$ 的定义

u	p_1	p_3	p_4	p_5	p_9	p_{10}	p_{11}	p_{12}	p_{13}	p_{14}	p_{15}	p_{16}	p_{17}	p_{27}	p_{28}	p_{29}	p_{30}	p_{31}	p_{32}	p_{33}
0	0	0	0	0	0	0	0	0	0	0	0	0	0	0	0	0	0	0	0	0
1	0	0	0	0	1	0	0	0	0	0	0	0	0	0	0	0	0	0	1	0
2	0	0	0	0	1	0	0	0	0	0	0	0	1	1	0	0	0	0	0	0
3	0	0	0	0	1	0	0	0	1	0	0	1	1	0	0	0	0	0	1	0
4	0	0	0	0	1	0	0	1	0	1	0	0	1	1	0	0	1	0	1	0
5	0	0	0	0	1	1	0	1	0	1	0	0	1	1	0	0	1	0	1	1
6	0	0	0	0	1	1	0	1	0	1	1	0	1	1	1	0	1	0	1	1
7	0	0	0	0	1	1	0	1	1	1	1	1	0	1	1	0	1	1	1	1

u	p_{34}	p_{35}	p_{36}	p_{37}	p_{38}	p_{39}	p_{40}	p_{41}	p_{42}	p_{43}	p_{44}	p_{45}	p_{46}	p_{47}	p_{48}	p_{49}	p_{50}	p_{51}	p_{52}	p_{53}
0	0	0	0	0	0	0	0	0	0	0	0	0	0	0	0	0	0	0	0	0
1	0	0	0	0	0	0	0	1	0	0	0	0	0	0	0	0	1	0	0	0
2	0	1	0	0	0	0	1	0	0	1	0	0	0	0	0	1	0	0	0	1
3	0	1	1	0	0	0	0	1	0	0	1	0	0	0	0	0	1	1	0	1
4	0	1	1	0	0	1	0	1	0	0	1	0	1	0	1	0	1	0	0	1
5	0	1	1	0	0	1	0	1	1	0	1	0	1	0	1	0	1	1	0	1
6	0	1	1	0	0	1	1	1	1	0	1	0	1	0	1	1	1	1	0	1
7	0	1	1	0	1	1	1	1	1	1	0	0	1	0	1	1	1	1	1	1

表 4.52　$\delta(p_i) = \delta(i_1, p_i)$ 的定义

i_1	p_1	p_3	p_4	p_5	p_9	p_{10}	p_{11}	p_{12}	p_{13}	p_{14}	p_{15}	p_{16}	p_{17}	p_{27}	p_{28}	p_{29}	p_{30}	p_{31}	p_{32}	p_{33}
$3k$	0	0	0	0	0	0	0	-3	-3	0	-3	-3	0	0	0	0	-3	-3	0	-3
$3k+1$	0	-1	-1	2	0	0	0	-1	-4	-1	-1	-4	-1	0	0	0	-1	-4	-1	-1
$3k+2$	0	-2	1	1	0	0	0	-2	-2	-2	-2	-2	-2	0	0	0	-2	-2	-2	-2

i_1	p_{34}	p_{35}	p_{36}	p_{37}	p_{38}	p_{39}	p_{40}	p_{41}	p_{42}	p_{43}	p_{44}	p_{45}	p_{46}	p_{47}	p_{48}	p_{49}	p_{50}	p_{51}	p_{52}	p_{53}
$3k$	-3	0	0	0	0	-3	-3	0	-3	-3	0	0	0	0	-3	-3	0	-3	-3	0
$3k+1$	-4	-1	0	0	0	-1	-4	-1	-1	-4	-1	0	0	0	-1	-4	-1	-1	-4	-1
$3k+2$	-2	-2	0	0	0	-2	-2	-2	-2	-2	-2	0	0	0	-2	-2	-2	-2	-2	-2

当 i 为其他值时, 由 $i_3 = 3i_2 - 4 \geqslant i_1$ 及式 (4.4.2), 得 $8i_1 - 24c \geqslant 3u + 16$, 于是由表 4.51 和 4.52 得

$$24m(p_i) = 8i_1 - 24c - 24\epsilon(p_i) + 8\delta(p_i)$$
$$\geqslant 3u + 16 - 24\epsilon(p_i) + 8\delta(p_i) \geqslant -23.$$

综上所述, 可得 $m(p_i) \geqslant 0\,(\forall p_i \in PG(3,3))$, 即 $m(\cdot)$ 符合赋值函数的定义

表 4.53　$i_0 - m(p_i)$ 的值

p_i	$i_0 - m(p_i)$
p_1	0
$p_{11}, p_{29}, p_{37}, p_{45}$	$2b + 1 + \lambda(p_i)$
$p_9, p_{10}, p_{27}, p_{28}, p_{36}, p_{38}, p_{46}, p_{47}$	$3b + c + 2 + \lambda(p_i) + \epsilon(p_i)$
p_3, p_4, p_5	$\frac{1}{3}(3i_0 - i_1 - \delta(p_i))$
其他	$\frac{1}{3}(3i_0 - i_1 - \delta(p_i)) + c + \epsilon(p_i)$

要求.

(ii) 线. 验证: 对 V_3 中的任意线 l, 有 $m(l) \leqslant i_0 + i_1$. 表 4.54 给出了 $i_0 + i_1 - m(l)$ 的值, 表中 $\sum$ 表示对线上所有点求和. 由表 4.50~4.52 及 4.54, 易知 $i_0 + i_1 - m(l) \geqslant 0$, 且仅当 $l_1^* = \{p_1, p_3, p_4, p_5\}$ 与 $l_2^* = \{p_{11}, p_{29}, p_{37}, p_{45}\}$ 时取等号, l_1^*, l_2^* 是仅有的 2 条最重线. 注意到: $p_1 \in l_1^*, p_1 \notin l_2^*$.

(iii) 面. 验证: 对 V_3 中的任意面 P, 有 $m(P) \leqslant i_0 + i_1 + i_2$. 表 4.55 给出了 $i_0 + i_1 + i_2 - m(P)$ 的值, 表中 $\langle p_{i_1}, p_{i_2}, p_{i_3} \rangle$ 表示过这 3 个点的面, $\sum$ 表示对面上所有点求和. 由表 4.50~4.52 及 4.55, 易知 $i_0 + i_1 + i_2 - m(P) \geqslant 0$, 且仅当 $P^* = \langle p_1, p_{11}, p_{45} \rangle$ 时取等号, P^* 为唯一最重面. 注意到: $p_1 \in P^*, l_2^* \subset P^*, l_1^* \not\subset P^*$.

(iv) 体. 验证: $m(V_3) = i_0 + i_1 + i_2 + i_3$. 这一点由 $m(\cdot)$ 的定义, $i_3 = 3i_2 - 4$ 及表 4.50~4.52 易得.

综上所述, 构造 4.4.1 对应的 $(i_0, i_1, i_2, 3i_2 - 4)$ 是 B 类差序列, 核是 $\Gamma = \{\{p_1\}, l_1^*, l_2^*, P^*\}$, 且 $m(\Gamma) = i_0 + i_1 + i_2 + i_1$. 由引理 4.3.4 (注意到那里的证明与 q 无关), 易知 $i_1 \leqslant i_3 \leqslant 3i_2 - 4$ 时, (i_0, i_1, i_2, i_3) 是 B 类差序列. □

4.4.3　C 类

定理 4.4.3　设 C 为 4 维 3 元线性码, 则正整数序列 (i_0, i_1, i_2, i_3) 成为某个码 C 的 C 类差序列的充要条件是:

(i) $i_1 \leqslant 3i_0$;

(ii) $i_2 \leqslant 3i_1 - 4$;

(iii) $i_1 \leqslant i_3 \leqslant 3i_2 - 4$;

(iv) 扣除序列 $(1, 2, 2, 2)$.

证明　必要性. 在定理 4.2.4(i)~(iii) 中, 取 $q = 3$ 可得上界. 由引

表 4.54　$i_0+i_1-m(l)$ 的值

l	$i_0+i_1-m(l)$
$\{p_1,p_3,p_4,p_5\},\{p_{11},p_{29},p_{37},p_{45}\}$	0
$\{p_1,p_9,p_{10},p_{11}\},\{p_1,p_{27},p_{28},p_{29}\},\{p_1,p_{36},p_{37},p_{38}\},$ $\{p_1,p_{45},p_{46},p_{47}\}$	$\sum\lambda(p_i)\;+\;\sum\epsilon(p_i)\;+\;2c+1-t$
$\{p_1,p_{12},p_{13},p_{14}\},\{p_1,p_{15},p_{16},p_{17}\},\{p_1,p_{30},p_{31},p_{32}\},$ $\{p_1,p_{33},p_{34},p_{35}\},\{p_1,p_{39},p_{40},p_{41}\},\{p_1,p_{42},p_{43},p_{44}\},$ $\{p_1,p_{48},p_{49},p_{50}\},\{p_1,p_{51},p_{52},p_{53}\}$	$\sum\epsilon(p_i)\;-\;\dfrac{1}{3}\sum\delta(p_i)\;+\;3c$
$\{p_3,p_9,p_{12},p_{15}\},\{p_3,p_{10},p_{13},p_{16}\},\{p_3,p_{27},p_{30},p_{33}\},$ $\{p_3,p_{28},p_{31},p_{34}\},\{p_3,p_{36},p_{39},p_{42}\},\{p_3,p_{38},p_{41},p_{44}\},$ $\{p_3,p_{46},p_{49},p_{52}\},\{p_3,p_{47},p_{50},p_{53}\},\{p_4,p_9,p_{13},p_{17}\},$ $\{p_4,p_{10},p_{14},p_{15}\},\{p_4,p_{27},p_{31},p_{35}\},\{p_4,p_{28},p_{32},p_{33}\},$ $\{p_4,p_{36},p_{40},p_{44}\},\{p_4,p_{38},p_{39},p_{43}\},\{p_4,p_{46},p_{50},p_{51}\},$ $\{p_4,p_{47},p_{48},p_{52}\},\{p_5,p_9,p_{14},p_{16}\},\{p_5,p_{10},p_{12},p_{17}\},$ $\{p_5,p_{27},p_{32},p_{34}\},\{p_5,p_{28},p_{30},p_{35}\},\{p_5,p_{46},p_{48},p_{53}\},$ $\{p_5,p_{47},p_{49},p_{51}\}$	$\sum\lambda(p_i)\;+\;\sum\epsilon(p_i)\;-\;\dfrac{1}{3}\sum\delta(p_i)+3c+3b+2$
$\{p_3,p_{11},p_{14},p_{17}\},\{p_3,p_{29},p_{32},p_{35}\},\{p_3,p_{37},p_{40},p_{43}\},$ $\{p_3,p_{45},p_{48},p_{51}\},\{p_4,p_{11},p_{12},p_{16}\},\{p_4,p_{29},p_{30},p_{34}\},$ $\{p_4,p_{37},p_{41},p_{42}\},\{p_4,p_{45},p_{49},p_{53}\},\{p_5,p_{11},p_{13},p_{15}\},$ $\{p_5,p_{29},p_{31},p_{33}\},\{p_5,p_{37},p_{39},p_{44}\},\{p_5,p_{45},p_{50},p_{52}\}$	$\sum\lambda(p_i)\;+\;\sum\epsilon(p_i)\;-\;\dfrac{1}{3}\sum\delta(p_i)+2c+2b+1$
$\{p_9,p_{27},p_{36},p_{45}\},\{p_9,p_{28},p_{37},p_{46}\},\{p_9,p_{29},p_{38},p_{47}\},$ $\{p_{10},p_{27},p_{37},p_{47}\},\{p_{10},p_{28},p_{38},p_{45}\},\{p_{10},p_{29},p_{36},p_{46}\},$ $\{p_{11},p_{27},p_{38},p_{46}\},\{p_{11},p_{28},p_{36},p_{47}\}$	$\sum\lambda(p_i)\;+\;\sum\epsilon(p_i)\;+\;3b+3c+3-t$
其他	$\sum\epsilon(p_i)-\dfrac{1}{3}\sum\delta(p_i)+\dfrac{3i_0-i_1}{3}+4c$

理 4.3.3(viii) 可得下界. 反设 $(1,2,2,2)$ 是 C 类差序列, 则存在 $p^*\in M_0$, $P^*\in M_2$, 使得 $p^*\in P^*$; 且对所有 $l\in P^*$, 都有 $m(l)\leqslant i_0+i_1-1=2$. 注意到 $m(p^*)=i_0=1$, $m(P^*)=i_0+i_1+i_2=5$. 于是序列 $(1,1,3)$ 为链差序列, 与定理 3.2.3 矛盾.

充分性. 证明分两部分.

a. 一般序列的构造

构造 4.4.2　设 (i), (ii) 满足, (iii) 中 $\leqslant$ 取成 $=$. 由此可得

$$i_1\geqslant 2,\quad i_2\geqslant 2. \tag{4.4.3}$$

用下式定义参数 c,u:

$$i_2=3i_1-4-24c-u,\quad u\in\{0,1,\cdots,23\}. \tag{4.4.4}$$

表 4.55 $i_0+i_1+i_2-m(P)$ 的值

P	$i_0+i_1+i_2-m(P)$
$\langle p_1,p_{11},p_{45}\rangle$	0
$\langle p_1,p_5,p_{11}\rangle$, $\langle p_1,p_5,p_{29}\rangle$, $\langle p_1,p_5,p_{37}\rangle$, $\langle p_1,p_5,p_{45}\rangle$	$\sum\lambda(p_i)+\sum\epsilon(p_i)-\dfrac{1}{3}\sum\delta(p_i)-t-u-3$
$\langle p_1,p_{11},p_{50}\rangle$, $\langle p_1,p_{11},p_{52}\rangle$, $\langle p_1,p_{13},p_{45}\rangle$, $\langle p_1,p_{13},p_{37}\rangle$, $\langle p_1,p_{13},p_{29}\rangle$, $\langle p_1,p_{15},p_{45}\rangle$, $\langle p_1,p_{15},p_{37}\rangle$, $\langle p_1,p_{15},p_{29}\rangle$	$\sum\lambda(p_i)+\sum\epsilon(p_i)-\dfrac{1}{3}\sum\delta(p_i)-t-u-3+3c$
$\langle p_3,p_{11},p_{45}\rangle$, $\langle p_4,p_{11},p_{45}\rangle$, $\langle p_5,p_{11},p_{45}\rangle$	$\sum\epsilon(p_i)-\dfrac{1}{3}\sum\delta(p_i)-u-4$
其他 (24 个面)	$\sum\lambda(p_i)+\sum\epsilon(p_i)-\dfrac{1}{3}\sum\delta(p_i)+3b+3c-t-u-1$

$i_1=3i_0-1$, $c=0$, $u\leqslant 1$ 时的 (i_0,i_1,i_2,i_3) 称为特殊类型序列, 在充分性证明的第 2 部分将专门论述, 在本构造中扣除这些序列.

定义 $m(\cdot)$ 如下:

$$m(p_i)=\begin{cases} i_0, & i=1,\\[2mm] \dfrac{i_1+\delta(p_i)}{3}, & i\in\{3,4,5\},\\[3mm] \dfrac{i_1+\delta(p_i)}{3}-2c-\epsilon(p_i), & i\in\{9,10,11,27,28,29,\\ & \qquad 36,37,38,45,46,47\},\\[3mm] \dfrac{i_1+\delta(p_i)}{3}-3c-\epsilon(p_i), & \text{其他,} \end{cases}$$

其中 $\delta(p_i)$, $\epsilon(p_i)$ 的定义分别由表 4.56 和 4.57 给出.

表 4.56 $\delta(p_i)=\delta(i_1,p_i)$ 的定义

i_1	p_1	p_3	p_4	p_5	p_9	p_{10}	p_{11}	p_{12}	p_{13}	p_{14}	p_{15}	p_{16}	p_{17}	p_{27}	p_{28}	p_{29}	p_{30}	p_{31}	p_{32}	p_{33}
$3k$	0	0	0	0	-3	0	0	0	-3	0	-3	-3	-3	0	0	-3	-3	-3	-3	0
$3k+1$	0	-1	-1	2	-1	-1	-1	-1	-4	-1	-1	-4	-1	-1	-1	-1	-1	-4	-1	-1
$3k+2$	0	-2	1	1	-2	-2	1	-2	-2	-2	-2	-2	-2	-2	1	-2	-2	-2	-2	-2

i_1	p_{34}	p_{35}	p_{36}	p_{37}	p_{38}	p_{39}	p_{40}	p_{41}	p_{42}	p_{43}	p_{44}	p_{45}	p_{46}	p_{47}	p_{48}	p_{49}	p_{50}	p_{51}	p_{52}	p_{53}
$3k$	-3	0	0	0	-3	-3	-3	0	-3	-3	0	0	-3	-3	-3	0	-3	-3	0
$3k+1$	-4	-1	-1	-1	-1	-1	-4	-1	-1	-4	-1	-1	-1	-1	-1	-4	-1	-1	-4	-1
$3k+2$	-2	-2	-2	1	-2	-2	-2	-2	-2	-2	1	-2	-2	-2	-2	-2	-2	-2	-2	-2

表 4.57　$\epsilon(p_i) = \epsilon(u, p_i)$ 的定义

u	p_1	p_3	p_4	p_5	p_9	p_{10}	p_{11}	p_{12}	p_{13}	p_{14}	p_{15}	p_{16}	p_{17}	p_{27}	p_{28}	p_{29}	p_{30}	p_{31}	p_{32}	p_{33}
0	0	0	0	0	0	0	0	0	0	0	0	0	0	0	0	0	0	0	0	0
1	0	0	0	0	0	0	0	0	0	1	0	0	0	0	0	0	0	0	0	1
2	0	0	0	0	0	0	0	1	0	1	0	0	0	0	0	0	0	0	0	1
3	0	0	0	0	0	0	0	0	0	1	1	0	1	0	0	0	0	0	1	1
4	0	0	0	0	0	0	0	1	0	1	1	0	1	0	0	0	1	0	1	1
5	0	0	0	0	0	0	1	1	0	1	1	0	1	0	0	1	1	0	1	1
6	0	0	0	0	0	0	0	1	1	1	1	1	1	0	0	0	1	1	1	1
7	0	0	0	0	0	0	1	1	1	1	1	1	1	0	0	1	1	1	1	1
8	0	0	0	0	0	1	1	1	1	1	1	1	1	0	1	1	1	1	1	1
9	0	0	0	0	0	1	2	1	2	1	1	1	1	0	1	1	1	1	1	1
10	0	0	0	0	0	1	1	2	1	2	1	1	1	0	1	1	1	1	1	2
11	0	0	0	0	0	1	1	1	1	2	2	1	2	1	1	1	1	1	1	2
12	0	0	0	0	1	1	1	1	1	2	2	1	2	1	1	1	1	1	2	2
13	0	0	0	0	1	1	1	2	1	2	2	1	2	1	1	1	2	1	2	2
14	0	0	0	0	1	1	1	1	2	2	2	2	2	1	1	1	1	2	2	2
15	0	0	0	0	1	1	1	2	2	2	2	2	2	1	1	1	2	2	2	2
16	0	0	0	0	1	1	2	2	2	2	2	2	2	1	2	1	2	2	2	2
17	0	0	0	0	1	1	1	3	2	3	2	2	2	1	1	2	2	2	2	2
18	0	0	0	0	1	1	2	3	2	3	2	2	2	1	1	2	2	2	2	3
19	0	0	0	0	1	1	1	3	2	3	3	2	3	1	1	2	2	2	3	3
20	0	0	0	0	1	1	2	3	2	3	3	2	3	1	1	2	3	2	3	3
21	0	0	0	0	1	2	2	3	2	3	3	2	3	1	2	2	3	2	3	3
22	0	0	0	0	1	1	2	3	3	3	3	3	3	2	2	2	2	2	3	3
23	0	0	0	0	1	2	2	3	3	3	3	3	3	2	2	2	2	3	3	3

u	p_{34}	p_{35}	p_{36}	p_{37}	p_{38}	p_{39}	p_{40}	p_{41}	p_{42}	p_{43}	p_{44}	p_{45}	p_{46}	p_{47}	p_{48}	p_{49}	p_{50}	p_{51}	p_{52}	p_{53}
0	0	0	0	0	0	0	0	0	0	0	0	0	0	0	0	0	0	0	0	0
1	0	0	0	0	0	0	0	1	0	0	0	0	1	0	0	0	0	0	0	0
2	0	1	0	0	0	0	0	1	0	0	1	1	1	0	0	0	0	0	0	0
3	0	1	0	1	0	0	0	0	1	0	1	1	1	0	0	0	0	0	0	1
4	0	1	1	1	0	0	0	0	0	1	1	1	0	0	0	0	0	1	0	1
5	0	1	0	0	1	1	0	1	1	0	1	0	1	1	0	0	1	1	0	1
6	1	1	1	1	1	0	0	0	1	1	1	1	1	1	0	0	1	0	1	1
7	1	1	0	1	1	0	1	1	1	1	1	1	1	1	0	0	1	1	1	1
8	1	1	0	1	1	1	1	1	1	1	1	0	1	1	1	1	1	1	1	1
9	1	2	1	1	1	1	1	1	1	1	1	1	1	1	1	1	1	1	1	1
10	1	2	1	1	1	1	1	1	1	1	2	1	1	1	1	1	1	1	1	2

u	p_{34}	p_{35}	p_{36}	p_{37}	p_{38}	p_{39}	p_{40}	p_{41}	p_{42}	p_{43}	p_{44}	p_{45}	p_{46}	p_{47}	p_{48}	p_{49}	p_{50}	p_{51}	p_{52}	p_{53}
11	1	2	1	1	1	1	1	1	2	1	2	1	1	1	1	1	1	2	1	2
12	1	2	1	1	1	1	1	2	2	1	2	1	1	1	1	1	2	2	1	2
13	1	2	1	1	1	2	1	2	2	1	2	1	2	1	1	1	2	2	1	2
14	2	2	1	1	1	1	2	2	2	2	2	2	2	1	1	1	1	2	2	2
15	2	2	1	2	1	1	2	2	2	2	2	2	2	1	1	1	2	2	2	2
16	2	2	1	2	1	2	2	2	2	2	2	2	1	2	1	2	2	2	2	2
17	2	3	1	2	2	2	2	2	2	2	2	1	2	2	2	2	2	2	2	2
18	2	3	1	1	2	2	2	3	2	2	3	2	2	2	2	2	2	2	2	2
19	2	3	2	2	2	2	2	2	3	2	2	2	2	2	2	2	2	2	3	2
20	2	3	2	2	2	2	2	3	3	2	3	2	2	2	2	2	2	3	2	3
21	2	3	1	2	2	3	2	3	3	2	3	2	2	2	2	2	3	3	2	3
22	3	3	2	2	2	2	3	3	3	3	3	2	2	2	2	2	3	3	3	3
23	3	3	2	2	2	2	3	3	3	3	3	2	2	2	2	3	3	3	3	3

下面简单叙述一下得到 $m(\cdot)$ 的思路. 先取定 C 类差序列的核为 $\Gamma = \{\{p_1\}, l^*, P^*\}$, 其中 $l^* = \{p_1, p_3, p_4, p_5\}$, $P^* = \langle p_1, p_{11}, p_{45}\rangle$. 然后, 把 i_1 尽量均匀地配置给 p_3, p_4, p_5; 把 $i_1 + i_2$ 尽量均匀地配置给 $P^* \backslash \{p_1\}$ 内的 12 个点; 把 $i_3 - i_1$ 尽量均匀地配置给其他 24 个点. 为了保证每个 $m(p_i)$ 为整数, 取小参数 $\delta(p_i)$, 使之满足

$$\delta(p_i) + i_1 = 0 \,(\mathrm{mod}\ 3).$$

为了使 $m(p_i) \geqslant 0$ 且推论 4.1.1 中的 4 个条件满足, 我们用分析、试算与计算机搜索的方法得到 $\delta(p_i)$ 与 $\epsilon(p_i)$.

现在来详细验证 $m(\cdot)$ 满足推论 4.1.1 中的 4 个条件, 且其对应的差序列为 C 类.

(a) 点. 验证: 对任意 $p_i \in V_3$, 有 $0 \leqslant m(p_i) \leqslant i_0$. 表 4.58 给出了 $i_0 - m(p_i)$ 的值. 由表 4.56~4.58, 易知 $i_0 - m(p_i) \geqslant 0$, 且仅当 $i = 1$ 时取等号, p_1 为唯一最重点.

表 4.58　$i_0 - m(p_i)$ 的值

p_i	$i_0 - m(p_i)$
p_1	0
p_3, p_4, p_5	$\dfrac{3i_0 - i_1 - \delta(p_i)}{3}$
$p_9, p_{10}, p_{11}, p_{27}, p_{28}, p_{29}, p_{36}, p_{37}, p_{38}, p_{45}, p_{46}, p_{47}$	$\dfrac{3i_0 - i_1 - \delta(p_i)}{3} + 2c + \epsilon(p_i)$
其他	$\dfrac{3i_0 - i_1 - \delta(p_i)}{3} + 3c + \epsilon(p_i)$

当 $i \in \{1,3,4,5\}$ 时, 由表 4.56 得 $m(p_i) \geqslant 0$. 当 $i \in \{9,10,11,27,28,$ $29,36,37,38,45,46,47\}$ 时, 由式 (4.4.3), (4.4.4) 得

$$4i_1 - 24c \geqslant 8 + u. \tag{4.4.5}$$

于是, 由式 (4.4.5) 及表 4.56 和 4.57 得

$$12m(p_i) = 4i_1 + 4\delta(p_i) - 24c - 12\epsilon(p_i)$$
$$\geqslant 8 + 4\delta(p_i) + u - 12\epsilon(p_i) \geqslant -11. \tag{4.4.6}$$

当 i 为其他值时, 由 $i_3 - i_1 = 8i_1 - 72c - 16 - 3u \geqslant 0$, 以及表 4.56 和 4.57, 得

$$24m(p_i) = 8i_1 + 8\delta(p_i) - 72c - 24\epsilon(p_i)$$
$$\geqslant 16 + 8\delta(p_i) + 3u - 24\epsilon(p_i) \geqslant -23, \tag{4.4.7}$$

这里式 (4.4.6), (4.4.7) 中最后一步 ($\geqslant -11$ 与 $\geqslant -23$) 之所以能成立, 是因为 $\epsilon(p_i)$ 是在 $\delta(p_i)$ 取定后, 以这两个不等式为两个必要条件用计算机搜索得到的. 综上所述, 对所有 $p_i \in V_3$, 有 $m(p_i) \geqslant 0$.

(b) 线. 验证: 对 V_3 中的任意线 l, 有 $m(l) \leqslant i_0 + i_1$. 表 4.59 给出了 $i_0 + i_1 - m(l)$ 的值. 由于定义 $\delta(p_i)$ 时, 使得仅对 $l_1 = \{p_{11}, p_{29}, p_{37}, p_{45}\}$, 有 $\frac{1}{3} \sum_{p \in l_1} \delta(p) = \frac{1}{3}$, 而对其他所有 $l \neq l^*$, 都有 $\frac{1}{3} \sum_{p \in l} \delta(p) < 0$; 所以, 由 $\epsilon(p_i) \geqslant 0$, 表 4.56 和 4.59, 易知 $i_0 + i_1 - m(l) \geqslant 0$, 且仅当 $l^* = \{p_1, p_3, p_4, p_5\}$ 时取等号, l^* 为唯一最重线. 注意到: $p_1 \in l^*$.

(c) 面. 验证: 对 V_3 中的任意面 P, 有 $m(P) \leqslant i_0 + i_1 + i_2$. 表 4.60 给出了 $i_0 + i_1 + i_2 - m(P)$ 的值. 由于定义 $\delta(p_i)$ 时, 要求对所有 $P \neq P^*$, 有 $-4 - \frac{1}{3} \sum_{p \in P} \delta(p) > 0$, 而在 $\delta(p_i)$ 取定后, 把

$$-4 - u + \sum_{p \in P} \epsilon(p) - \frac{1}{3} \sum_{p \in P} \delta(p) > 0$$

(对于所有 $P \neq P^*$ 成立) 作为第 3 个必要条件, 用计算机搜索得到了 $\epsilon(p_i)$ 的定义; 所以, 由表 4.56, 4.57 和 4.60, 易知 $i_0 + i_1 + i_2 - m(P) \geqslant 0$, 且仅当 $P^* = \langle p_1, p_{11}, p_{45} \rangle$ 时取等号, P^* 为唯一最重面. 注意到: $p_1 \in P^*$, $l^* \not\subset P^*$.

(d) 体. 验证: $m(V_3) = i_0 + i_1 + i_2 + i_3$. 这一点由 $i_3 = 3i_2 - 4$, $m(\cdot)$ 的定义, 表 4.56 和 4.57 易得.

综上所述, 再由类似于定理 4.4.2 的证明, 可得: 满足 (i)~(iii) 的特殊类型序列以外的所有一般序列都是 C 类差序列.

表 4.59 $i_0 + i_1 - m(l)$ 的值

l	$i_0 + i_1 - m(l)$
$\{p_1p_3p_4p_5\}$	0
$\{p_1p_9p_{10}p_{11}\},\{p_1p_{27}p_{28}p_{29}\},\{p_1p_{36}p_{37}p_{38}\}$ $\{p_1p_{45}p_{46}p_{47}\}$	$\sum_{p\in l}\epsilon(p)-\frac{1}{3}\sum_{p\in l}\delta(p)+6c$
$\{p_1p_{12}p_{13}p_{14}\},\{p_1p_{15}p_{16}p_{17}\},\{p_1p_{30}p_{31}p_{32}\}$ $\{p_1p_{33}p_{34}p_{35}\},\{p_1p_{39}p_{40}p_{41}\},\{p_1p_{42}p_{43}p_{44}\},$ $\{p_1p_{48}p_{49}p_{50}\},\{p_1p_{51}p_{52}p_{53}\}$	$\sum_{p\in l}\epsilon(p)-\frac{1}{3}\sum_{p\in l}\delta(p)+9c$
$\{p_3p_9p_{12}p_{15}\},\{p_3p_{11}p_{14}p_{17}\},\{p_3p_{10}p_{13}p_{16}\},$ $\{p_3p_{27}p_{30}p_{33}\},\{p_3p_{28}p_{31}p_{34}\},\{p_3p_{29}p_{32}p_{35}\},$ $\{p_3p_{36}p_{39}p_{42}\},\{p_3p_{37}p_{40}p_{43}\},\{p_3p_{38}p_{41}p_{44}\},$ $\{p_3p_{45}p_{48}p_{51}\},\{p_3p_{46}p_{49}p_{52}\},\{p_3p_{47}p_{50}p_{53}\},$ $\{p_4p_9p_{13}p_{17}\},\{p_4p_{10}p_{14}p_{15}\},\{p_4p_{11}p_{12}p_{16}\},$ $\{p_4p_{27}p_{31}p_{35}\},\{p_4p_{28}p_{32}p_{33}\},\{p_4p_{29}p_{30}p_{34}\},$ $\{p_4p_{36}p_{40}p_{44}\},\{p_4p_{37}p_{41}p_{42}\},\{p_4p_{38}p_{39}p_{43}\},$ $\{p_4p_{45}p_{49}p_{53}\},\{p_4p_{46}p_{50}p_{51}\},\{p_4p_{47}p_{48}p_{52}\},$ $\{p_5p_9p_{14}p_{16}\},\{p_5p_{10}p_{12}p_{17}\},\{p_5p_{11}p_{13}p_{15}\},$ $\{p_5p_{27}p_{32}p_{34}\},\{p_5p_{28}p_{30}p_{35}\},\{p_5p_{29}p_{31}p_{33}\},$ $\{p_5p_{36}p_{41}p_{43}\},\{p_5p_{37}p_{39}p_{44}\},\{p_5p_{38}p_{40}p_{42}\},$ $\{p_5p_{45}p_{50}p_{52}\},\{p_5p_{46}p_{48}p_{53}\},\{p_5p_{47}p_{49}p_{51}\},$ $\{p_9p_{27}p_{36}p_{45}\},\{p_9p_{28}p_{37}p_{46}\},\{p_9p_{29}p_{38}p_{47}\},$ $\{p_{10}p_{27}p_{37}p_{47}\},\{p_{10}p_{28}p_{38}p_{45}\},\{p_{10}p_{29}p_{36}p_{46}\},$ $\{p_{11}p_{27}p_{38}p_{46}\},\{p_{11}p_{28}p_{36}p_{47}\},\{p_{11}p_{29}p_{37}p_{45}\}$	$\sum_{p\in l}\epsilon(p)-\frac{1}{3}\sum_{p\in l}\delta(p)+8c+\dfrac{3i_0-i_1}{3}$
其他	$\sum_{p\in l}\epsilon(p)-\frac{1}{3}\sum_{p\in l}\delta(p)+11c+\dfrac{3i_0-i_1}{3}$

b. 特殊类型序列的构造

由于定义 $\delta(p_i)$ 时, 经计算发现总有一条线 l 不满足条件 $\frac{1}{3}\sum_{p\in l}\delta(p)<0$, 我们取它为前面定义的 l_1. 若对特殊类型序列也用构造 4.4.2, 则当 $i_1=3i_0-1$, $c=0$, $u\leqslant 1$ 时, 经计算知, l_1 是最重线, 且它含最重点 p_{11}, 得到的差序列为 A 类, 不符合要求, 所以, 这时构造 4.4.2 失效, 在构造 4.4.2 中必须扣除这些特殊类型序列. 下面分两种情况, 用 $m_i(\cdot)(i=1,2,3)$ 来解决它们.

(a) $u=0$ 的情况

设 $u=0$. 由 $c=0$ 得 $i_2=3i_1-4$. 再令 $i_1=3i_0-1$, $i_3=3i_2-4$. 图 4.19 与表 4.61 给出了 $m(\cdot)$ 的定义, 这是一个达到 (i)~(iii) 中上界的构造. 这里点 $K_1\sim K_8$ 分别表示位于线 $\overline{BE}$, $\overline{BH}$, $\overline{BN}$, $\overline{BO}$, $\overline{BM}$, $\overline{BL}$, $\overline{BJ}$, $\overline{BI}$ 上的 8

表 4.60　$i_0+i_1+i_2-m(P)$ 的值

P	$i_0+i_1+i_2-m(P)$
$\langle p_1,p_{11},p_{29}\rangle$	0
$\langle p_1,p_5,p_{11}\rangle,\langle p_1,p_5,p_{29}\rangle,\langle p_1,p_5,p_{37}\rangle,$ $\langle p_1,p_5,p_{45}\rangle$	$-4-u+\sum\limits_{p\in P}\epsilon(p)-\dfrac{1}{3}\sum\limits_{p\in P}\delta(p)$
$\langle p_1,p_{11},p_{30}\rangle,\langle p_1,p_{11},p_{33}\rangle,\langle p_1,p_{12},p_{27}\rangle,$ $\langle p_1,p_{12},p_{30}\rangle,\langle p_1,p_{12},p_{33}\rangle,\langle p_1,p_{15},p_{27}\rangle,$ $\langle p_1,p_{15},p_{30}\rangle,\langle p_1,p_{15},p_{33}\rangle$	$-4-u+\sum\limits_{p\in P}\epsilon(p)-\dfrac{1}{3}\sum\limits_{p\in P}\delta(p)+9c$
其他 27 个面	$-4-u+\sum\limits_{p\in P}\epsilon(p)-\dfrac{1}{3}\sum\limits_{p\in P}\delta(p)+8c+$ $\dfrac{3i_0-i_1}{3}$

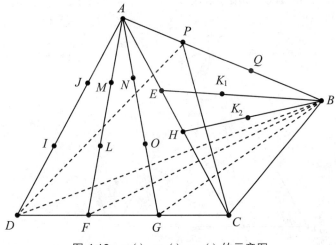

图 4.19　$m(\cdot),m_1(\cdot),m_2(\cdot)$ 的示意图

表 4.61　$m(\cdot)$ 的定义

$m(p)$	$p\in$
i_0-1	$\widehat{BCD}\backslash\{B\},\{K_1K_2K_3K_4K_5K_6K_7K_8\}$
i_0	其他

个点. 为使 $m(\cdot)$ 中 $i_1=3i_0$ 降为 $3i_0-1$, 定义

$$m_1(p)=\begin{cases} m(p)-1, & \text{当 } p\in\widehat{DCP},\\ m(p), & \text{其他}. \end{cases}$$

容易验证: 当 $i_0\geqslant 2$ 时, $m_1(\cdot)$ 对应的序列 $(i_0,i_1=3i_0-1,i_2=3i_1-4,i_3=$

$3i_2-4)$ 是 C 类差序列, 核为 $\Gamma = \{\{A\}, \overline{AB}, \widehat{ADC}\}$. 类似易知 $i_1 \leqslant i_3 \leqslant 3i_2-4$ 时, 上述 (i_0, i_1, i_2, i_3) 是 C 类差序列. 当 $i_0 = 1$ 时, 序列为 $(1,2,2,2)$, 由 (iv) 知, 这序列已被扣除.

(b) $u = 1$ 的情况

设 $u = 1$. 由 $c = 0$ 得 $i_2 = 3i_1-5$. 再令 $i_1 = 3i_0-1$, $i_3 = 3i_2-4$. 当 $i_0 \geqslant 3$ 时, 为使 $m_1(\cdot)$ 中 i_2 的值下降 1, 定义

$$m_2(p) = \begin{cases} m_1(p)-1, & \text{当 } p \in \overline{DK_1}, \\ m_1(p), & \text{其他}. \end{cases}$$

当 $i_0 \leqslant 2$ 时, 仅有一个特殊类型序列 $(2,5,10,26)$. 图 4.20 与表 4.62 给出了对应的 $m_3(\cdot)$ 的定义. 图中 G, H, I 为不在一条线上的 3 个点.

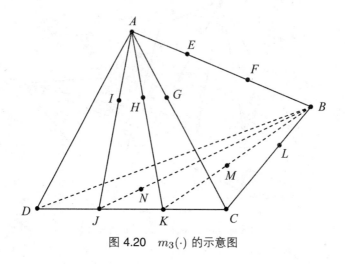

图 4.20 $m_3(\cdot)$ 的示意图

表 4.62 $m_3(\cdot)$ 的定义

$m_3(p)$	p
0	L, M, N
2	A, F, B, G, H, I
1	其他

容易验证: $m_2(\cdot)$ 对应的序列 $(i_0 \geqslant 3, i_1 = 3i_0-1, i_2 = 3i_1-5, i_3 = 3i_2-4)$ 是 C 类差序列; $m_3(\cdot)$ 对应的 $(2,5,10,26)$ 也是 C 类差序列. 它们的核都 为 $\Gamma = \{\{A\}, \overline{AB}, \widehat{ADC}\}$. 由引理 4.3.4, 类似易知 $i_1 \leqslant i_3 \leqslant 3i_2-4$ 时, 上述 (i_0, i_1, i_2, i_3) 都是 C 类差序列. □

4.4.4　F 类

定理 4.4.4　设 C 为 4 维 3 元线性码, 则正整数序列 (i_0, i_1, i_2, i_3) 成为某个码 C 的 F 类差序列的充要条件是:

(i) $i_1 \leqslant 3i_0 - 4$;

(ii) $i_0 \leqslant i_2 \leqslant 3i_1 - 4$;

(iii) $i_3 \leqslant 3i_2$.

证明　必要性. 在定理 4.2.7(i)~(iii) 中, 取 $q = 3$ 可得上界; 由引理 4.3.3 (iii) 可得下界.

充分性. 用下面的构造得出.

构造 4.4.3　设 (i), (ii) 满足, 且 $i_3 = 3i_2$. 由此可得

$$i_0 \geqslant 2, \quad i_1 \geqslant 2, \quad i_2 \geqslant 2.$$

用以下式子定义参数 b, t, c, u:

$$i_1 = 3i_0 - 8b - t - 4, \quad i_2 = 3i_1 - 8c - u - 4,$$

这里 $t, u \in \{0, 1, 2, \cdots, 7\}$. 定义 $m(\cdot)$ 如下:

$$
m(p_i) = \begin{cases}
i_0, & i = 1, \\
i_0 - 2b - 1 - \lambda(p_i), & i = 3, 9, 12, 15, \\
i_0 - 3b - c - 2 - \epsilon(p_i) - \lambda(p_i), & i = 4, 5, 10, 11, 13, 14, 16, 17, \\
\dfrac{1}{3}(i_1 + \delta(p_i)) - \epsilon(p_i), & i = 27, 28, 29, \\
\dfrac{1}{3}(i_1 + \delta(p_i)) - c - \epsilon(p_i), & \text{其他},
\end{cases}
$$

其中 $\lambda(p_i)$, $\epsilon(p_i)$, $\delta(p_i)$ 的定义分别由表 4.63~4.65 给出.

表 4.63　$\lambda(p_i) = \lambda(t, p_i)$ 的定义

t	p_3	p_9	p_{12}	p_{15}	p_4	p_5	p_{10}	p_{11}	p_{13}	p_{14}	p_{16}	p_{17}	其他
0	0	0	0	0	0	0	0	0	0	0	0	0	0
1	0	1	0	0	0	1	0	0	0	1	0	1	0
2	0	1	1	0	1	1	0	1	0	1	1	1	0
3	0	1	1	1	1	2	1	1	1	1	1	1	0
4	1	1	1	1	1	2	1	2	1	2	1	2	0
5	1	2	1	1	2	2	1	2	2	2	2	2	0
6	1	2	2	1	2	3	2	2	2	2	2	3	0
7	1	2	2	2	3	3	2	3	2	3	2	3	0

表 4.64　$\epsilon(p_i) = \epsilon(u, p_i)$ 的定义

u	p_1	p_3	p_9	p_{12}	p_{15}	p_4	p_5	p_{10}	p_{11}	p_{13}	p_{14}	p_{16}	p_{17}	p_{27}	p_{28}	p_{29}	p_{30}	p_{31}	p_{32}	p_{33}
0	0	0	0	0	0	0	0	0	0	0	0	0	0	0	0	0	0	0	0	0
1	0	0	0	0	0	0	0	1	0	0	0	0	0	0	0	0	0	0	0	1
2	0	0	0	0	0	0	0	1	0	1	0	0	0	0	0	1	0	0	0	1
3	0	0	0	0	0	0	0	1	0	1	0	1	0	1	0	1	0	0	0	1
4	0	0	0	0	0	1	0	1	0	1	0	1	0	1	0	1	0	1	0	1
5	0	0	0	0	0	1	0	1	1	1	0	1	0	1	0	1	0	1	1	1
6	0	0	0	0	0	1	0	1	1	1	1	1	0	1	0	1	1	1	1	1
7	0	0	0	0	0	1	0	1	1	1	1	1	1	1	1	1	1	1	1	1

u	p_{34}	p_{35}	p_{36}	p_{37}	p_{38}	p_{39}	p_{40}	p_{41}	p_{42}	p_{43}	p_{44}	p_{45}	p_{46}	p_{47}	p_{48}	p_{49}	p_{50}	p_{51}	p_{52}	p_{53}
0	0	0	0	0	0	0	0	0	0	0	0	0	0	0	0	0	0	0	0	0
1	0	0	0	1	0	0	0	0	0	0	0	0	0	1	0	0	0	0	0	0
2	0	0	1	0	1	0	0	0	0	0	0	0	1	0	1	0	0	0	0	0
3	0	0	1	0	1	0	0	0	1	0	0	0	1	0	1	0	0	0	0	1
4	0	0	0	1	0	1	0	1	0	1	0	0	0	1	0	1	0	1	0	1
5	0	0	0	1	0	1	0	1	1	1	0	0	0	1	0	1	0	1	1	1
6	0	1	0	1	0	1	1	1	1	1	0	0	0	1	0	1	0	1	1	1
7	0	1	0	1	1	1	1	1	1	1	0	0	0	1	1	1	0	1	1	1

表 4.65　$\delta(p_i) = \delta(i_1, p_i)$ 的定义

i_1	p_{27}	p_{28}	p_{29}	p_{30}	p_{31}	p_{32}	p_{33}	p_{34}	p_{35}	p_{36}	p_{37}	p_{38}	p_{39}	p_{40}
$3k$	-3	-3	0	-3	0	-3	0	-3	-3	-3	0	0	0	0
$3k+1$	-1	-4	-1	-4	-1	-1	-1	-1	-4	-1	-1	-1	-1	-1
$3k+2$	-2	-2	-2	-2	-2	-2	-2	-2	-2	-2	1	-2	-2	-2

i_1	p_{41}	p_{42}	p_{43}	p_{44}	p_{45}	p_{46}	p_{47}	p_{48}	p_{49}	p_{50}	p_{51}	p_{52}	p_{53}	其他
$3k$	-3	0	-3	0	0	-3	0	0	0	-3	-3	0	0	0
$3k+1$	-1	-1	-1	-1	-1	-1	-1	-1	-1	-1	-1	-1	-1	0
$3k+2$	1	1	-2	-2	-2	-2	1	-2	1	-2	1	-2	-2	0

现在来详细验证 $m(\cdot)$ 满足推论 4.1.1 中的 4 个条件, 且其对应的差序列为 F 类.

(i) 点. 验证: 对任意 $p_i \in V_3$, 有 $0 \leqslant m(p_i) \leqslant i_0$. 表 4.66 给出了 $i_0 - m(p_i)$ 的值. 由表 4.63~4.66 易知, $i_0 - m(p_i) \geqslant 0$, 且仅当 $i = 1$ 时取等号, p_1 为唯一最重点.

当 $i \in \{3, 9, 12, 15\}$ 时, 由 $i_0 + i_1 \geqslant 4$ 得 $8i_0 - 8b - 4 \geqslant 4 + t$, 所以 $4m(p_i) = 4i_0 - 8b - 4 - 4\lambda(p_i) \geqslant 4 + t - 4\lambda(p_i)$, 因此由 $\lambda(p_i)$ 的定义, 我们有 $4m(P_i) \geqslant 1$.

表 4.66　$i_0 - m(p_i)$ 的值

p_i	$i_0 - m(p_i)$
p_1	0
p_3, p_9, p_{12}, p_{15}	$2b + 1 + \lambda(p_i)$
$p_4, p_5, p_{10}, p_{11}, p_{13}, p_{14}, p_{16}, p_{17}$	$3b + c + 2 + \epsilon(p_i) + \lambda(p_i)$
p_{27}, p_{28}, p_{29}	$\dfrac{8b + t + 4 - \delta(p_i)}{3} + \epsilon(p_i)$
其他	$\dfrac{8b + t + 4 - \delta(p_i)}{3} + c + \epsilon(p_i)$

当 $i \in \{4, 5, 10, 11, 13, 14, 16, 17\}$ 时, 由 $i_2 - i_0 \geqslant 0$ 得

$$8i_0 - 24b - 8c - 16 \geqslant 3t + u,$$

所以

$$8m(p_i) = 8i_0 - 24b - 8c - 16 - 8\epsilon(p_i) - 8\lambda(p_i)$$
$$\geqslant 3t + u - 8\epsilon(p_i) - 8\lambda(p_i).$$

由 $\epsilon(p_i)$ 及 $\lambda(p_i)$ 的取值, 可得 $8m(p_i) \geqslant -7$.

同样, 当 $i \in \{27, 28, \cdots, 53\}$ 时, 由 $(i_1 + 4)/3 \leqslant i_0 \leqslant i_2$, 得 $i_1 \geqslant 3c + 3u/8 + 2$, 所以

$$\frac{1}{3}(i_1 + \delta(p_i)) - c - \epsilon(p_i) \geqslant \frac{u}{8} + \frac{2 + \delta(p_i)}{3} - \epsilon(p_i) \geqslant -\frac{23}{24}.$$

因此, 对任意 $p_i \in PG(3, 3)$, $m(p_i) \geqslant 0$ 成立.

(ii) 线. 验证: 对任意线 $l \in V_3$, 有 $m(l) \leqslant i_0 + i_1$. 表 4.67 给出了 $i_0 + i_1 - m(l)$ 的值. 由表 4.63~4.65 及 4.67, 易知 $i_0 + i_1 - m(l) \geqslant 0$, 且仅当 $l^* = \{p_3, p_9, p_{12}, p_{15}\}$ 时取等号, l^* 是唯一最重线. 注意到: $p_1 \notin l^*$.

(iii) 面. 验证: 对任意面 $P \in V_3$, 有 $m(P) \leqslant i_0 + i_1 + i_2$. 表 4.68 给出了 $i_0 + i_1 + i_2 - m(P)$ 的值. 由表 4.63~4.65 及 4.68, 易知 $i_0 + i_1 + i_2 - m(P) \geqslant 0$, 且仅当 $P^* = \langle p_1, p_3, p_{15} \rangle$ 时取等号, P^* 为最重面. 注意到: $p_1 \in P^*$, $l^* \subset P^*$.

(iv) 体. 验证: $m(V_3) = i_0 + i_1 + i_2 + i_3$. 这一点由 $m(\cdot)$ 的定义, $i_3 = 3i_2$ 及表 4.63~4.65 易得.

综上所述, 构造 4.4.3 对应的 $(i_0, i_1, i_2, 3i_2)$ 是 F 类差序列, 核是 $\Gamma = \{\{p_1\}, l^*, P^*\}$, 且 $m(\Gamma) = i_0 + i_1 + i_2$. 类似地, 由引理 4.3.4, 易知 $1 \leqslant i_3 \leqslant 3i_2$ 时, (i_0, i_1, i_2, i_3) 是 F 类差序列. □

表 4.67 $i_0 + i_1 - m(l)$ 的值

l	$i_0 + i_1 - m(l)$
$\{p_3, p_9, p_{12}, p_{15}\}$	0
$\{p_1, p_3, p_4, p_5\}, \{p_1, p_9, p_{10}, p_{11}\}, \{p_1, p_{12}, p_{13}, p_{14}\}$ $\{p_1, p_{15}, p_{16}, p_{17}\}$	$2c + 1 - t + \sum \epsilon(p_i) + \sum \lambda(p_i)$
$\{p_1, p_{27}, p_{28}, p_{29}\}$	$\sum \epsilon(p_i) - \dfrac{\sum \delta(p_i)}{3}$
$\{p_1, p_{30}, p_{31}, p_{32}\}, \{p_1, p_{33}, p_{34}, p_{35}\}, \{p_1, p_{36}, p_{37}, p_{38}\},$ $\{p_1, p_{39}, p_{40}, p_{41}\}, \{p_1, p_{42}, p_{43}, p_{44}\}, \{p_1, p_{45}, p_{46}, p_{47}\},$ $\{p_1, p_{48}, p_{49}, p_{50}\}, \{p_1, p_{51}, p_{52}, p_{53}\}$	$3c + \sum \epsilon(p_i) - \dfrac{\sum \delta(p_i)}{3}$
$\{p_3, p_{10}, p_{13}, p_{16}\}, \{p_3, p_{11}, p_{14}, p_{17}\}, \{p_4, p_9, p_{13}, p_{17}\},$ $\{p_4, p_{10}, p_{14}, p_{15}\}, \{p_4, p_{11}, p_{12}, p_{16}\}, \{p_5, p_9, p_{14}, p_{16}\},$ $\{p_5, p_{10}, p_{12}, p_{17}\}, \{p_5, p_{11}, p_{13}, p_{15}\}$	$3b + 3c + 3 - t + \sum \epsilon(p_i) + \sum \lambda(p_i)$
$\{p_3, p_{27}, p_{30}, p_{33}\}, \{p_3, p_{28}, p_{31}, p_{34}\}, \{p_3, p_{29}, p_{32}, p_{35}\},$ $\{p_9, p_{27}, p_{36}, p_{45}\}, \{p_9, p_{28}, p_{37}, p_{46}\}, \{p_9, p_{29}, p_{38}, p_{47}\},$ $\{p_{12}, p_{27}, p_{39}, p_{51}\}, \{p_{12}, p_{28}, p_{40}, p_{52}\}, \{p_{12}, p_{29}, p_{41}, p_{53}\},$ $\{p_{15}, p_{27}, p_{42}, p_{48}\}, \{p_{15}, p_{28}, p_{43}, p_{49}\}, \{p_{15}, p_{29}, p_{44}, p_{50}\}$	$2b + 2c + 1 + \sum \epsilon(p_i) + \sum \lambda(p_i) - \dfrac{\sum \delta(p_i)}{3}$
$\{p_3, p_{36}, p_{39}, p_{42}\}, \{p_3, p_{37}, p_{40}, p_{43}\}, \{p_3, p_{38}, p_{41}, p_{44}\},$ $\{p_3, p_{45}, p_{48}, p_{51}\}, \{p_3, p_{46}, p_{49}, p_{52}\}, \{p_3, p_{47}, p_{50}, p_{53}\},$ $\{p_9, p_{39}, p_{48}, p_{39}\}, \{p_3, p_{31}, p_{49}, p_{40}\}, \{p_9, p_{32}, p_{50}, p_{41}\},$ $\{p_9, p_{33}, p_{42}, p_{51}\}, \{p_9, p_{34}, p_{43}, p_{52}\}, \{p_9, p_{35}, p_{44}, p_{53}\},$ $\{p_{12}, p_{30}, p_{42}, p_{45}\}, \{p_{12}, p_{31}, p_{43}, p_{46}\}, \{p_{12}, p_{32}, p_{44}, p_{47}\},$ $\{p_{12}, p_{33}, p_{36}, p_{48}\}, \{p_{12}, p_{34}, p_{37}, p_{49}\}, \{p_{12}, p_{35}, p_{38}, p_{50}\},$ $\{p_{15}, p_{30}, p_{36}, p_{51}\}, \{p_{15}, p_{31}, p_{37}, p_{52}\}, \{p_{15}, p_{32}, p_{38}, p_{53}\},$ $\{p_{15}, p_{33}, p_{39}, p_{45}\}, \{p_{15}, p_{34}, p_{40}, p_{46}\}, \{p_{15}, p_{35}, p_{41}, p_{47}\}$	$2b + 3c + 1 + \sum \epsilon(p_i) + \sum \lambda(p_i) - \dfrac{\sum \delta(p_i)}{3}$
其他	$3b + ac + 2 + \sum \epsilon(p_i) + \sum \lambda(p_i) - \dfrac{\sum \delta(p_i)}{3},$ 其中 $a = 3$ 或 4

4.4.5 G 类

定理 4.4.5 设 C 为 4 维 3 元线性码, 则正整数序列 (i_0, i_1, i_2, i_3) 成为某个码 C 的 G 类差序列的充要条件是:

(i) $i_1 \leqslant 3i_0 - 4$;

(ii) $i_0 + 1 \leqslant i_2 \leqslant 3i_1 - 4$;

(iii) $\max(i_0 + 1, i_1 + 1) \leqslant i_3 \leqslant 3i_2 - 4$.

证明 必要性. 在定理 4.2.8(i)$\sim$(iii) 中, 取 $q = 3$ 可得上界; 由引理 4.3.3(v), (vii), (x) 可得下界.

表 4.68　$i_0 + i_1 + i_2 - m(P)$ 的值

P	$i_0 + i_1 + i_2 - m(P)$
$\{p_1, p_3, p_4, p_5, p_9, p_{10}, p_{11}, p_{12}, p_{13}, p_{14}, p_{15}, p_{16}, p_{17}\}$	0
$\{p_1, p_3, p_4, p_5, p_{27}, p_{28}, p_{29}, p_{30}, p_{31}, p_{32}, p_{33}, p_{34}, p_{35}\}$,	$-t - u - 3 + \sum \epsilon(p_i) + \sum \lambda(p_i) - \dfrac{\sum \delta(p_i)}{3}$
$\{p_1, p_9, p_{10}, p_{11}, p_{27}, p_{28}, p_{29}, p_{36}, p_{37}, p_{38}, p_{45}, p_{46}, p_{47}\}$,	
$\{p_1, p_{12}, p_{13}, p_{14}, p_{27}, p_{28}, p_{29}, p_{39}, p_{40}, p_{41}, p_{51}, p_{52}, p_{53}\}$,	
$\{p_1, p_{15}, p_{16}, p_{17}, p_{27}, p_{28}, p_{29}, p_{42}, p_{43}, p_{44}, p_{48}, p_{49}, p_{50}\}$	
$\{p_1, p_3, p_4, p_5, p_{36}, p_{37}, p_{38}, p_{39}, p_{40}, p_{41}, p_{42}, p_{43}, p_{44}\}$,	$-t - u - 3 + 3c + \sum \epsilon(p_i) + \sum \lambda(p_i) - \dfrac{\sum \delta(p_i)}{3}$
$\{p_1, p_3, p_4, p_5, p_{45}, p_{46}, p_{47}, p_{48}, p_{49}, p_{50}, p_{51}, p_{52}, p_{53}\}$,	
$\{p_1, p_9, p_{10}, p_{11}, p_{30}, p_{31}, p_{32}, p_{39}, p_{40}, p_{41}, p_{48}, p_{49}, p_{50}\}$,	
$\{p_1, p_9, p_{10}, p_{11}, p_{33}, p_{34}, p_{35}, p_{42}, p_{43}, p_{44}, p_{45}, p_{46}, p_{47}\}$,	
$\{p_1, p_{12}, p_{13}, p_{14}, p_{30}, p_{31}, p_{32}, p_{42}, p_{43}, p_{44}, p_{45}, p_{46}, p_{47}\}$,	
$\{p_1, p_{12}, p_{13}, p_{14}, p_{33}, p_{34}, p_{35}, p_{36}, p_{37}, p_{38}, p_{48}, p_{49}, p_{50}\}$,	
$\{p_1, p_{15}, p_{16}, p_{17}, p_{30}, p_{31}, p_{32}, p_{36}, p_{37}, p_{38}, p_{51}, p_{52}, p_{53}\}$,	
$\{p_1, p_{15}, p_{16}, p_{17}, p_{33}, p_{34}, p_{35}, p_{39}, p_{40}, p_{41}, p_{45}, p_{46}, p_{47}\}$	
$\{p_3, p_9, p_{12}, p_{15}, p_{27}, p_{30}, p_{33}, p_{36}, p_{39}, p_{42}, p_{45}, p_{48}, p_{51}\}$,	$-t - u - 4 + \sum \epsilon(p_i) + \sum \lambda(p_i) - \dfrac{\sum \delta(p_i)}{3}$
$\{p_3, p_9, p_{12}, p_{15}, p_{28}, p_{31}, p_{34}, p_{37}, p_{40}, p_{43}, p_{46}, p_{49}, p_{52}\}$,	
$\{p_3, p_9, p_{12}, p_{15}, p_{29}, p_{32}, p_{35}, p_{38}, p_{41}, p_{44}, p_{47}, p_{50}, p_{53}\}$	
其他 24 个面	$3b + 3c - t - u - 1 + \sum \epsilon(p_i) + \sum \lambda(p_i) - \dfrac{\sum \delta(p_i)}{3}$

充分性. 需要用 2 个构造.

构造 4.4.4　设 (i), (ii) 满足, 且 $i_3 = 3i_2 - 4$. 由此可得

$$i_0 \geqslant 3, \quad i_1 \geqslant 3, \quad i_2 \geqslant 4.$$

用以下式子定义非负整数参数 b, s, c, t:

$$i_1 = 3i_0 - 4 - 8b - s, \quad i_2 = 3i_1 - 4 - 8c - t,$$

这里 $s, t \in \{0, 1, \cdots, 7\}$. 定义 $m_1(\cdot)$ 如下:

$$m_1(p_i) = \begin{cases} i_0, & i = 1, \\ i_0 - 2b - 1 - \lambda(p_i), & i = 5, 11, 13, 15, \\ (i_1 + \delta(p_i))/3, & i = 45, 46, 47, \\ (i_1 + \delta(p_i))/3 - c - \epsilon(p_i), & i = 27, 28, 29, 30, 31, 32, 33, 34, 35, \\ & \quad 36, 37, 38, 39, 40, 41, 42, 43, \\ & \quad 43, 44, 48, 49, 50, 51, 52, 53, \\ i_0 - 3b - c - 2 - \lambda(p_i) - \epsilon(p_i), & i = 3, 4, 9, 10, 12, 14, 16, 17, \end{cases}$$

其中 $\lambda(p_i)$, $\epsilon(p_i)$, $\delta(p_i)$ 分别由表 4.69~4.71 给出定义.

表 4.69 $\lambda(p_i) = \lambda(s, p_i)$ 的定义

s	p_5	p_{11}	p_{13}	p_{15}	p_3	p_4	p_9	p_{10}	p_{12}	p_{14}	p_{16}	p_{17}	其他
0	0	0	0	0	1	0	0	0	0	0	0	0	0
1	0	0	0	1	1	1	0	1	1	0	0	0	0
2	0	0	1	1	1	1	1	1	1	0	1	1	0
3	1	0	1	1	2	1	1	2	1	1	1	1	0
4	1	0	1	2	2	2	2	2	2	1	1	1	0
5	1	1	1	2	2	2	2	2	2	2	2	2	0
6	1	1	2	2	3	3	2	3	2	2	2	2	0
7	2	1	2	2	3	3	3	3	3	2	2	3	0

表 4.70 $\epsilon(p_i) = \epsilon(t, p_i)$ 的定义

t	p_3	p_4	p_9	p_{10}	p_{12}	p_{14}	p_{16}	p_{17}	p_{27}	p_{28}	p_{29}	p_{30}	p_{31}	p_{32}	p_{33}	p_{34}	p_{35}
0	0	0	0	0	0	0	0	0	0	0	0	0	0	0	0	1	0
1	0	0	0	0	0	1	0	0	0	0	1	1	0	0	0	1	0
2	0	0	0	0	0	1	1	0	0	0	1	1	0	0	1	1	0
3	0	0	0	0	0	1	1	1	0	1	1	1	0	1	1	1	0
4	0	0	1	0	0	1	1	1	0	1	1	1	0	1	1	1	0
5	0	0	1	0	1	1	1	1	0	1	1	1	0	1	1	1	0
6	0	1	1	0	1	1	1	1	0	1	1	1	0	1	1	1	0
7	0	1	1	1	1	1	1	1	0	1	1	1	1	1	1	1	1

t	p_{36}	p_{37}	p_{38}	p_{39}	p_{40}	p_{41}	p_{42}	p_{43}	p_{44}	p_{48}	p_{49}	p_{50}	p_{51}	p_{52}	p_{53}	其他
0	0	0	0	0	0	0	0	1	0	0	0	0	0	1	0	0
1	0	0	0	0	0	0	1	1	0	0	0	0	0	1	0	0
2	0	0	1	0	0	0	1	1	0	0	1	0	0	1	0	0
3	0	0	1	1	0	0	1	1	0	0	1	0	0	1	0	0
4	0	0	1	1	0	0	1	1	0	0	1	1	1	1	0	0
5	0	1	1	1	1	1	1	1	0	0	1	1	1	1	1	0
6	1	1	1	1	1	1	1	1	1	1	1	1	1	1	1	0
7	1	1	1	1	1	1	1	1	1	1	1	1	1	1	2	0

表 4.71 $\delta(p_i) = \delta(i_1, p_i)$ 的定义

i_1	p_{27}	p_{28}	p_{29}	p_{30}	p_{31}	p_{32}	p_{33}	p_{34}	p_{35}	p_{36}	p_{37}	p_{38}	p_{39}	p_{40}
$3k$	-3	0	0	0	-3	-3	0	0	-3	-3	0	0	0	-3
$3k+1$	-1	-1	-1	-1	-4	-1	-1	-1	-1	-1	-1	-1	-1	-1
$3k+2$	-2	-2	1	-2	-2	-2	1	-2	-2	-2	-2	1	-2	-2

i_1	p_{41}	p_{42}	p_{43}	p_{44}	p_{45}	p_{46}	p_{47}	p_{48}	p_{49}	p_{50}	p_{51}	p_{52}	p_{53}	其他
$3k$	-3	0	0	-3	-3	0	0	-3	0	-3	-3	0	0	0
$3k+1$	-4	-1	-1	-1	-1	-1	-1	-4	-1	-1	-1	-1	-1	0
$3k+2$	-2	-2	1	-2	-2	-2	1	-2	-2	-2	-2	-2	1	0

现在来详细验证 $m_1(\cdot)$ 满足推论 4.1.1 中的 4 个条件, 且其对应的差序列为 G 类.

(i) 点. 验证: 对任意 $p_i \in V_3$, 有 $0 \leqslant m(p_i) \leqslant i_0$. 表 4.72 给出了 $i_0 - m_1(p_i)$ 的值. 由表 4.69~4.72, 易知 $i_0 - m(p_i) \geqslant 0$, 且仅当 $i = 1$ 时取等号, p_1 为唯一最重点.

表 4.72　$i_0 - m_1(p_i)$ 的值

p_i	$i_0 - m_1(p_i)$
p_1	0
$p_5, p_{11}, p_{13}, p_{15}$	$2b + 1 + \lambda(p_i)$
p_{45}, p_{46}, p_{47}	$\dfrac{3i_0 - i_1 - \delta(p_i)}{3} = \dfrac{8b + s + 4 - \delta(p_i)}{3}$
$p_{27}, p_{28}, p_{29}, p_{30}, p_{31}, p_{32}, p_{33}, p_{34}, p_{35}, p_{36}, p_{37}, p_{38},$ $p_{39}, p_{40}, p_{41}, p_{42}, p_{43}, p_{44}, p_{48}, p_{49}, p_{50}, p_{51}, p_{52}, p_{53}$	$\dfrac{3i_0 - i_1 - \delta(p_i)}{3} + c + \epsilon(p_i) = \dfrac{8b + s + 4 - \delta(p_i)}{3} + c + \epsilon(p_i)$
$p_3, p_4, p_9, p_{10}, p_{12}, p_{14}, p_{16}, p_{17}$	$3b + c + 2 + \lambda(p_i) + \epsilon(p_i)$

当 $i \in \{27, 28, \cdots, 53\}$ 时, 由定理的条件 (i), (ii), 知 $\dfrac{i_1 + 4}{3} \leqslant i_0 \leqslant i_2 - 1$, 可得

$$8i_1 - 24c \geqslant 3t + 19,$$

所以

$$24m_1(p_i) = 8i_1 + 8\delta(p_i) - 24c - 24\epsilon(p_i)$$
$$\geqslant 3t + 19 + 8\delta(p_i) - 24\epsilon(p_i).$$

由 $\delta(p_i)$ 及 $\epsilon(p_i)$ 的取值, 可得 $24m_1(p_i) \geqslant -23$.

同样, 当 $i \in \{3, 4, 9, 10, 12, 14, 16, 17\}$ 时, 由 $i_2 \geqslant i_0 + 1$ 得

$$8i_0 - 24b - 8c \geqslant 3s + t + 17,$$

所以

$$8m_1(p_i) = 8i_0 - 24b - 8c - 16 - 8\lambda(p_i) - 8\epsilon(p_i)$$
$$\geqslant 3s + t + 1 - 8\lambda(p_i) - 8\epsilon(p_i) \geqslant -7.$$

对其他 $p_i \in PG(3, 3)$, 可类似证明 $m_1(p_i) \geqslant 0$ 成立.

(ii) 线. 验证: 对任意线 $l \in V_3$, 有 $m(l) \leqslant i_0 + i_1$. 表 4.73 给出了 $i_0 + i_1 - m_1(l)$ 的值. 由表 4.69~4.71 及 4.73, 易知 $i_0 + i_1 - m(l) \geqslant 0$, 且仅当 $l^* = \{p_5, p_{11}, p_{13}, p_{15}\}$ 时取等号, l^* 是唯一最重线. 注意到: $p_1 \notin l^*$.

表 4.73 $i_0 + i_1 - m_1(l)$ 的值

l	$i_0 + i_1 - m_1(l)$
$\{p_5, p_{11}, p_{13}, p_{15}\}$	$-s + \sum \lambda(p_i) = 0$
$\{p_1, p_{45}, p_{46}, p_{47}\}$	$-\sum \frac{1}{3}\delta(p_i) = 1$
$\{p_1, p_3, p_4, p_5\}, \{p_1, p_9, p_{10}, p_{11}\}, \{p_1, p_{12}, p_{13}, p_{14}\},$ $\{p_1, p_{15}, p_{16}, p_{17}\}$	$2c - s + 1 + \sum \lambda(p_i) +$ $\sum \epsilon(p_i)$
$\{p_1, p_{27}, p_{28}, p_{29}\}, \{p_1, p_{30}, p_{31}, p_{32}\}, \{p_1, p_{33}, p_{34}, p_{35}\},$ $\{p_1, p_{36}, p_{37}, p_{38}\}, \{p_1, p_{39}, p_{40}, p_{41}\}, \{p_1, p_{42}, p_{43}, p_{44}\},$ $\{p_1, p_{48}, p_{49}, p_{50}\}, \{p_1, p_{51}, p_{52}, p_{53}\}$	$3c - \sum \frac{1}{3}\delta(p_i) + \sum \epsilon(p_i)$
$\{p_3, p_9, p_{12}, p_{15}\}, \{p_3, p_{11}, p_{14}, p_{17}\}, \{p_3, p_{10}, p_{13}, p_{16}\},$ $\{p_4, p_9, p_{13}, p_{17}\}, \{p_4, p_{10}, p_{14}, p_{15}\}, \{p_4, p_{11}, p_{12}, p_{16}\},$ $\{p_5, p_9, p_{14}, p_{16}\}, \{p_5, p_{10}, p_{12}, p_{17}\}$	$3b + 3c - s + 3 +$ $\sum \lambda(p_i) + \sum \epsilon(p_i)$
$\{p_5, p_{45}, p_{50}, p_{52}\}, \{p_5, p_{46}, p_{48}, p_{53}\}, \{p_5, p_{47}, p_{49}, p_{51}\},$ $\{p_{11}, p_{27}, p_{38}, p_{46}\}, \{p_{11}, p_{28}, p_{36}, p_{47}\}, \{p_{11}, p_{29}, p_{37}, p_{45}\},$ $\{p_{13}, p_{30}, p_{43}, p_{47}\}, \{p_{13}, p_{31}, p_{44}, p_{45}\}, \{p_{13}, p_{32}, p_{42}, p_{46}\},$ $\{p_{15}, p_{33}, p_{39}, p_{45}\}, \{p_{15}, p_{34}, p_{40}, p_{46}\}, \{p_{15}, p_{35}, p_{41}, p_{47}\}$	$2b + 2c + 1 - \sum \frac{1}{3}\delta(p_i) +$ $\sum \lambda(p_i) + \sum \epsilon(p_i)$
$\{p_3, p_{45}, p_{48}, p_{51}\}, \{p_3, p_{46}, p_{49}, p_{52}\}, \{p_3, p_{47}, p_{50}, p_{53}\},$ $\{p_4, p_{45}, p_{49}, p_{53}\}, \{p_4, p_{46}, p_{50}, p_{51}\}, \{p_4, p_{47}, p_{48}, p_{52}\},$ $\{p_9, p_{27}, p_{36}, p_{45}\}, \{p_9, p_{28}, p_{37}, p_{46}\}, \{p_9, p_{29}, p_{38}, p_{47}\},$ $\{p_{10}, p_{27}, p_{37}, p_{47}\}, \{p_{10}, p_{28}, p_{38}, p_{45}\}, \{p_{10}, p_{29}, p_{36}, p_{46}\},$ $\{p_{12}, p_{30}, p_{42}, p_{45}\}, \{p_{12}, p_{31}, p_{43}, p_{46}\}, \{p_{12}, p_{32}, p_{44}, p_{47}\},$ $\{p_{14}, p_{30}, p_{44}, p_{46}\}, \{p_{14}, p_{31}, p_{42}, p_{47}\}, \{p_{14}, p_{32}, p_{43}, p_{45}\},$ $\{p_{16}, p_{33}, p_{40}, p_{47}\}, \{p_{16}, p_{34}, p_{41}, p_{45}\}, \{p_{16}, p_{35}, p_{39}, p_{46}\},$ $\{p_{17}, p_{33}, p_{41}, p_{46}\}, \{p_{17}, p_{34}, p_{39}, p_{47}\}, \{p_{17}, p_{35}, p_{40}, p_{45}\}$	$3b + 3c + 2 - \sum \frac{1}{3}\delta(p_i) +$ $\sum \lambda(p_i) + \sum \epsilon(p_i)$
其他	$2b + 3c + 1 - \sum \frac{1}{3}\delta(p_i) +$ $\sum \lambda(p_i) + \sum \epsilon(p_i)$ 或 $3b + 4c + 2 - \sum \frac{1}{3}\delta(p_i) +$ $\sum \lambda(p_i) + \sum \epsilon(p_i)$

(iii) 面. 验证: 对任意面 $P \in V_3$, 有 $m(P) \leqslant i_0 + i_1 + i_2$. 表 4.74 给出了 $i_0 + i_1 + i_2 - m_1(P)$ 的值. 由表 4.69~4.71 及 4.74, 易知 $i_0 + i_1 + i_2 - m_1(P) \geqslant 0$, 且仅当 $P^* = \langle p_1, p_{11}, p_{45} \rangle$ 时取等号, $P_1 = \langle p_5, p_9, p_{47} \rangle$ 时可能取等号. 注意到: $p_1 \in P^*$, $l^* \not\subset P^*$; $p_1 \notin P_1$, $l^* \not\subset P_1$.

(iv) 体. 验证: $m(V_3) = i_0 + i_1 + i_2 + i_3$. 这一点由 $m_1(\cdot)$ 的定义, $i_3 = 3i_2 - 4$ 及表 4.69~4.71 易得.

综上所述, 构造 4.4.4 对应的 $(i_0, i_1, i_2, 3i_2 - 4)$ 是 G 类差序列, 核是 $\Gamma = \{\{p_1\}, l^*, P^*\}$, 且 $m_1(\Gamma) = (i_0 + i_1 + i_2) + (i_0 + i_1) - m(p_{11})$. 这里 $p_{11} = P^* \cap l^*$.

表 4.74　$i_0+i_1+i_2-m_1(P)$ 的值

P	$i_0+i_1+i_2-m_1(P)$
$\langle p_1,p_{11},p_{45}\rangle$	$-3-s-t-\sum\frac{1}{3}\delta(p_i)+\sum\lambda(p_i)+\sum\epsilon(p_i)=0$
$\langle p_1,p_5,p_{11}\rangle$	$-4s-t+\sum\lambda(p_i)+\sum\epsilon(p_i)=1$
$\langle p_1,p_5,p_{45}\rangle,\langle p_1,p_{13},p_{45}\rangle,\langle p_1,p_{15},p_{45}\rangle$	$-3-s-t-\sum\frac{1}{3}\delta(p_i)+\sum\lambda(p_i)+\sum\epsilon(p_i)$
$\langle p_1,p_5,p_{29}\rangle,\langle p_1,p_5,p_{37}\rangle,\langle p_1,p_{11},p_{50}\rangle,$ $\langle p_1,p_{11},p_{52}\rangle,\langle p_1,p_{13},p_{37}\rangle,\langle p_1,p_{13},p_{29}\rangle,$ $\langle p_1,p_{15},p_{29}\rangle,\langle p_1,p_{15},p_{37}\rangle$	$3c-s-t-3-\sum\frac{1}{3}\delta(p_i)+\sum\lambda(p_i)+\sum\epsilon(p_i)$
$\langle p_5,p_{11},p_{45}\rangle,\langle p_5,p_{11},p_{46}\rangle,\langle p_5,p_{11},p_{47}\rangle$	$-4-s-t-\sum\frac{1}{3}\delta(p_i)+\sum\lambda(p_i)+\sum\epsilon(p_i)$
其他	$3b+3c-s-t-1-\sum\frac{1}{3}\delta(p_i)+\sum\lambda(p_i)+\sum\epsilon(p_i)$

由引理 4.3.4, 易知 $i_0+i_1-m_1(p_{11})\leqslant i_3\leqslant 3i_2-4$ 时, (i_0,i_1,i_2,i_3) 是 G 类差序列. 下面对剩下的 i_3 给出相应的构造.

构造 4.4.5　因为 $i_0+i_1-m_1(p_{11})=i_1+2b+1+\lambda(p_{11})$, 所以用下式定义新的正整数参数 u:

$$1\leqslant u\leqslant 2b+\lambda(p_{11})+\min(0,i_1-i_0).$$

在 $m_1(\cdot)$ 的基础上定义 $m_2(\cdot)$ 如下:

$$m_2(p_i)=\begin{cases} m_1(p_i), & i=1,27,28,29 \\ & \quad 36,37,38 \\ m_1(p_i)+u, & i=11, \\ m_1(p_i)-\frac{1}{3}(u-\eta(p_i)), & i=5,13,15, \\ m_1(p_i)+\xi(p_i)-\frac{1}{2}(\max(0,u-2c)-\eta(p_i)), & i=9,10, \\ m_1(p_i)-\xi(p_i)-\frac{1}{3}(\min(2c,u)-\eta(p_i)), & i=45,46,47, \\ 0, & \text{其他}, \end{cases}$$

其中 $\eta(p_i)=\eta(c,u,p_i)$, $\xi(p_i)=\xi(c,u,t,p_i)$, 由表 4.75 和 4.76 给出定义.

可以验证函数 $m_2(\cdot)$ 有意义, 即对于任意 $p_i\in PG(3,3)$, 都有 $m_2(p_i)\geqslant 0$. 由表 4.76 可以验证: $m_2(\cdot)$ 与 $m_1(\cdot)$ 比, 变重的点只有 p_{11}. 易知 $m_2(p_{11})<i_0$, 即 p^* 仍是唯一最重点. 然后考查过 p_{11} 的所有线 l, 都有 $i_0+i_1-m_2(l)>0$,

表 4.75 $\eta(p_i) = \eta(c, u, p_i)$ 的定义

u	p_5	p_{13}	p_{15}	$\max(0, u-2c)$	p_9	p_{10}	$\min(2c, u)$	p_{45}	p_{46}	p_{47}
$3k$	0	0	0	偶	0	0	$3k$	0	0	0
$3k+1$	-2	1	1	奇	-1	1	$3k+1$	-2	1	1
$3k+2$	-1	-1	2				$3k+2$	-1	2	-1

表 4.76 $\xi(p_i) = \xi(c, u, t, p_i)$ 的定义

$u-2c$	p_9	p_{10}	p_{45}	p_{46}	p_{47}
$\geqslant 2$	$\epsilon(p_9)$	$\epsilon(p_{10})$	0	$\epsilon(p_9)$	$\epsilon(p_{10})$
1	$\epsilon(p_9)$	0	0	$\epsilon(p_9)$	0
$\leqslant 0$	0	0	0	0	0

即 l^* 仍是唯一最重线. 最后验证过 p_{11} 的其他面均比最重面轻, 另外, 构造 4.4.4 中可能的最重面 $\langle p_5, p_9, p_{47} \rangle$ 也比 P^* 要轻, 即 P^* 是唯一的最重面. 上述计算均略去. □

4.4.6 I 类

定理 4.4.6 设 C 为 4 维 3 元线性码, 则正整数序列 (i_0, i_1, i_2, i_3) 成为某个码 C 的 I 类差序列的充要条件是:

(i) $(i_0 + 4)/3 \leqslant i_1 \leqslant 3i_0 - 4$;

(ii) $i_0 + 1 \leqslant i_2, i_2 \leqslant \min((9(i_0 + i_1) - 13)/4 - \vartheta, 3i_0/2 + 3i_1 - 9/2 - \vartheta_1, 6i_1 - 9, i_0 + 4i_1 - 6)$;

(iii) $\max(i_0 + i_1 + 1, 2i_0 + 1, i_0 + (i_2 + 4)/3, i_0 - 3i_1 + i_2 + 6) \leqslant i_3, i_3 \leqslant \min(12i_1 - i_2 - 13, 3i_2 - 4)$.

其中

$$\vartheta = \begin{cases} 0, & \text{当 } 3i_0 - i_1 \equiv 3 (\bmod\ 4), \\ 3i_0 - i_1 (\bmod\ 4) \text{且 } \vartheta \in \{0, 1, 2\}, & \text{其他}, \end{cases}$$

$$\vartheta_1 = \begin{cases} 1, & \text{当 } i_0 \text{ 为奇数}, \\ 0, & \text{其他}. \end{cases}$$

本定理的证明很长, 且很复杂. 可在文献 [21] 中找到, 长达 40 多页, 这里略去.

最后指出: 按定义 2.3.1, 可行序列分为 I 型、II 型两类. 对于 4 维 3 元

码, I 型可行序列 (即链可行序列) 中扣除定理 4.4.1(iv) 所示的 3 种例外序
列后, 就得到了所有 A 类重量谱. 关于 II 型可行序列, 文献 [13] 推广了文
献 [80] 的组合方法后, 得到以下结果:

定理 4.4.7　设 C 为 4 维 3 元线性码, 则 II 型可行序列 $A = (a_1, a_2, a_3, a_4)$ 成为某个码 C 的重量谱的充要条件是 $A \notin \mathcal{A}$, 这里

$$\mathcal{A} = \{(m+p, m+9l+\beta-3\epsilon+p, 13l+\beta-4\epsilon+p, m+13l+\beta-4\epsilon+p) |$$
$$1 \leqslant \beta \leqslant 2, \beta+1 \leqslant \epsilon \leqslant 3, m+\epsilon \leqslant 3l, p \geqslant 0\}.$$

证明可参见文献 [13].

4.5　4 维 4 元码的重量谱

随着 q 的增大, 确定所有重量谱的目标越来越难以达到. $q = 4$ 时, 9 类重
量谱中任意一类都未能完全确定; 即使对于最重要的 4 维 4 元 A 类重量谱也
仅有下面不完整的结果:

引理 4.5.1　设 C 为 4 维 4 元线性码, 则序列

$$(a, 1, 2, 7), \quad (a, 1, 2, 8) \quad (a \geqslant 1),$$
$$(1, 2, 7, b) \quad (1 \leqslant b \leqslant 28),$$
$$(1, 2, 8, c) \quad (1 \leqslant c \leqslant 32)$$

不是 C 的 A 类差序列.

证明　由定理 3.2.3 知, $(1,2,7)$, $(1,2,8)$ 不是 3 维 4 元码的链差序列. 再
用引理 2.3.5 即得本引理. □

应用定理 4.2.2 及构造 4.2.1 等可证明绝大部分链可行序列是链差序列.
对剩下的序列用 3.2.3 小节的遗传算法及回溯法在微机上搜索, 并结合应用引
理 2.3.6 和构造 4.2.1, 又证明了其中大部分是链差序列, 但有 2 个不是, 最后
遗憾地还剩下 28 个序列不能确定. 综上所述, 有:

结论　设 C 为 4 维 4 元线性码. 满足链可行差序列条件 (参见定理 4.2.1)

$$i_{r+1} \leqslant 4i_r \quad (i = 0, 1, 2)$$

的正整数序列 (i_0, i_1, i_2, i_3) 中, 除了引理 4.5.1 中的全部序列, 2 个序列

$(1,1,1,3)$, $(1,1,1,4)$, 以及以下所列的 28 个未知序列外, 其余的序列都是 C 的 A 类差序列:

当 $i_1 = 1$ 时, $(1,1,4,a)$ $(11 \leqslant a \leqslant 16)$;

当 $i_1 = 2$ 时, $(1,2,6,23)$, $(1,2,6,24)$;

当 $i_1 = 3$ 时, $(1,3,7,27)$, $(1,3,7,28)$, $(1,3,8,31)$, $(1,3,8,32)$, $(1,3,10,a)$, $(1,3,11,b)$ $(37 \leqslant a \leqslant 40, 41 \leqslant b \leqslant 44)$;

当 $i_1 = 5$ 时, $(2,5,17,67)$, $(2,5,17,68)$, $(2,5,18,71)$, $(2,5,18,72)$, $(2,5,20,a)$ $(75 \leqslant a \leqslant 80)$;

当 $i_1 = 7$ 时, $(2,7,27,a)$ $(105 \leqslant a \leqslant 108)$;

当 $i_1 = 9$ 时, $(3,9,33,131)$, $(3,9,33,132)$, $(3,9,34,135)$, $(3,9,34,136)$.

4.6　成果与课题

陈文德、克楼夫 [13~15,19,23,25,30] 给出了成为 4 维 q 元链差序列的充分条件 (定理 4.2.2); 确定了 4 维 q 元码 9 类差序列的紧的上界 (定理 4.2.1 及 4.2.3~4.2.10); 还确定了 9 类 4 维 2 元码的所有差序列 (定理 4.3.1~4.3.9)、A 类与 I 类 4 维 3 元码的所有差序列 (定理 4.4.1 和 4.4.6). 胡国香、程江、陈文德 [75], 刘子辉、陈文德 [84], 王勇慧、陈文德 [139], 王丽君、夏永波、陈文德 [137] 分别确定了 B 类、C 类、F 类、G 类 4 维 3 元码的所有差序列 (定理 4.4.2~4.4.5). 胡国香、陈文德 [76] 确定了 4 维 q 元码的几乎所有差序列 (定理 4.2.11). 孙旭顺、陈文德 [120] 确定了绝大部分 4 维 4 元码的 A 类差序列, 仅余下 28 个未知序列 (4.5 节).

以下课题可以进一步研究:

1. 确定 D 类、E 类、H 类 4 维 3 元码的所有差序列. 这个肯定能做到, 虽然工作量大, 但对青年人做研究是很好的入门与训练.

2. 4.2.2 小节中关于紧的上界未能达到的一些例外情况.

3. 用更好的算法与大型计算机计算, 来确定 A 类 4 维 4 元码的 28 个未知序列.

第 5 章 5 维、6 维与一般 k 维码的重量谱

维数大于 4 后, 确定一般 q 元线性码的几乎所有重量谱问题是一个挑战性的难题. 我们把 5 维码及其重量谱分为 6 个新类, 仅对 I, II 这两类解决了问题; 6 维比 5 维更困难, 仅给出了 6 维码重量谱的新的分类, 共 26 类. 一般 k 维码最困难, 我们分析了用有限射影几何方法解决难题的可能性.

本章少部分内容取自文献 [44,138], 大部分内容是首次发表的新成果.

5.1 5 维码的重量谱

5.1.1 重量谱的分类

当 $k = 5$ 时, 用引理 2.3.2 可得以下推论:

推论 5.1.1 设正整数序列 $(i_0, i_1, i_2, i_3, i_4)$ 是 $[d_5, 5; q]$ 码 C 的差序列, 则它必满足以下各必要条件:

$$i_4 \leqslant qi_3, \quad i_3 + i_4 \leqslant (q^2 + q)i_2, \quad i_2 + i_3 + i_4 \leqslant (q^3 + q^2 + q)i_1,$$

$$i_1 + i_2 + i_3 + i_4 \leqslant (q^4 + q^3 + q^2 + q)i_0,$$

$$(q^2 + q + 1)i_3 \leqslant q^3(i_0 + i_1 + i_2),$$

$$(q + 1)i_2 \leqslant q^2(i_0 + i_1), \quad i_1 \leqslant qi_0,$$

$$i_3 \leqslant qi_2 \quad \text{或} \quad i_3 > qi_2, \quad i_1 \leqslant i_4 \quad (m = 1, l = 3), \tag{5.1.1}$$

$$i_3 \leqslant \frac{q^2}{q+1}(i_1+i_2) \text{ 或 } i_3 > \frac{q^2}{q+1}(i_1+i_2) \ i_0 \leqslant i_4 \ (m=1, l=4), \tag{5.1.2}$$

$$i_2 \leqslant qi_1 \text{ 或 } i_2 > qi_1, \ i_0 \leqslant i_3 + i_4 - \frac{1}{q}i_4 \ (m=2, l=4). \tag{5.1.3}$$

式 (5.1.1)~(5.1.3) 共有 8 种组合. 但因为 $\frac{q^2}{q+1}(i_1+i_2) = qi_2 + \frac{q}{q+1}(qi_1 - i_2)$, 所以当 $i_2 > qi_1$ 时, 有 $\frac{q^2}{q+1}(i_1+i_2) \leqslant qi_2$, 当 $i_2 \leqslant qi_1$ 时, 有 $\frac{q^2}{q+1}(i_1+i_2) > qi_2$, 进而 8 种降为 6 种, 故可将上述情况分为 6 类. 把上面各式化简后, 得:

定理 5.1.1 一个差序列 $(i_0, i_1, i_2, i_3, i_4)$ 必满足以下 6 类必要条件之一:

I 类: $i_1 \leqslant qi_0, \ i_2 \leqslant qi_1, \ i_3 \leqslant qi_2, \ i_4 \leqslant qi_3$;

II 类: $i_1 \leqslant qi_0, \ \frac{i_1}{q^2} < i_2 \leqslant qi_1, \ qi_2 < i_3 \leqslant \min\left(\frac{q^2}{q+1}(i_1+i_2), (q^2+q)i_2 - i_1\right)$, $i_1 \leqslant i_4 \leqslant (q^2+q)i_2 - i_3$;

III 类: $i_1 \leqslant qi_0, \ i_2 \leqslant qi_1, \ \frac{q^2}{q+1}(i_1+i_2) < i_3 \leqslant \frac{q^3}{q^2+q+1}(i_0+i_1+i_2)$, $\max(i_0, i_1) \leqslant i_4 \leqslant (q^2+q)i_2 - i_3$;

IV 类: $i_1 \leqslant qi_0, \ qi_1 < i_2 \leqslant \frac{q^2}{q+1}(i_0+i_1), \ qi_2 < i_3 \leqslant \frac{q^3}{q^2+q+1}(i_0+i_1+i_2)$, $\max(i_0, i_1) \leqslant i_4 \leqslant (q^3+q^2+q)i_1 - i_2 - i_3$;

V 类: $i_1 \leqslant qi_0, \ qi_1 < i_2 \leqslant \frac{q^2}{q+1}(i_0+i_1), \ \frac{q^2}{q+1}(i_1+i_2) < i_3 \leqslant qi_2, \ i_0 \leqslant i_4 \leqslant (q^3+q^2+q)i_1 - i_2 - i_3$;

VI 类: $i_1 \leqslant qi_0, \quad qi_1 < i_2 \leqslant \frac{q^2}{q+1}(i_0+i_1), \quad i_3 \leqslant \frac{q^2}{q+1}(i_1+i_2)$, $\max\left(1, \frac{q}{q-1}(i_0-i_3)\right) \leqslant i_4 \leqslant \min(qi_3, (q^3+q^2+q)i_1 - i_2 - i_3)$.

把差序列的必要条件分成 6 类, 也就是把重量谱分成了 6 类, 其对应的码也分成了 6 类.

5.1.2 I 类

由定义 2.3.1, 满足 I 类必要条件的正整数序列称为链可行差序列. 它们都是链差序列吗? $q=2$ 时, 文献 [44] 给出了下面的定理:

定理 5.1.2 $k=5$, $q=2$ 时, 除了 5 个序列: $(1,1,1,2,2)$, $(1,1,1,2,3)$, $(1,1,1,2,4)$, $(1,1,2,3,5)$, $(1,1,2,3,6)$ 不是链差序列, 其他所有链可行差序列都是链差序列.

证明采用了理论分析与计算机搜索相结合的方法, 很长, 这里略去, 详见

文献 [44].

$k = 5, q = 3$ 时, 文献 [18] 用遗传算法得到了部分结果, 但仍余下若干未知序列不能确定, 详略.

对于一般的 q, 文献 [16,95] 给出了 k 维链可行差序列成为链差序列的一些充分条件. 由此易知: 几乎所有 5 维 q 元链可行差序列是链差序列, 详见第 6 章.

5.1.3 II 类

以符号 $N(i)$ 表示 $i_0 \leqslant i$ 时某一类差序列的数目, 符号 $M(i)$ 表示 $i_0 \leqslant i$ 时此类差序列的必要条件所含序列的数目.

定理 5.1.3 满足 II 类的必要条件:

(i) $i_1 \leqslant q i_0$;

(ii) $\dfrac{i_1}{q^2} < i_2 \leqslant q i_1$;

(iii) $q i_2 < i_3 \leqslant \min\left(\dfrac{q^2}{q+1}(i_1 + i_2), (q^2 + q)i_2 - i_1 \right)$;

(iv) $i_1 \leqslant i_4 \leqslant (q^2 + q)i_2 - i_3$

的几乎所有的序列 $(i_0, i_1, i_2, i_3, i_4)$ 为差序列. 这里几乎所有是指 $\lim\limits_{i \to \infty} \dfrac{N(i)}{M(i)} = 1$.

为了证明此定理, 关键是找到 II 类差序列合适的充分条件, 它与必要条件十分接近. 因为

$$\frac{q^2}{q+1}(i_1 + i_2) - ((q^2 + q)i_2 - i_1) = \frac{(q^2 + q + 1)(i_1 - q i_2)}{q+1},$$

故当 $i_2 \geqslant \dfrac{i_1}{q}$ 时, 取 i_3 的上界为 $\dfrac{q^2}{q+1}(i_1 + i_2)$, 当 $i_2 < \dfrac{i_1}{q}$ 时, 取 i_3 的上界为 $(q^2 + q)i_2 - i_1$.

下面两个引理分别对上述两种情况给出了 II 类差序列的充分条件.

引理 5.1.1 对于 5 维 q 元线性码, 序列 $(i_0, i_1, i_2, i_3, i_4)$ 为满足 $i_2 \geqslant i_1/q$ 的 II 类差序列的充分条件是:

(i) $f_0(q) \leqslant i_0$;

(ii) $f_1(q) \leqslant i_1 \leqslant q i_0$;

(iii) $\dfrac{i_1}{q} + f_2(q) \leqslant i_2 \leqslant q i_1 - (q+1) - f_3(q)$;

(iv) $q i_2 + q \leqslant i_3 \leqslant \dfrac{q^2}{q+1}(i_1 + i_2) - f_4(q)$;

(v) $i_1 \leqslant i_4 \leqslant (q^2+q)i_2 - i_3$.

其中

$$f_0(q) = 3q^7 + 3q^6 - 2q^5 + q^2 - q + 2,$$
$$f_1(q) = 3q^8 + 3q^7 - 2q^6 + q^3 - q^2 + 2q,$$
$$f_2(q) = q^9 + q^8 - q^7 - q^6 + 2q^2 - q - 3,$$
$$f_3(q) = 2q^9 + 2q^8 - 4q^7 - 2q^6 + 2q^5 + q^4 - q^3 - q^2 - 2,$$
$$f_4(q) = 2q^9 - 4q^7 + 2q^6 + q^4 - 2q^3 + q^2.$$

引理 5.1.2 对于 5 维 q 元线性码, 序列 $(i_0, i_1, i_2, i_3, i_4)$ 为满足 $i_2 < i_1/q$ 的 II 类差序列的充分条件是:

(i) $f_5(q) \leqslant i_0$;

(ii) $f_6(q) \leqslant i_1 \leqslant qi_0$;

(iii) $\dfrac{i_1}{q^2} + f_7(q) \leqslant i_2 \leqslant \lfloor (i_1-1)/q \rfloor$;

(iv) $qi_2 + f_8(q) \leqslant i_3 \leqslant (q^2+q)i_2 - i_1$;

(v) $i_1 \leqslant i_4 \leqslant (q^2+q)i_2 - i_3$.

其中

$$f_5(q) = 2q^4 + q^2 + q, \quad f_6(q) = 2q^5 + q^3 + q^2 - 2q + 3,$$
$$f_7(q) = 3q(q^2-1), \quad f_8(q) = 3q^3(q^2-1) - 1.$$

由上述两个引理立即可证得定理 5.1.3. 用子空间集法与落差法可证明这两个引理, 类似于 4.2.3 小节, 但这里的维数比那里高 1 维, 因而, 虽有类似的思想与方法框架做基础, 但具体证明及计算比 $k=4$ 时要复杂与困难得多, 这里略去, 详见文献 [138].

5.2　6 维码重量谱的分类

$k=6$ 时, 用引理 2.3.2 可得下面的推论:

推论 5.2.1 设正整数序列 $(i_0, i_1, i_2, i_3, i_4, i_5)$ 是 $[d_6, 6; q]$ 码 C 的差序列, 则它必满足以下各必要条件:

(i) $\displaystyle\sum_{j=r+1}^{5} i_j \leqslant \left(\sum_{j=1}^{5-r} q^3 \right) i_r \ (0 \leqslant r \leqslant 4)$.

(ii) $\left(\sum_{j=0}^{r} q^j \right) i_r \leqslant q^r \sum_{j=0}^{r} i_j \ (1 \leqslant r \leqslant 4)$.

(iii) 对于 $2 \leqslant m+1 < l < 6$ 的每组 l, m, 必然有:

(a) $m=3, l=5$ 时

$$i_2 \leqslant qi_1, \tag{5.2.1}$$

或

$$i_2 > qi_1 \quad \text{且} \quad i_0 \leqslant i_3 + (q-1)(i_4+i_5)/q; \tag{5.2.1'}$$

(b) $m=2, l=4$ 时

$$i_3 \leqslant qi_2, \tag{5.2.2}$$

或

$$i_3 > qi_2 \quad \text{且} \quad i_1 \leqslant i_4 + i_5 - i_5/q; \tag{5.2.2'}$$

(c) $m=2, l=5$ 时

$$i_3 \leqslant \frac{q^2}{q+1}(i_1+i_2), \tag{5.2.3}$$

或

$$i_3 > \frac{q^2}{q+1}(i_1+i_2) \quad \text{且} \quad i_0 \leqslant i_4 + i_5 - i_5/q; \tag{5.2.3'}$$

(d) $m=1, l=3$ 时

$$i_4 \leqslant qi_3, \tag{5.2.4}$$

或

$$i_4 > qi_3 \quad \text{且} \quad i_2 \leqslant i_5; \tag{5.2.4'}$$

(e) $m=1, l=4$ 时

$$i_4 \leqslant \frac{q^2}{q+1}(i_2+i_3), \tag{5.2.5}$$

或

$$i_4 > \frac{q^2}{q+1}(i_2+i_3) \quad \text{且} \quad i_1 \leqslant i_5; \tag{5.2.5'}$$

(f) $m=1, l=5$ 时

$$i_4 \leqslant \frac{q^3}{q^2+q+1}(i_1+i_2+i_3), \tag{5.2.6}$$

或

$$i_4 > \frac{q^3}{q^2+q+1}(i_1+i_2+i_3) \quad \text{且} \quad i_0 \leqslant i_5. \tag{5.2.6'}$$

必要条件 (iii) 中的 (a)~(f) 情况共有 64 种组合, 但仔细分析后 64 种可降为 26 种. 下面的定理指出: $k=6$ 时, 差序列的必要条件可分成 26 类.

定理 5.2.1 一个差序列 $(i_0, i_1, i_2, i_3, i_4, i_5)$ 必满足 26 类必要条件之一. 表 5.1 简单地表示了这 26 类. (5.2.1) 对应列的下面: 1 表示条件式 (5.2.1) 满足, 0 表示条件式 (5.2.1) 不满足, 但条件式 (5.2.1′) 满足; 其他 5 列也类似. 于是, 从第 1 类到第 26 类, 每类都由该类所在行的 1 与 0 表示该类满足的相应必要条件式. 当然, 每个类都满足推论 5.2.1 中的必要条件 (i) 与 (ii).

表 5.1 26 类差序列的表示

类别	序号	(5.2.1)	(5.2.2)	(5.2.3)	(5.2.4)	(5.2.5)	(5.2.6)
I	1	1	1		1		
	2	1	1		0	1	
	3	1	1			0	1
	4	1	1				0
II	5	1	0	1		1	
	6	1	0	1	1	0	
	7	1	0	1	0		1
	8	1	0	1			0
III	9	1		0		1	1
	10	1		0		0	1
	11	1		0	1	0	0
	12	1		0	0		
	13	1		0		1	0
IV	14	0	0		0		
	15	0	0		1	0	
	16	0	0			1	0
	17	0	0				1
V	18	0	1	0		0	
	19	0	1	0	0	1	
	20	0	1	0	1		0
	21	0	1	0			1
VI	22	0		1		0	0
	23	0		1		1	0
	24	0		1	0	1	1
	25	0		1	1		
	26	0		1		0	1

把差序列的必要条件分成 26 类, 也就是把差序列或重量谱分成了 26 类, 其对应的码也分成了 26 类.

证明 仅从几何角度给出证明的主要思想. $k=4$ 时, 若把 i_0 固定, 则图

5.1 表示了 i_1 与 i_2 这两个参数的取值区域. 图中直线 $\overline{AO}$ 表示 $i_2 = qi_1$, $\overline{AB}$ 表示 $i_2 = q^2(i_0 + i_1)/(q+1)$, $\overline{BC}$ 表示 $i_2 = (q^2 + q)i_1 - i_0$. 由定理 4.2.11 易知: 差序列分为两类, I 型差序列的 i_1, i_2 在区域 ADO 中, II 型差序列的 i_1, i_2 在区域 ABC 中.

　　$k = 5$ 时, 若把 i_0, i_1 固定, 则图 5.2 表示了 i_2 与 i_3 这两个参数如何分为 6 类. 图中 $\overline{AO}$ 表示 $i_3 = qi_2$, $\overline{AD}$ 表示 $i_2 = qi_1$, $\overline{AB}$ 表示 $i_3 = q^2(i_1 + i_2)/(q+1)$. 这 3 条直线对应的平面在 i_1, i_2, i_3 形成的 3 维实欧氏空间中交于一条公共轴线, 图中体现为 A 点, 所以把参数空间分成 6 个部分, 图中体现为区域 I 到 VI, 差序列也就分为 6 类. 由于推论 5.1.1 中还有其他必要条件式来限制参数取值区域, 所以图 5.2 未能如图 5.1 那样精确地给出参数区域, 它只给出了 6 类图示.

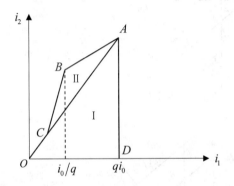

图 5.1　$k = 4$ 时 2 类差序列的参数区域　　　图 5.2　$k = 5$ 时的 6 类差序列

　　$k = 6$ 时, 需把 i_0, i_1 固定, 考察 i_2, i_3, i_4 这三个参数的空间的划分. 为了看出关键点, 取 3 个固定的 i_4 的值, 给出 3 个平面图, 示于图 5.3. 这里比图 5.2 多了 3 条线, 即 $\overline{CE}$ 表示 $i_4 = qi_3$, $\overline{CG}$ 表示 $i_4 = q^2(i_2 + i_3)/(q+1)$, $\overline{BF}$ 表示 $i_4 = q^3(i_1 + i_2 + i_3)/(q^2 + q + 1)$. 图中有点 A, B, C, 它们各为 3 条线的公共交点. 在图 5.3(a) 中, i_4 取小于 $q^3 i_1$ 的固定值. 易验证: 在 $k = 4$ 的 I 类基础上, 又细分成表 5.1 所示的 1, 2, 3, 4 共 4 类, 它们示于图 5.3(a) 中, 即 ACI 含 1 类, CIJ 含 2 类, $CKFJ$ 含 3 类, $OKFD$ 含 4 类. 类似地, 易验证: 在 $k = 4$ 的 II 类基础上, 又细分成表 5.1 所示的 5, 6, 7, 8 这 4 类, 它们也示于图 5.3(a) 中, 不再详述. 在图 5.3(b) 中, 取 $i_4 = q^3 i_1$, 经计算易知: 这时, 点 A, B, C 重合, $\overline{CG}$ 与 $\overline{BF}$ 重合. 在图 5.3(c) 中, O 点移向右上方, i_4 取大于 $q^3 i_1$ 的固定值. 把图 5.3(a), (b), (c) 结合起来看, 易验证: 在 $k = 4$ 的 III 类基础上, 又细分成表 5.1 所示的 9, 10, 11, 12, 13 共 5 类, 它们示于图 5.3(a), (c) 中, 不再详述. 由于图 5.3(a) 与 (c) 几何上对称, 所以, 另外 13 类与上述

13 类有以下关系: 表 5.1 中的第 $i+13$ 类的表示是第 i 类的表示取非 (即对 1 取 0, 对 0 取 1); 如第 1 类的第 1, 2, 4 列为 1, 则第 14 类的第 1, 2, 4 列取 0. 这样就证明了表 5.1 所示的 14~26 这 13 类表示, 并示于图 5.3(c), (a) 中. 特别注意到: 当 i_4 增大时, 图 5.3 从 (a) 至 (b) 至 (c), 线 $\overline{CG}$ 与 $\overline{BF}$ 经过 (b) 中重合状态后, 到 (c) 中, 两条线的位置发生了对换, 由 $\overline{CG}$ 在 $\overline{BF}$ 的右上方变为左下方, 从而产生了第 13 类, 与第 10 类对称. 因此 III 类基础上的细分类共为 5 类, 多出了 1 类. 上述证明中的全部计算与验算都略去. □

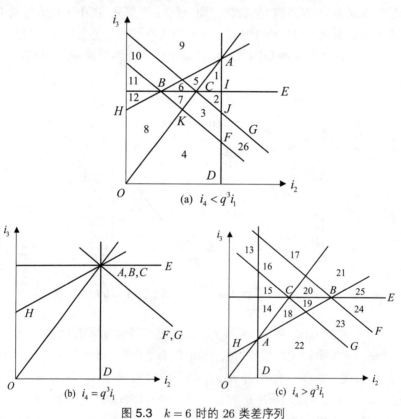

图 5.3 $k=6$ 时的 26 类差序列

5.3 一般 k 维码的重量谱

对于 k 维码, 应用定义 3.2.1, 可以重新叙述我们关心的 k 维问题:

问题 2 如何确定 k 维 q 元一般线性码的几乎所有重量谱?

令 $M(i)$, $N_1(i)$ 分别表示 $i_0 \leqslant i$ 时满足 k 维 q 元差序列必要条件、充分条件的序列数目, 用 $N(i)$ 表示 k 维 q 元一般线性码的所有差序列的数目. 问题 2 中 "几乎所有" 是指: 得到了充分条件, 满足 $\lim\limits_{i \to \infty} N_1(i)/N(i) = 1$. 当 $\lim\limits_{i \to \infty} N_1(i)/M(i) = 1$ 时, 称此必要条件是几乎充分的, 也可称此充分条件是几乎必要的. 关于问题 2, 我们给出以下猜想:

猜想 引理 2.3.2 给出的 k 维 q 元一般线性码的差序列的必要条件是一个基础, 用有限射影几何方法有可能找到更进一步的必要条件, 它是几乎充分的.

若已找到了充分条件, 满足 $\lim\limits_{i \to \infty} N_1(i)/M(i) = 1$, 由于 $N(i) \leqslant M(i)$, 所以有 $\lim\limits_{i \to \infty} N_1(i)/N(i) = 1$, 即解决了问题 2. 当 $k \leqslant 4$ 时, 问题 2 已解决; 当 $k = 5$ 时, 仅部分解决, 即 I, II 类已解决, 其他 4 类尚未解决. 随着 k 的增大, 引理 2.3.2 的必要条件的类数迅速增加, 与 k 成指数关系, 问题 2 的研究变得复杂而困难. 若能解决问题 2, 则与已有的格里斯末界等结果相比, 是一个质的飞跃与重要突破.

5.4 成果与课题

王丽君、陈文德 [138] 把 5 维码的重量谱分为 6 类, 并确定了 5 维 II 类 q 元码的几乎所有重量谱 (定理 5.1.1 和 5.1.3). 陈文德把 6 维码的重量谱分为 26 类 (定理 5.2.1), 这个成果是在本书中首次发表的.

以下课题有待进一步研究:

1. 确定其他 4 类 5 维 q 元码的几乎所有重量谱.

2. 对于 k 维码的重量谱进行分类, 求出类数公式, 并给出每一类的表示.

3. 找出比引理 2.3.2 更进一步的必要条件.

4. 解决问题 2.

第6章 满足链条件的 k 维 q 元线性码的重量谱

重量谱研究中最困难的问题是, 如何计算一般 k 维 q 元线性码的重量谱. 当然, 确定 k 维 q 元线性码的所有重量谱是不可能的, 现在我们退一步, 在某种意义下能否确定出 k 维 q 元线性码几乎所有的重量谱呢? 这仍然是个棘手的问题. 虽然如此, 利用有限射影几何方法可在这一难题上有所突破. 有限射影几何方法的核心在于: 把构造重量谱为 $(d_1, d_2, \cdots, d_k)$ 的线性码 C 的问题转化为构造满足下列条件的赋值函数 $m(\cdot)$:

$$\max\{m(U) \mid U \text{ 是 } PG(k-1,q) \text{ 中的 } r \text{ 维子空间}\} = \sum_{j=0}^{r} i_j, \qquad (6.0.1)$$

其中

$$(i_0, i_1, \cdots, i_{k-1})$$

是码 C 的差序列, 即

$$i_j = d_{k-j} - d_{k-j-1} \quad (0 \leqslant j \leqslant k-1).$$

首先, 在文献 [144] 提出的链条件概念基础上, 仿照文献 [14] 中 4 维 q 元线性码的分类方法, 可以把一般 k 维 q 元线性码分类. 其中最简单的一类码即是链条件码本身, 次之为几乎链条件码、近链条件码及更一般的有多个邻接断点的断链条件码. 上述线性码即为几乎所有重量谱均已被确定的线性码类. 本章重点研究满足链条件的线性码及其重量谱, 之后, 我们再进一步研究另外几类线性码的重量谱.

6.1　关于链条件码

链条件码最早是由魏[144] 于 1993 年在研究积码的重量谱时提出的. 如果 2 个因子码均满足链条件, 魏猜想积码的重量谱可以表示成 2 个因子码的重量谱的一个简单的公式形式, 此猜想后来在文献 [113] 中被证明是正确的, 因此满足链条件的码在重量谱研究中具有重要地位.

定义 6.1.1[144]　若存在 $[n,k;q]$ 码 C 的 r 维子码 D_r $(1 \leqslant r \leqslant k)$, 满足 $W_s(D_r) = d_r$(即 D_r 是具有最小支撑重的 r 维子码), 且 $D_1 \subset D_2 \subset \cdots \subset D_{k-1} \subset D_k = C$, 则称码 C 满足链条件.

等价地, 以差序列的语言如下描述满足链条件的码:

定义 6.1.2　设 $[n,k;q]$ 线性码 C 的差序列为 $(i_0, i_1, \cdots, i_{k-1})$. 如果存在 r 维射影子空间 P_r $(0 \leqslant r \leqslant k-1)$, 满足 $P_0 \subset P_1 \subset P_2 \subset \cdots \subset P_{k-1}$, 其中 $P_r \in M_r$, 即 $m(P_r) = \sum_{j=0}^{j=r} i_j$, 则称码 C 满足链条件, 码 C 的差序列称为链好差序列, 并简记链好差序列为 CDS.

因此, 确定满足链条件的线性码的重量谱转化为确定 CDS 的过程, 是计算链条件码的重量谱的基础.

6.2　链条件码的几乎所有重量谱的确定

对于一般 k 维 q 元链条件码的重量谱的研究, 最早有陈文德和克楼夫于 1998 年在文献 [16] 中给出的结果. 文献 [16] 首先给出了一般 k 维 q 元链条件码的重量谱的基本性质, 即链条件码的差序列满足的必要条件, 然后进一步证明, 满足这些必要条件的差序列在极限意义下都是 CDS. 从而在某种意义下得到了链条件码的重量谱的等价条件.

定义 6.2.1　如果 $[n,k;q]$ 码 C 的差序列 $(i_0, i_1, \cdots, i_{k-1})$ 满足 $i_j \leqslant q i_{j-1}$ $(0 \leqslant j \leqslant k-1)$, 则称 $(i_0, i_1, \cdots, i_{k-1})$ 为链可行序列, 简称 CPDS.

对任何差序列 $(i_0, i_1, \cdots, i_{k-1})$, 记

$$\pi_r = (1-q)\sum_{j=0}^{j=r-1} i_j + i_r = \sum_{j=1}^{j=r}(i_j - qi_{j-1}) + i_0 \quad (0 \leqslant r \leqslant k-1). \quad (6.2.1)$$

现在我们叙述文献 [16] 中的主要结果.

定理 6.2.1　如果 $(i_0, i_1, \cdots, i_{k-1})$ 是 CPDS, 且 $\pi_{k-3} \geqslant q-1$, 则 $(i_0, i_1, \cdots, i_{k-1})$ 是 CDS.

可以证明 [16], $\pi_{k-3} \geqslant q-1$ 对于几乎所有的 CPDS 都能成立, 这也就意味着几乎所有的 CPDS 都是 CDS. 上述结果不但对链条件码的重量谱给出了很好的结果, 更重要的是它提供了一般 k 维 q 元线性码重量谱研究的思想方法. 它的证明方法和低维数线性码的重量谱确定过程类似, 主要是设法构造一个满足链条件要求的赋值函数 $m(\cdot)$, 从而给出上述定理中的 CDS 的充分条件. 我们略去证明细节, 有兴趣的读者可参阅文献 [16].

2003 年, 骆源等 [95] 对满足链条件的一般 k 维 q 元线性码做了更进一步的研究, 给出了更宽松、更好的充分条件, 并通过一种新的几何结构, 找到了更多的 CDS, 使得满足这些充分条件的 CDS 几乎覆盖了所有的 CPDS.

记

$$S_{j,l} = (q-1)q^{j-l-1} \ (0 \leqslant l \leqslant j-1), \quad S_{j,j} = 1, \quad (6.2.2)$$

则文献 [95] 中的主要结果如下:

定理 6.2.2 [95]　对任何 CPDS $(i_0, i_1, \cdots, i_{k-1})$, 如果存在非负的整数 $\alpha_{j,l}$ 和 $\lambda_{j,l} (0 \leqslant j \leqslant k-1, 0 \leqslant l \leqslant j)$, 满足

$$i_j = \sum_{l=0}^{j}(\alpha_{j,l}S_{j,l} + \lambda_{j,l}) \quad (0 \leqslant j \leqslant k-1), \quad (6.2.3)$$

其中 $\lambda_{j,l} < S_{j,l}, \lambda_{j,j} = 0$, 并且满足

$$\alpha_{j,l} \geqslant \alpha_{j+1,l} + \left\lceil \frac{\lambda_{j+1,l}}{S_{j+1,l}} \right\rceil, \quad \alpha_{j,l} \geqslant \alpha_{j,l+1} + \left\lceil \frac{\lambda_{j,l+1}}{S_{j,l+1}} \right\rceil, \quad (6.2.4)$$

则 $(i_0, i_1, \cdots, i_{k-1})$ 是 CDS.

定理中的假设条件式 (6.2.3) 和 (6.2.4) 来源于文献 [16] 给出的重要关系式

$$i_r = \sum_{j=0}^{j=r} \pi_j S_{r,j},$$

以及当 $(i_0, i_1, \cdots, i_{k-1})$ 是 CPDS 时, $\pi_0 \geqslant \pi_1 \geqslant \ldots \geqslant \pi_{k-1}$ 这个基本事实. 实际上, 可以证明 (参见文献 [95], 定理 3), 当 $\pi_{k-2} \geqslant 0$ 时, 假设条件式 (6.2.3)

就可以成立. 因此, 假设条件式 (6.2.3) 非常宽松, 对于几乎所有的 CPDS 序列都成立. 而且文献 [95] 中给出的几何结构非常简单, 使得确定重量谱的计算过程大为简化, 所以定理 6.2.2 的结果是定理 6.2.1 的很好改进. 定理 6.2.2 的证明是文献 [95] 的主体内容, 篇幅很长. 利用第 8 章给出的射影子空间的对应概念可以给出定理 6.2.2 的一个很简洁的证明, 可参见定理 8.2.3.

6.3　一类小缺陷码的链条件

和链条件码相关的另外一项工作就是寻找满足链条件的码. 链条件码很少. 实际上, 文献 [36] 中已经证明: 满足链条件的码在整个线性码中占据的比例几乎为 0. 所以能够确定线性码是链条件码有重要意义. 目前知道链条件码包括汉明码及其对偶码, 任意阶里特–马勒码、扩展格雷码、MDS (极大距离可分) 码 (包括 RS 码) [144]、卡萨米 (Kasami) 码 [66]. 另外, 文献 [47,49] 对投影 (projective) 码的链条件做了研究. 本节介绍的内容是作者的一个工作, 即小缺陷码的链条件 (参见文献 [88] 或 [92]).

小缺陷 $[n,k;q]$ 码 C, 也称为 N^μMDS 码(见定义 6.3.1; $\mu=1$ 时, 简称 NMDS 码), 是 MDS 码的推广, 其中 $0 \leqslant \mu \leqslant k-2$. "缺陷" 是指参数 μ, 它的含义是码的最小距离 d 和极大距离可分码即 MDS 码的最小距离 $n-k+1$ 的差距, 即 $\mu=n-k+1-d$. 对于 NMDS 码文献 [40] 做了详细研究. 本节将给出小缺陷码满足链条件的充要条件和若干个充分条件.

定义 6.3.1　如果 $[n,k;q]$ 码 C 的重量谱参数 $d_j=n-k-\mu+(2j-1)(1 \leqslant j \leqslant \mu+1)$, 则称 C 为 N^μMDS 码.

由重量谱参数的严格递增性质 [143], 我们可以得到 N^μMDS 码的所有重量谱参数是

$$d_j = \begin{cases} n-k-\mu+(2j-1) & (1 \leqslant j \leqslant \mu+1), \\ n-k+j & (\mu+2 \leqslant j \leqslant k). \end{cases}$$

利用线性代数知识, 可以描述 N^μMDS 码的生成矩阵的下列性质:

引理 6.3.1 [134]　设 N^μMDS 码的生成矩阵是 G, 则:

(i) G 的任意 $k-\mu$ 列线性无关;

(ii) G 中存在秩为 $k-\mu+t$ $(0 \leqslant t \leqslant \mu-1)$ 的 $k-\mu+2t+1$ 列;

(iii) G 中任意 $k-\mu+2t$ 列的秩 $\geqslant k-\mu+t(1 \leqslant t \leqslant \mu-1)$;

(iv) G 的任意 $k+\mu$ 列满秩.

按赋值函数 $m(\cdot)$ 的观点, 引理 6.3.1(i) 可解释为: $m(p) \leqslant 1, \forall p \in PG(k-1,q)$ (因为 $k-\mu \geqslant 2$), 且由生成阵的任意 $s+1$ $(0 \leqslant s \leqslant k-\mu-2)$ 列生成的投影子空间即为 $P_s \in M_s$, 即 $m(P_s) = \sum_{j=0}^{s} i_j = s+1$; (ii)~(iv) 说明: $P_{k-\mu+t-1} \in M_{k-\mu+t-1}(0 \leqslant t \leqslant \mu-1)$, 即为 (ii) 中由那些秩为 $k-\mu+t$ 的 $k-\mu+2t+1$ 个列生成的射影子空间. 由定义 6.1.2 知, 只要存在这样的 $P_{k-\mu+t-1}(0 \leqslant t \leqslant \mu-1)$ 构成链, 即 $P_{k-\mu-1} \subset P_{k-\mu} \subset \cdots \subset P_{k-2}$, 则 $\mathrm{N}^\mu\mathrm{MDS}$ 码将满足链条件.

现设引理 6.3.1(ii) 中秩为 $k-1$ 的 $k+\mu-1$ 列为: $\varepsilon_1, \varepsilon_2, \cdots, \varepsilon_{k-1}$, $\varepsilon_k, \cdots, \varepsilon_{k+\mu-1}$, 并不妨设 $\varepsilon_1, \varepsilon_2, \cdots, \varepsilon_{k-1}$ 是它的一个极大无关组, 则我们有下列线性表达式:

$$\begin{cases} \varepsilon_k = a_{01}\varepsilon_1 + a_{02}\varepsilon_2 + \cdots + a_{0,k-1}\varepsilon_{k-1}, \\ \varepsilon_{k+1} = a_{11}\varepsilon_1 + a_{12}\varepsilon_2 + \cdots + a_{1,k-1}\varepsilon_{k-1}, \\ \cdots, \\ \varepsilon_{k+\mu-1} = a_{\mu-1,1}\varepsilon_1 + a_{\mu-1,2}\varepsilon_2 + \cdots + a_{\mu-1,k-1}\varepsilon_{k-1}. \end{cases} \tag{6.3.1}$$

于是, 我们有:

定理 6.3.1 $\mathrm{N}^\mu\mathrm{MDS}$ 码满足链条件的充要条件是, 存在秩为 $k-1$ 的 $k+\mu-1$ 个列 $\varepsilon_1, \varepsilon_2, \cdots, \varepsilon_{k-1}, \varepsilon_k, \cdots, \varepsilon_{k+\mu-1}$ 及其一个极大无关组 $\varepsilon_1, \varepsilon_2, \cdots, \varepsilon_{k-1}$, 使得式 (6.3.1) 中的系数矩阵的前 μ 列有三角形式

$$\begin{pmatrix} a_{01} & a_{02} & \cdots & a_{0,\mu-1} & a_{0\mu} & \cdots & a_{0,k-1} \\ 0 & a_{12} & \cdots & a_{1,\mu-1} & a_{1\mu} & \cdots & a_{1,k-1} \\ \vdots & \vdots & & \vdots & \vdots & & \vdots \\ 0 & 0 & \cdots & a_{\mu-2,\mu-1} & a_{\mu-2,\mu} & \cdots & a_{\mu-2,k-1} \\ 0 & 0 & \cdots & 0 & a_{\mu-1,\mu} & \cdots & a_{\mu-1,k-1} \end{pmatrix}$$

证明 充分性. 设存在秩为 $k-1$ 的 $k+\mu-1$ 个列 $\varepsilon_1, \varepsilon_2, \cdots, \varepsilon_{k-1}$, $\varepsilon_k, \cdots, \varepsilon_{k+\mu-1}$ 及其一个极大无关组 $\varepsilon_1, \varepsilon_2, \cdots, \varepsilon_{k-1}$, 使得系数矩阵有定理6.3.1中的形式, 那么任意 $t(0 \leqslant t \leqslant \mu-1)$ 列向量组 $\varepsilon_{\mu-t}, \varepsilon_{\mu-t+1}, \cdots, \varepsilon_{k-1}$; $\varepsilon_{k+\mu-t-1}, \varepsilon_{k+\mu-t}, \cdots, \varepsilon_{k+\mu-1}$ 的一个极大无关组是: $\varepsilon_{\mu-t}, \varepsilon_{\mu-t+1}, \cdots, \varepsilon_{k-1}$, 从而它是秩为 $k-\mu+t$ 的 $k-\mu+2t+1$ 个列, 由引理 6.3.1 及其下面的说明, 这个列向量组生成的投影子空间属于集合 $M_{k-\mu+t-1}$, 现将它们记作 $P_{k-\mu+t-1}$. 注意到当 t 由 0 变化到 $\mu-1$ 时, $P_{k-\mu-1} \subset P_{k-\mu} \subset \cdots \subset P_{k-2}$, 所以由引理 6.3.1 下面的说明知, $\mathrm{N}^\mu\mathrm{MDS}$ 码满足链条件.

必要性. 设 $\mathrm{N}^\mu\mathrm{MDS}$ 码满足链条件, 即存在 $P_{k-\mu-1} \subset P_{k-\mu} \subset \cdots \subset P_{k-2}$, 由引理 6.3.1 知, $P_{k-\mu-1+i}$ $(0 \leqslant i \leqslant \mu-1)$ 应是生成矩阵的那些秩为 $k-\mu+i$ 的 $k-\mu+2i+1$ 个列生成的射影子空间. 所以我们假设生成矩阵中秩为 $k-\mu$ 的 $k-\mu+1$ 个列 $\varepsilon_\mu, \varepsilon_{\mu+1}, \cdots, \varepsilon_{k-1}, \varepsilon_{k+\mu-1}$ 生成 $P_{k-\mu-1}$, 其中 $\varepsilon_\mu, \varepsilon_{\mu+1}, \cdots, \varepsilon_{k-1}$ 是其极大无关组. 由于 $P_{k-\mu-1} \subset P_{k-\mu}$, 所以, 我们可以将上面 $k-\mu+1$ 个列向量扩充成秩为 $k-\mu+1$ 的 $k-\mu+3$ 个列向量 $\varepsilon_{\mu-1}, \varepsilon_\mu, \cdots, \varepsilon_{k-1}; \varepsilon_{k+\mu-2}, \varepsilon_{k+\mu-1}$, 使得这 $k-\mu+3$ 个列向量生成射影子空间 $P_{k-\mu}$, 并且 $\varepsilon_{\mu-1}, \varepsilon_\mu, \cdots, \varepsilon_{k-1}$ 是这 $k-\mu+3$ 个列向量的一个极大无关组. 一般地, 由于 $P_{k-\mu+i-1} \subset P_{k-\mu+i}$ $(0 \leqslant i \leqslant \mu-2)$, 所以秩为 $k-\mu+i$ 的 $k-\mu+2i+1$ 个列 $\varepsilon_{\mu-i}, \varepsilon_{\mu-i+1}, \cdots, \varepsilon_{k-1}; \varepsilon_{k+\mu-i-1}, \varepsilon_{k+\mu-i}, \cdots, \varepsilon_{k+\mu-1}$(极大无关组是 $\varepsilon_{\mu-i}, \varepsilon_{\mu-i+1}, \cdots, \varepsilon_{k-1}$) 如果生成 $P_{k-\mu+i-1}$, 则总能将它扩充成秩为 $k-\mu+i+1$ 的 $k-\mu+2i+3$ 个列 $\varepsilon_{\mu-i-1}, \varepsilon_{\mu-i}, \varepsilon_{\mu-i+1}, \cdots, \varepsilon_{k-1}; \varepsilon_{k+\mu-i-2}, \varepsilon_{k+\mu-i-1}, \varepsilon_{k+\mu-i}, \cdots, \varepsilon_{k+\mu-1}$, 其极大无关组是 $\varepsilon_{\mu-i-1}, \varepsilon_{\mu-i}, \varepsilon_{\mu-i+1}, \cdots, \varepsilon_{k-1}$, 使得这 $k-\mu+2i+3$ 个列向量生成 $P_{k-\mu+i}$.

按照这种扩充方式, 最后我们得到秩为 $k-1$ 的 $k+\mu-1$ 个列 $\varepsilon_1, \varepsilon_2, \cdots, \varepsilon_{k-1}, \varepsilon_k, \cdots, \varepsilon_{k+\mu-1}$ 及其一个极大无关组 $\varepsilon_1, \varepsilon_2, \cdots, \varepsilon_{k-1}$, 使得这 $k+\mu-1$ 个列向量生成 P_{k-2}, 并且系数矩阵有定理 6.3.1 中的形式. □

推论 6.3.1　NMDS 码满足链条件.

定理 6.3.1 虽然给出了 $\mathrm{N}^\mu\mathrm{MDS}$ 码满足链条件的充要条件, 但由于计算量偏大, 使用起来往往不是很方便, 所以下面给出 $\mathrm{N}^\mu\mathrm{MDS}$ 码满足链条件的一些充分条件, 这些充分条件使用起来往往更方便. 我们首先有:

定理 6.3.2　如果 $k > \dfrac{q^{i+2}-1}{q-1} + \mu - 2i - 3$, 则任意 $P_{k-\mu+i}$ 必包含某个 $P_{k-\mu+i-1}$ $(0 \leqslant i \leqslant \mu-2)$.

证明　反证法. 如果某个 $P_{k-\mu+i}$ 不包含任何 $P_{k-\mu+i-1}$, 设此 $P_{k-\mu+i}$ 是由生成矩阵中秩为 $k-\mu+i+1$ 的 $k-\mu+2i+3$ 个列 $\varepsilon_1, \varepsilon_2, \cdots, \varepsilon_{k-\mu+i+1}, \varepsilon_{k-\mu+i+2}, \cdots, \varepsilon_{k-\mu+2i+3}$ 生成的射影空间, 这 $k-\mu+2i+3$ 个列的极大无关组是 $\varepsilon_1, \varepsilon_2, \cdots, \varepsilon_{k-\mu+i+1}$, 且

$$
\begin{cases}
\varepsilon_{k-\mu+i+2} = a_{11}\varepsilon_1 + a_{12}\varepsilon_2 + \cdots + a_{1,k-\mu+i+1}\varepsilon_{k-\mu+i+1}, \\
\varepsilon_{k-\mu+i+3} = a_{21}\varepsilon_1 + a_{22}\varepsilon_2 + \cdots + a_{2,k-\mu+i+1}\varepsilon_{k-\mu+i+1}, \\
\cdots, \\
\varepsilon_{k-\mu+2,i+3} = a_{i21}\varepsilon_1 + a_{i22}\varepsilon_2 + \cdots + a_{i+2,k-\mu+i+1}\varepsilon_{k-\mu+i+1}.
\end{cases}
\tag{6.3.2}
$$

把式 (6.3.2) 中系数矩阵记作 A. 如果 $P_{k-\mu+i}$ 不包含任何 $P_{k-\mu+i-1}$, 则由引理 6.3.1 可得, 上述 $k-\mu+2i+3$ 个列中任意 $k-\mu+2i+1$ 个向量的秩必为 $k-\mu+i+1$, 此时系数矩阵 A 必同时满足下列 2 个条件:

(i) A 中的每个列向量的 0 分量的个数不超过 i;

(ii) A 中的列向量两两不成比例.

因为如果 (i),(ii) 中有一个不成立, 由定理 6.3.1 可得, 上述 $k-\mu+2i+3$ 个列中必然包含秩为 $k-\mu+i$ 的 $k-\mu+2i+1$ 个向量, 与我们开始的假设矛盾. 现在我们只需计算同时满足 (i),(ii) 的向量的最大可能的个数, 即矩阵 A 的最大可能的列数, 容易验证这个数字应为: $\sum_{t=0}^{i} \binom{i+2}{t}(q-1)^{i-t+1} = \frac{q^{i+2}-1}{q-1} - (i+2)$, 定理 6.3.2 的条件表明 A 的列数已超过这个最大值, 所以 A 至少不满足 (i),(ii) 中的一个, 产生矛盾, 这即表明定理 6.3.2 成立. $\qquad\square$

推论 6.3.2 当 $k > \frac{q^{\mu}-1}{q-1} - \mu + 1$ 时, k 维 $\mathrm{N}^{\mu}\mathrm{MDS}$ 码满足链条件.

证明 由定理 6.3.2 知, 当 $k > \max\left\{\frac{q^{i+2}-1}{q-1} + \mu - 2i - 3 \mid 0 \leqslant i \leqslant \mu-2\right\}$ 时, $\mathrm{N}^{\mu}\mathrm{MDS}$ 码满足链条件. 再由函数 $\frac{q^{i+2}-1}{q-1} + \mu - 2i - 3$ 是 i 的严格递增函数即可得推论 6.3.2. $\qquad\square$

推论 6.3.3 当 $k > q$ 时, $\mathrm{N}^2\mathrm{MDS}$ 码是链条件码.

推论 6.3.4 当 $k > (q-1)(q+2) + 1$ 时, $\mathrm{N}^3\mathrm{MDS}$ 码是链条件码.

推论 6.3.5 任何 $\mathrm{N}^2\mathrm{MDS}$ 码, 或是链条件码, 或是几乎链条件码 (几乎链条件码的定义可参见第 7 章定义 7.1.1).

结合定理 6.3.2 的证明过程及引理 6.3.1, 我们可对推论 6.3.4 加以改进. 定理 6.3.2 的证明过程中已得: 如果 P_{k-2} 不含 P_{k-3}, 则系数矩阵

$$A = \begin{pmatrix} a_{11} & a_{12} & \cdots & a_{1k-1} \\ a_{21} & a_{22} & \cdots & a_{2k-1} \\ a_{31} & a_{32} & \cdots & a_{3k-1} \end{pmatrix}$$

的每个列向量至少有 2 个非 0 分量, 且任何 2 列不成比例, 因此, 我们可把 A 中的列向量看成 2 维射影空间中的点.

又由引理 6.3.1 知, $\mathrm{N}^3\mathrm{MDS}$ 码的生成矩阵 G 的任意 $k-3$ 列线性无关. 把此性质应用到上面的三行矩阵 A 中, 可得 A 的任意 1×3, 2×4, 3×5 子式的秩应分别为 1,2,3.

由 A 的任意 1×3 子式的秩等于 1, 我们可得 A 的含 0 分量的向量个数最多为 6.

由任意 2×4 子式的秩为 2, 我们可得不含 0 分量的向量个数最多为 $3(q-1)$,

由任意 3×5 子式的秩为 3, 我们可得不含 0 分量的向量个数最多为 $4(q-1)$,

综上, A 中列向量的个数最多为 $6+3(q-1)=3q+3$, 所以我们有:

定理 6.3.3 当 $k > 3q+4$ 时, N³MDS 码是链条件码.

利用线性码及其对偶码的重量谱的对偶公式[144], 文献 [133] 中证明了 NᵘMDS 码的对偶码仍是 NᵘMDS 码, 所以我们又有:

推论 6.3.6 码长为 n 的 k 维 q 元 NᵘMDS 码, 如果满足 $n-k > \dfrac{q^\mu-1}{q-1} - \mu+1$, 则它满足链条件.

特别地, 由定理 6.3.3 知, 当 $n > 3q+4+k$ 时, N³MDS 码满足链条件.

我们注意到, 当 μ 值比较小时, NᵘMDS 码具有很好的链条件性和较强的纠错功能, 这表明此类码有非常广阔的应用前景.

第 7 章　k 维近链条件码的重量谱

本章内容是确定另外两类 k 维 q 元码的几乎所有的重量谱, 这些码和第 6 章中链条件码最接近. 分别称它们为几乎链条件码和近链条件码, 其中几乎链条件码又是近链条件码的特例. 这两类码虽然和链条件码比较接近, 且重量谱的确定的总的思想也是构造满足要求的赋值函数, 但是要具体完成此过程需要不同于处理链条件码的方法和很多技巧, 所以不同类别的 k 维 q 元码重量谱的确定过程有着非常大的差异. 2003 年, 陈文德和克楼夫对几乎链条件码的重量谱进行研究, 并确定了此类码的几乎所有的重量谱 (参见文献 [27]); 进一步, 2005 年, 刘子辉和陈文德又确定了满足近链条件码的几乎所有的重量谱 (参见文献 [85]). 由于几乎链条件码可看作满足近链条件码的特例, 所以, 这一章详细介绍满足近链条件码的几乎所有重量谱的确定过程, 而对于几乎链条件码只叙述相关的主要结果.

7.1　基本概念和记号

定义 7.1.1　如果 $[n,k;q]$ 码 C 不满足链条件, 但存在 C 的 t 维具有最小支撑重的子码 D_t $(1 \leqslant t \leqslant k)$, 满足 $D_1 \subset D_2 \subset D_3 \subset \cdots \subset D_{k-r-2} \subset D_{k-r-1}, D_{k-r} \subset D_{k-r+1} \subset D_{k-r+2} \subset \cdots \subset D_k$, 且 $D_{k-r-2} \subset D_{k-r}, D_{k-r-1} \subset D_{k-r+1}$ $(1 \leqslant r \leqslant k-2)$, 则称 C 满足近链条件.

特别地, 上述定义中如果 $r=k-2$, 则也称 C 满足几乎链条件. 所以几乎链条件码是近链条件码的特例. 用有限射影几何和差序列的语言可以如下描

述近链码:

定义 7.1.2　设 $(i_0, i_1, \cdots, i_{k-1})$ 是码 C 的差序列且不是 CDS, 但存在 $PG(k-1, q)$ 的 t 维子空间 P_t $(0 \leqslant t \leqslant k-2)$, 满足 $P_t \in M_t$, $P_0 \subset P_1 \subset \cdots \subset P_{r-2} \subset P_{r-1}$, $P_r \subset P_{r+1} \subset P_{r+2} \subset \cdots \subset P_{k-3} \subset P_{k-2}$, 且 $P_{r-2} \subset P_r$, $P_{r-1} \subset P_{r+1}$ $(1 \leqslant r \leqslant k-2$, $P_{-1} = \emptyset)$, 则 $(i_0, i_1, \cdots i_{k-1})$ 称为满足近链条件的差序列, 简记为 NCDS. 特别地, 如果 $r = k-2$, 则 $(i_0, i_1, \cdots, i_{k-1})$ 也称为几乎链条件差序列, 简记为 ACDS.

定义 7.1.3　如果 $(i_0, i_1, \cdots, i_{k-1})$ 满足

$$
\begin{aligned}
&1 \leqslant i_t \leqslant qi_{t-1} - (q+1)\delta_t \quad (1 \leqslant t \leqslant k-1), \\
&i_{r+1} \geqslant i_{r-1} \quad (1 \leqslant r \leqslant k-2),
\end{aligned}
\tag{7.1.1}
$$

其中

$$
\delta_t = \begin{cases} 1, & t = r, r+1, \\ 0, & \text{其他}, \end{cases}
$$

那么称之为近链可行序列, 简记为 NCPDS. 特别地, 如果 $r = k-2$, NCPDS 也称为几乎链可行序列, 简记为 ACPDS. 如果式 (7.1.1) 中 $i_t = qi_{t-1} - (q+1)\delta_t (\forall t \geqslant r)$, 则序列 $(i_0, i_1, \cdots, i_{k-1})$ 简称为达上界的 NCPDS, 或简称为紧的 NCPDS. 如果式 (7.1.1) 中对 $\forall t \geqslant r, t \neq r+2, i_t = qi_{t-1} - (q+1)\delta_t$ 都成立, 而 $i_{r+2} = qi_{r+1} - c^*$ (c^* 是只与 q, k, r 有关的常数), 则序列 $(i_0, i_1, \cdots, i_{k-1})$ 简称为接近上界的 NCPDS.

显然, NCPDS 必然是 CPDS.

7.2　几乎链条件码

几乎链条件码作为近链条件码的特例, 它的几乎所有重量谱的确定是由陈文德和克楼夫于 2003 年完成的 (参见文献 [27]). 令 $M(i)$ 表示第 1 项的值不超过 i 的 ACPDS 的数目. 令 $N(i)$ 表示第 1 项的值不超过 i 的 ACDS 的数目. 文献 [27] 的主要结果是:

定理 7.2.1　(i) 如果 $(i_0, i_1, \cdots, i_{k-1})$ 是 ACDS, 则它也是 ACPDS;

(ii) 如果 $q \geqslant 3, k \geqslant 3$, 则

$$M(i) = \frac{q^{k(k-1)/2-4}(q^2-1)^2}{k!} i^k + \frac{q^{(k^2-3k-2)/2}(q^2-1)g(q,k)}{2(k-1)!} i^{k-1} + O(i^{k-2}),$$

其中

$$g(q,k) = q^{k-1} + q^{k-2} - 2q^2 - 4q - 1,$$

且

$$N(i) \geqslant M(i) - \frac{q^{(k^2-3k-2)/2}(q^2-1)^2(q^{k-3}+q^{k-4}-1)}{(k-1)!} i^{k-1} + O(i^{k-2}),$$

$$\frac{N(i)}{M(i)} \geqslant 1 - \frac{k(q+1)}{q} i^{-1} + O(i^{-2});$$

(iii) 几乎所有的 ACPDS 都是 ACDS, 更精确地说,

$$\lim_{i \to \infty} N(i)/M(i) = 1.$$

此定理的证明过程和下一节近链条件码的主要结果的证明思想方法是完全类似的, 所以可参考下一节关于近链条件码的主要结果的证明, 或者参见文献 [27].

7.3   近链条件码

近链条件码的重量谱有着与几乎链条件码的重量谱类似的结论, 它的几乎所有的重量谱在文献 [85] 中得到了确定. 主要结果是:

定理 7.3.1   (i) 所有 NCDS 均为 NCPDS;

(ii) 几乎所有的 NCPDS 都是 NCDS, 更精确地说, 令 $M(i), N(i)$ 分别表示 $i_0 \leqslant i$ 时 NCPDS 和 NCDS 的数目, 则

$$\lim_{i \to \infty} N(i)/M(i) = 1.$$

上述定理中, (i) 给出了 NCDS 满足的性质, 即给出了 NCDS 的必要条件, 而 (ii) 近似地给出了一个充分条件. 所以, 定理确定了满足近链条件码的几乎所有的重量谱. 下面的几节我们将用有限射影几何方法给出此结果的详细证明.

7.4 NCDS 的性质

NCDS 的性质即定理 7.3.1(i) 的得到是相对容易的. 由 NCDS 的定义知: 对 $1 \leqslant t \leqslant k-1$, 由于

$$\sum_{j=0}^{t} i_j = m(P_t) = m\left(\bigcup_{P_{t-2} \subset Q \subset P_t} Q\right) \leqslant (q+1)(m(P_{t-1}) - \delta_t) - qm(P_{t-2}),$$

所以 $i_t \leqslant qi_{t-1} - (q+1)\delta_t$. 又由 $P_{r-2} \subset P_r$, $P_{r-2} \subset P_{r-1}, P_{r-1} \subset P_{r+1}$, 可推出 $P_{r-1} \cap P_r = P_{r-2}$, 因此

$$m(P_{r+1}) = \sum_{j=0}^{r+1} i_j \geqslant m(P_{r-1} \cup P_r)$$

$$= m(P_{r-1}) + m(P_r) - m(P_{r-2})$$

$$= \sum_{j=0}^{r-1} i_j + \sum_{j=0}^{r} i_j - \sum_{j=0}^{r-2} i_j,$$

即 $i_{r+1} \geqslant i_{r-1}$. $\qquad\qquad\qquad\qquad\qquad\qquad\qquad\qquad\qquad\qquad\qquad\quad \square$

7.5 NCDS 数目的计算

要得到几乎所有的 NCDS, 即要证明定理 7.3.1(ii), 我们可把证明过程分为 4 个步骤:

第 1 步   我们先给出一个接近上界的 NCPDS 成为 NCDS 的充分条件, 这一部分的证明也称为上界结构, 即构造一个赋值函数 $m(\cdot)$, 称为上界赋值函数, 通过上界赋值函数说明此接近上界的 NCPDS 是 NCDS.

第 2 步   构造若干不同维数的 $PG(k-1,q)$ 的子空间的集合; 我们期望每一个子空间具备下列性质: 在前一个赋值函数的基础上, 如果使子空间上的每个点的值减 1, 得到一个新的赋值函数, 我们就要求如果前一个赋值函数构

造了 NCDS, 则新的赋值函数在有意义的前提下, 即在每个点 $p \in PG(k-1,q)$ 的赋值都大于或等于 0 的前提下, 也构造了 NCDS.

第 3 步　在第 1 步构造的上界赋值函数的基础上, 对第 2 步构造的不同维数的子空间按一定的顺序依次使每个子空间上的点的值减 1, 并在赋值函数有意义的前提下将这种操作不断循环, 由第 2 步中构造的这些子空间的性质知: 这种操作每循环一次, 我们就得到一个新的 NCDS, 在赋值函数有意义的前提下尽可能地将这种操作循环, 于是得到了尽可能多的 NCDS.

第 4 步　计算第 3 步过程中得到的所有 NCDS 的数目, 并与相应的 NCPDS 的数目做比较, 得到定理 7.3.1(ii) 的结果.

7.5.1 上界结构

设 $1 = (1,0,\cdots,0,0)$, $2 = (0,1,\cdots,0,0)$, $\cdots$, $k-1 = (0,0,\cdots,1,0)$, $k = (0,0,\cdots,0,1)$ 为 $PG(k-1,q)$ 的一组基. 记号 $\langle p_1, p_2, \cdots, p_r \rangle$ 表示由点 $p_1, p_2, \cdots, p_r$ 生成的 $PG(k-1,q)$ 的子空间, $\langle p_1, p_2, \cdots, p_r \rangle \backslash \{p\}$ 表示子空间 $\langle p_1, p_2, \cdots, p_r \rangle$ 中除点 p 以外的所有点, $\overline{p_1 p_2}$ 表示过点 p_1 和 p_2 的直线. 记号 $\widehat{S}_h$ 表示子空间 $\langle 1, 2, \cdots, h-1, h \rangle$. 以 $\widehat{S}_h^b$ 表示基为 $b_1, b_2, \cdots, b_{h-1}, b_h$ 的 $PG(k-1,q)$ 中任意 $h-1$ 维的子空间. 同时, 设有下列等式:

$$b_u = \sum_{j=1}^{k} a_{uj} \cdot j \quad (u = 1, \cdots, h). \tag{7.5.1}$$

不妨设式 (7.5.1) 中的系数 a_{uj} 构成的矩阵是如下简化阶梯形式:

$$\begin{pmatrix} 0 & \cdots & a_{1i_1} & a_{1,i_1+1} & \cdots & 0 & \cdots & 0 & a_{1t_1} & \cdots & 0 & \cdots & 0 & \cdots & 0 \\ 0 & \cdots & 0 & 0 & \cdots & a_{2i_2} & \cdots & 0 & a_{2t_1} & \cdots & a_{2t_2} & \cdots & 0 & \cdots & 0 \\ \vdots & & \vdots & \vdots & & \vdots & & \vdots & \vdots & & \vdots & & \vdots & & \vdots \\ 0 & \cdots & 0 & 0 & \cdots & 0 & \cdots & a_{hi_h} & a_{ht_h} & \cdots & 0 & \cdots & 0 & \cdots & 0 \end{pmatrix}, \tag{7.5.2}$$

其中 $a_{ui_u} = 1, a_{ut_u}$ $(u = 1, \cdots, h)$ 分别代表第 u 行中第 1 个和最后一个非 0 的元素, $a_{1i_1}, a_{2i_2}, \cdots, a_{hi_h}$ 分别是第 $i_1, i_2, \cdots, i_h$ 列中唯一的非 0 元素.

定义 7.5.1　当式 (7.5.1) 中的系数构成的矩阵形如式 (7.5.2) 所示时, 称 $b_1, \cdots, b_h$ 为 $\widehat{S}_h^b$ 的一组标准基.

下文中总假定 $b_1, \cdots, b_h$ 是 $\widehat{S}_h^b$ 的一组标准基.

记号 $S_{j,l}$, $S_{j,j}$ 的含义同式 (6.2.2), 即 $S_{j,l} = (q-1)q^{j-l-1}$ $(0 \leqslant l \leqslant j-1)$,

$S_{j,j}=1$, 记号 $\widehat{S}_{j,l}$ $(0\leqslant l\leqslant j\leqslant k-1)$ 代表满足 $p=\sum\limits_{\gamma=l+1}^{j+1}x_\gamma\cdot\gamma$ 的那些点, 其中 $x_{l+1}=1$ 且 $x_{j+1}\neq0$, 而 $\widehat{S}_{b_j,b_l}$ 代表那些可以表示成 $\sum\limits_{\gamma=l+1}^{j+1}y_\gamma b_\gamma$ 的点, 其中 $y_{l+1}=1$ 且 $y_{j+1}\neq0$. 容易验证 $|\widehat{S}_{j,l}|=|\widehat{S}_{b_j,b_l}|=S_{j,l}$. 另外, 定义 $\widehat{S}^*_{r+1}=\langle1,\cdots,r-1,r+1,r+2\rangle$.

在 $\widehat{S}_h$ 和 $\widehat{S}^b_h$ 的点之间建立一一对应 $\varphi:\widehat{S}^b_h\to\widehat{S}_h$, 满足 $\varphi(p)=\sum\limits_{\gamma=1}^{h}x_\gamma\cdot\gamma\in\widehat{S}_h$, 如果 $p=\sum\limits_{\gamma=1}^{h}x_\gamma\cdot b_\gamma\in\widehat{S}^b_h$, 则显然, $\varphi(\widehat{S}_{b_j,b_l})=\widehat{S}_{j,l}$ $(0\leqslant l\leqslant j\leqslant h-1)$.

定义 7.5.2　$\varphi:\widehat{S}^b_h\to\widehat{S}_h$ 称作典型对应.

现在我们可以给出接近上界的 NCPDS 成为 NCDS 的充分条件.

定理 7.5.1　假设 $(i_0,i_1,\cdots,i_{r-1},i_r,i_{r+1},\cdots,i_{k-1})$ 是一接近上界的 NCP-DS, 满足

$$i_j=\sum_{l=0}^{j}\alpha_{j,l}S_{j,l},\qquad(7.5.3)$$

这里 $\alpha_{j,l}$ 是整数, 且

$$\alpha_{j,l}\geqslant\alpha_{j+1,l}\geqslant0,\quad \alpha_{j,l}\geqslant\alpha_{j,l+1}\geqslant0,\quad \alpha_{r-1,r-1}\geqslant2\quad(j=0,\cdots,r-1),$$
$$i_{r+2}=qi_{r+1}-c^*,\quad c^*=q^{r+2}-2q^2-q\quad(1\leqslant r\leqslant k-3).$$

则 $(i_0,i_1,\cdots,i_{k-1})$ 是 NCDS.

证明定理 7.5.1 的想法是构造出具体的赋值函数, 即上界赋值函数 $m(\cdot)$, 使它满足定义 7.1.2. 我们通过几个引理完成上界赋值函数 $m(\cdot)$ 的构造.

定义 7.5.3　如果 $i'_j=i_j$ $(j\neq r,r+1)$; $i'_r=i_r+1,i'_{r+1}=i_{r+1}+2q+1;0\leqslant j\leqslant k-1$, 则称 $(i'_0,i'_1,\cdots,i'_r,i'_{r+1},\cdots,i'_{k-1})$ 是 $(i_0,i_1,\cdots,i_r,i_{r+1},\cdots,i_{k-1})$ 的转换序列. 相应地, $(i_0,i_1,\cdots,i_{k-1})$ 称为 $(i'_0,i'_1,\cdots,i'_r,i'_{r+1},\cdots,i'_{k-1})$ 的原序列.

引理 7.5.1　设接近上界的 NCPDS $(i_0,i_1,\cdots,i_{r-1},i_r,i_{r+1},i_{r+2},\cdots,i_{k-1})$ 满足定理 7.5.1 的条件, 那么其转换序列 $(i'_0,i'_1,\cdots,i'_{r-1},i'_r,i'_{r+1},i'_{r+2},\cdots,i'_{k-1})$ 是 CDS.

证明　按照定理 7.5.1 的条件, 我们已经有表达式

$$i'_j=i_j=\sum_{l=0}^{j}\alpha_{j,l}S_{j,l}=\sum_{l=0}^{j}\alpha'_{j,l}S_{j,l}\quad(0\leqslant j\leqslant r-1).\qquad(7.5.4)$$

由此可得

$$i'_r=i_r+1$$

$$= q(i_{r-1} - 1)$$
$$= \alpha_{r-1,0} S_{r,0} + \alpha_{r-1,1} S_{r,1} + \cdots + \alpha_{r-1,r-3} S_{r,r-3}$$
$$\quad + \alpha_{r-1,r-2} S_{r,r-2} + (\alpha_{r-1,r-1} - 1) S_{r,r-1} + (\alpha_{r-1,r-1} - 1) S_{r,r}$$
$$= \sum_{l=0}^{r} \alpha'_{r,l} S_{r,l}, \tag{7.5.5}$$

$$i'_{r+1} = i_{r+1} + 2q + 1$$
$$= q i_r + q = q(i_r + 1)$$
$$= \alpha_{r-1,0} S_{r+1,0} + \alpha_{r-1,1} S_{r+1,1} + \alpha_{r-1,2} S_{r+1,2} + \cdots$$
$$\quad + \alpha_{r-1,r-3} S_{r+1,r-3} + \alpha_{r-1,r-2} S_{r+1,r-2} + (\alpha_{r-1,r-1} - 1) S_{r+1,r-1}$$
$$\quad + (\alpha_{r-1,r-1} - 1) S_{r+1,r} + (\alpha_{r-1,r-1} - 1) S_{r+1,r+1}$$
$$= \sum_{l=0}^{r+1} \alpha'_{r+1,l} S_{r+1,l}, \tag{7.5.6}$$

$$i'_{r+2} = i_{r+2}$$
$$= q i_{r+1} - (q^{r+2} - 2q^2 - q) = q(i_{r+1} + 2q + 1) - q^{r+2}$$
$$= \sum_{l=0}^{r-2} (\alpha_{r-1,l} - 1) S_{r+2,l} + \sum_{l=r-1}^{r+2} (\alpha_{r-1,r-1} - 2) S_{r+2,l}$$
$$= \sum_{l=0}^{r+2} \alpha'_{r+2,l} S_{r+2,l}. \tag{7.5.7}$$

对 $r+3 \leqslant j \leqslant k-1$, 下式成立:

$$i'_j = i_j = q i_{j-1}$$
$$= \sum_{l=0}^{r-2} (\alpha_{r-1,l} - 1) S_{j,l} + \sum_{l=r-1}^{j} (\alpha_{r-1,r-1} - 2) S_{j,l}$$
$$= \sum_{l=0}^{j} \alpha'_{j,l} S_{j,l}. \tag{7.5.8}$$

以上诸式中 $\alpha'_{j,l}$ $(0 \leqslant l \leqslant j \leqslant k-1)$ 的定义为:

如果 $0 \leqslant l \leqslant j \leqslant r-1$, 则

$$\alpha'_{j,l} = \alpha_{j,l};$$

如果 $0 \leqslant l \leqslant r-2$, 则

$$j = r, r+1 \text{时}, \quad \alpha'_{j,l} = \alpha_{r-1,l},$$

$$r+2 \leqslant j \leqslant k-1 \text{时}, \quad \alpha'_{j,l} = \alpha_{r-1,l} - 1;$$

如果 $r-1 \leqslant l$, 则

$$j = r, r+1 \text{时}, \quad \alpha_{j,l} = \alpha_{r-1,r-1} - 1,$$

$$r+2 \leqslant j \leqslant k-1 \text{时}, \quad \alpha_{j,l} = \alpha_{r-1,r-1} - 2.$$

由式 (7.5.4)~(7.5.8), $\alpha'_{j,l}$ 的定义及定理 7.5.1, 我们便得出结论. □

另外, 若我们对引理 7.5.1 中的 CDS $(i'_0, i'_1, \cdots, i'_{r-1}, i'_r, i'_{r+1}, i'_{r+2}, \cdots, i'_{k-1})$, 构造如下赋值函数:

$$m'(p) = \alpha'_{j,l}, \quad \text{当} \ p \in \widehat{S}_{j,l} \ (0 \leqslant l \leqslant j \leqslant k-1), \tag{7.5.9}$$

则类似于定理 6.2.2 的证明过程 (参见 [95]), 我们有下列结论:

$$m'(\widehat{S}_h^b) \leqslant m'(\widehat{S}_h) = \sum_{j=0}^{h-1} i'_j = \sum_{j=0}^{h-1} i_j \, (1 \leqslant h \leqslant r), \tag{7.5.10}$$

$$m'(\widehat{S}_{r+1}^b) \leqslant m'(\widehat{S}_{r+1}) = \sum_{j=0}^{r} i'_j = \sum_{j=0}^{r} i_j + 1, \tag{7.5.11}$$

$$m'(\widehat{S}_h^b) \leqslant m'(\widehat{S}_h) = \sum_{j=0}^{h-1} i'_j = \sum_{j=0}^{h-1} i_j + 2q + 2$$

$$(r+2 \leqslant h \leqslant k). \tag{7.5.12}$$

而为证明定理 7.5.1, 我们希望构造的上界赋值函数 $m(\cdot)$ 必须满足定义 7.1.2. 我们的想法是在赋值函数 $m'(\cdot)$ 的基础上做适当的修改以得到一新的赋值函数, 使得新的赋值函数恰好是原序列 $(i_0, i_1, \cdots, i_{k-1})$ 的赋值函数, 则新的赋值函数即为我们期望构造的上界赋值函数 $m(\cdot)$.

以下叙述对赋值函数 $m'(\cdot)$ 的修改方法: 选择 2 个点 p_1 和 p_2, 满足: p_1 在直线 $\overline{r(r+1)}$ 上, $p_1 \neq r, r+1$, $p_2 \in \widehat{S}_{r,r-2}$, 但 p_2 不在直线 $\overline{(r-1)(r+1)}$ 上. 使 2 条直线 $\overline{(r+2)p_1}, \overline{(r+2)p_2}$ 上除 $r+2$ 以外的每个点的值都减 1; 在直线 $\overline{(r+2)r}$ 上选择 2 个点 $p_3, p_4 \neq r, r+2$, 使它们的值各自减 1 (如果 $q=2$, 则选择 $\overline{(r+2)r}$ 上唯一的点, 使其值减 2); 图 7.1 是 $k=5, r=2$ 时的修改示意图, 经过这样的修改, 我们得到新的赋值函数 $m(\cdot)$. 下面我们证明 $m(\cdot)$ 是上界赋值函数.

由修改方法, 显然有:

引理 7.5.2

$$m(p) \leqslant m'(p), \quad \forall p \in PG(k-1, q),$$

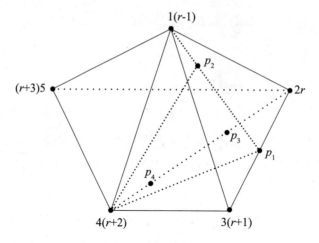

图 7.1 赋值函数的修改示意图

$$m(\widehat{S}_h^b) \leqslant m'(\widehat{S}_h^b) \leqslant m'(\widehat{S}_h) = \sum_{j=0}^{h-1} i_j' = \sum_{j=0}^{h-1} i_j = m(\widehat{S}_h) \quad (1 \leqslant h \leqslant r),$$

$$m(\widehat{S}_{r+1}) = m'(\widehat{S}_{r+1}) - 2 = \left(\sum_{j=0}^{r} i_j + 1\right) - 2 = \sum_{j=0}^{r} i_j - 1 \quad (\text{见式 } (7.5.11))$$

$$m(\widehat{S}_h) = m'(\widehat{S}_h) - 2q - 2$$

$$= \left(\sum_{j=0}^{h-1} i_j + 2q + 2\right) - 2q - 2, \quad (\text{见式}(7.5.12))$$

$$= \sum_{j=0}^{h-1} i_j \quad (r+2 \leqslant h \leqslant k). \tag{7.5.13}$$

由引理 7.5.2 知, $\widehat{S}_h \in M_{h-1}(1 \leqslant h \leqslant k$ 且 $h \neq r+1)$.

为证明 $m(\cdot)$ 满足式 (6.0.1), 对于 $r+1 \leqslant h \leqslant k$, 我们有必要更加精确地估计 $m(\widehat{S}_h^b), \forall \widehat{S}_h^b \subset PG(k-1,q)$.

设

$$b_u = \sum_{j=1}^{k} a_{uj} \cdot j \quad (u = 1, \cdots, h).$$

因为 $b_1, b_2, \cdots, b_h$ 是 $\widehat{S}_h^b$ 的一组标准基, 所以由上文说明, 矩阵 (a_{uj}) 为式 (7.5.2) 所示的阶梯形式, 且 $a_{ui_u} = 1, a_{ut_u}(u = 1, \cdots, h)$ 分别是第 u 行中第 1 个和最后一个非 0 的元素, 另外, $a_{1i_1}, a_{2i_2}, \cdots, a_{hi_h}$ 分别是各列 $i_1, i_2, \cdots, i_h$

中唯一的非 0 元素. 对任一子空间 $\widehat{S}_h^b$, 令

$$\theta(\widehat{S}_h^b) = \begin{cases} \max\{t_i \mid i=1,\cdots,r+1\}, & h=r+1, \\ \max\{t_i \mid i=1,\cdots,r+1,r+2\}, & h \geqslant r+2. \end{cases}$$

下面我们把射影子空间 $\widehat{S}_h^b\ (h \geqslant r+1)$ 分成两类:

(i) 子空间 $\widehat{S}_h^b\ (k \geqslant h \geqslant r+1)$, 满足 $\theta(\widehat{S}_h^b) \geqslant r+3$;

(ii) 子空间 $\widehat{S}_h^b\ (k \geqslant h \geqslant r+1)$, 满足 $\theta(\widehat{S}_h^b) \leqslant r+2$.

对于 (i) 中子空间的值, 我们有:

引理 7.5.3　对 (i) 中的任意子空间 $\widehat{S}_h^b, m(\widehat{S}_h^b) < \sum\limits_{j=0}^{h-1} i_j$ 成立.

证明　根据 h 的取值, 分以下情况讨论. 为叙述方便, 证明过程中简记 $\theta(\widehat{S}_h^b)$ 为 θ.

情况 1　$h=r+1$.

考虑 $\widehat{S}_{r+1}^b$ 中点的集合 Ω, 它们在表示成 $i_1, i_1+1, \cdots, \theta-1, \theta$ 的线性组合时, θ 前的系数非 0. 可以计算 Ω 中所包含的点的个数为 q^r.

如果点 $p \in \Omega$, 则总存在 $\widehat{S}_{b_j,b_l}\ (0 \leqslant l \leqslant j \leqslant r)$, 满足 $p \in \widehat{S}_{b_j,b_l} = \{\, y_{l+1}b_{l+1} + \cdots + y_{j+1}b_{j+1} \mid y_{l+1}=1,\ y_{j+1} \neq 0 \,\} \subset \{x_{i_{l+1}} \cdot i_{l+1} + \cdots + x_\theta \cdot \theta \mid x_{i_{l+1}} = 1, x_\theta \neq 0\}$. 由 $i_{l+1} \geqslant l+1$, 赋值函数 $m'(\cdot)$ 的定义式 (7.5.9) 以及引理 7.5.2, 可得

$$m(p) \leqslant m'(p) = \alpha'_{\theta-1,i_{l+1}-1} \leqslant \alpha'_{\theta-1,l} \leqslant \alpha'_{r+2,l} \leqslant \alpha'_{j,l} - 1 = m'(\varphi(p)) - 1,$$

其中 φ 是典型对应 (参见定义 7.5.2).

如果点 $p \notin \Omega$, 不失一般性, 仍假设 $p \in \widehat{S}_{b_j,b_l}$, 则可得到

$$p \in \{x_{i_{l+1}} \cdot i_{l+1} + \cdots + x_w \cdot w \mid x_{i_{l+1}} = 1, x_w \neq 0, w \geqslant i_{j+1} \geqslant j+1\},$$

因此

$$m(p) \leqslant m'(p) = \alpha'_{w-1,i_{l+1}-1} \leqslant \alpha'_{w-1,l} \leqslant \alpha'_{j,l} = m'(\varphi(p)).$$

于是我们推得

$$\begin{aligned} m(\widehat{S}_{r+1}^b) \leqslant m'(\widehat{S}_{r+1}^b) &= \sum_{j=0}^{r}\sum_{l=0}^{j} m'(\widehat{S}_{b_j,b_l}) \\ &= \sum_{j=0}^{r}\sum_{l=0}^{j}\sum_{p \in \widehat{S}_{b_j,b_l}} m'(p) \end{aligned}$$

$$\leqslant \sum_{j=0}^{r} \sum_{l=0}^{j} \sum_{p \in \widehat{S}_{b_j, b_l}} m'(\varphi(p)) - q^r$$

$$= \sum_{j=0}^{r} \sum_{l=0}^{j} m'(\widehat{S}_{j,l}) - q^r = m'(\widehat{S}_{r+1}) - q^r$$

$$= (\sum_{j=0}^{r} i_j + 1) - q^r \quad (\text{由式 } (7.5.11))$$

$$< \sum_{j=0}^{r} i_j.$$

情况 2 $h = r+2$.

类似于 $h = r+1$ 的情况, 可以验证

$$m(\widehat{S}_{r+2}^b) \leqslant m'(\widehat{S}_{r+2}^b) \leqslant m'(\widehat{S}_{r+2}) - q^{r+1}$$

$$= \left(\sum_{j=0}^{r+1} i_j + 2q + 2\right) - q^{r+1} \quad (\text{由式 } (7.5.12))$$

$$< \sum_{j=0}^{r+1} i_j.$$

情况 3 $r+3 \leqslant h \leqslant k$.

这时, 我们有

$$m(\widehat{S}_h^b) \leqslant m'(\widehat{S}_h^b) = \sum_{j=0}^{r+1} \sum_{l=0}^{j} m'(\widehat{S}_{b_j, b_l}) + \sum_{j=r+2}^{h-1} \sum_{l=0}^{j} m'(\widehat{S}_{b_j, b_l})$$

$$\leqslant \sum_{j=0}^{r+1} \sum_{l=0}^{j} m'(\widehat{S}_{j,l}) - q^{r+1} + \sum_{j=r+2}^{h-1} \sum_{l=0}^{j} m'(\widehat{S}_{j,l})$$

$$= m'(\widehat{S}_h) - q^{r+1}$$

$$= \left(\sum_{j=0}^{h-1} i_j + 2q + 2\right) - q^{r+1} \quad (\text{由式 } (7.5.12))$$

$$< \sum_{j=0}^{h-1} i_j. \qquad \qquad \square$$

现在我们估计 (ii) 中子空间的值. 设 $\widehat{S}_h^b$ 属于情形 (ii), 即 $\theta(\widehat{S}_h^b) \leqslant r+2$. 为方便, 我们仍然简记 $\theta(\widehat{S}_h^b)$ 为 θ. 由 $\theta \leqslant r+2$, 我们推出下列事实:

情形 1 如果 $h = r+1$, 则 $\widehat{S}_h^b = \widehat{S}_{r+1}^b \subset \widehat{S}_{r+2}$;

情形 2　如果 $h = r+2$, 则 $\widehat{S}_h^b = \widehat{S}_{r+2}^b = \widehat{S}_{r+2}$;

情形 3　如果 $k \geqslant h \geqslant r+3$, 则 $\widehat{S}_h^b \supset \widehat{S}_{r+2}$.

因此, 如果 $h = r+2$, 则由式 (7.5.13) 知

$$m(\widehat{S}_h^b) = m(\widehat{S}_{r+2}^b) = m(\widehat{S}_{r+2}) = \sum_{j=0}^{r+1} i_j.$$

如果 $k \geqslant h \geqslant r+3$, 则由 $\widehat{S}_h^b \supset \widehat{S}_{r+2}$ 知, $\widehat{S}_h^b$ 的标准基 $b_1, b_2, \cdots, b_h$ 在表示成 $1, 2, \cdots, k$ 的线性组合时, 系数矩阵应有下列形式:

$$
\begin{array}{c}
\\
b_1 \\
\vdots \\
b_{r+2} \\
b_{r+3} \\
\vdots \\
b_h
\end{array}
\begin{array}{c}
\begin{array}{ccccccc}
1 & \cdots & r+2 & & r+3 & \cdots & k
\end{array} \\
\left(
\begin{array}{ccccccc}
* & \cdots & * & & 0 & \cdots & 0 \\
\vdots & & \vdots & & \vdots & & \vdots \\
* & \cdots & * & & 0 & \cdots & 0 \\
0 & \cdots & 0 & & * & \cdots & * \\
\vdots & & \vdots & & \vdots & & \vdots \\
0 & \cdots & 0 & & * & \cdots & *
\end{array}
\right),
\end{array}
$$

这里 "*" 代表非 0 块中的元素, "0" 代表 0 块中的元素. 因此, 对于 $r+3 \leqslant h \leqslant k$, 我们有

$$
\begin{aligned}
m(\widehat{S}_h^b) &= \sum_{j=0}^{r+1} \sum_{l=0}^{j} m(\widehat{S}_{b_j,b_l}) + \sum_{j=r+2}^{h-1} \sum_{l=0}^{j} m(\widehat{S}_{b_j,b_l}) \\
&= \sum_{j=0}^{r+1} \sum_{l=0}^{j} m(\widehat{S}_{b_j,b_l}) + \sum_{j=r+2}^{h-1} \sum_{l=0}^{j} m'(\widehat{S}_{b_j,b_l}) \\
&\leqslant (m'(\widehat{S}_{r+2}) - (2q+2)) + \sum_{j=r+2}^{h-1} \sum_{l=0}^{j} m'(\widehat{S}_{j,l}) \\
&= \sum_{j=0}^{r+1} i_j' + \sum_{j=r+2}^{h-1} i_j' - (2q+2) \\
&= \sum_{j=0}^{h-1} i_j' - (2q+2) \\
&= \sum_{j=0}^{h-1} i_j.
\end{aligned}
$$

所以我们证明了:

引理 7.5.4 如果 $\widehat{S}_h^b$ 是 (ii) 中的子空间, 且 $r+3 \leqslant h \leqslant k$, 则 $m(\widehat{S}_h^b) \leqslant \sum_{j=0}^{h-1} i_j$.

最后我们再估计 $h = r+1$ 时的 $m(\widehat{S}_h^b)$. 由情形 1, 这时 $\widehat{S}_h^b = \widehat{S}_{r+1}^b \subset \widehat{S}_{r+2}$, 关于这些子空间, 我们有:

引理 7.5.5 $m(\widehat{S}_{r+1}^b) \leqslant \sum_{j=0}^{r} i_j, \forall \widehat{S}_{r+1}^b \subset \widehat{S}_{r+2}$.

证明 我们分几种情况来验证此引理.

情况 1 $r+2 \notin \widehat{S}_{r+1}^b$.

这时, 注意到

$$\widehat{S}_{r+1}^b \bigcap \overline{(r+2)p_1} \neq \emptyset, \quad \widehat{S}_{r+1}^b \bigcap \overline{(r+2)p_2} \neq \emptyset,$$

回顾我们对 $m'(\cdot)$ 修改时, 2 条直线 $\overline{(r+2)p_1}, \overline{(r+2)p_2}$ 上除 $r+2$ 以外的每个点的值都减少了 1, 所以

$$m(\widehat{S}_{r+1}^b) \leqslant m'(\widehat{S}_{r+1}^b) - 2 \leqslant \left(\sum_{j=0}^{r} i_j + 1 \right) - 2 < \sum_{j=0}^{r} i_j.$$

情况 2 $r+2 \in \widehat{S}_{r+1}^b$ 且 $r \in \widehat{S}_{r+1}^b$.

这时, 由对 $m'(\cdot)$ 修改的过程: 直线 $\overline{(r+2)r}$ 上的点 p_3, p_4 的值各自减 1, 可得

$$m(\widehat{S}_{r+1}^b) \leqslant m'(\widehat{S}_{r+1}^b) - 2 \leqslant \sum_{j=0}^{r} i_j' - 2$$

$$= \left(\sum_{j=0}^{r} i_j + 1 \right) - 2 < \sum_{j=0}^{r} i_j$$

情况 3 $r+2 \in \widehat{S}_{r+1}^b$ 且 $r \notin \widehat{S}_{r+1}^b$.

这时, $\widehat{S}_{r+1}^b \bigcap \langle r, r+1, r+2 \rangle$ 中至少有 1 条直线 l, 且 $r \notin l$, 于是 $\widehat{S}_{r+1}^b$ 至少有 1 个基元素 b_r, 满足 $m'(b_r) \leqslant m'(\varphi(b_r)) - 1 = m'(r) - 1$, 再通过类似于引理 7.5.3 的证明过程, 得

$$m(\widehat{S}_{r+1}^b) \leqslant m'(\widehat{S}_{r+1}^b) \leqslant m'(\widehat{S}_{r+1}) - 1$$

$$= \left(\sum_{j=0}^{r} i_j + 1 \right) - 1 = \sum_{j=0}^{r} i_j. \qquad \square$$

由赋值函数 $m'(\cdot), m(\cdot)$ 的定义过程, 不难验证

$$m(\widehat{S}_{r+1}^*) = m'(\widehat{S}_{r+1}^*)$$

$$= m'(\langle 1, 2, \cdots, r-1, r+1, r+2 \rangle) = \sum_{j=0}^{r} i_j. \tag{7.5.14}$$

综上, $\widehat{S}_{r+1}^*$ 是赋值最大的 r 维射影子空间. 由引理 7.5.2~7.5.5 和式 (7.5.14), 我们得到:

引理 7.5.6 我们构造的上界赋值函数 $m(\cdot)$ 满足式 (6.0.1).

引理 7.5.7 如果 $m(\widehat{S}_{r+1}^b) = \sum\limits_{j=0}^{r} i_j$, $m(\widehat{S}_r^b) = \sum\limits_{j=0}^{r-1} i_j$, 则 $\widehat{S}_r^b \nsubseteq \widehat{S}_{r+1}^b$ 恒成立, 即任何赋值最大的 r 维射影子空间都不包含赋值最大的 $r-1$ 维射影子空间.

证明 从引理 7.5.3 和 7.5.5 的证明知, 值为 $\sum\limits_{j=0}^{r} i_j$ 的 r 维射影子空间 $\widehat{S}_{r+1}^b$ 一定出现在引理 7.5.5 证明过程的情况 3 中, 对这样的 $\widehat{S}_{r+1}^b$, 如果 $\widehat{S}_r^b \subset \widehat{S}_{r+1}^b$, 则 $r \notin \widehat{S}_r^b$, 因此 $\widehat{S}_r^b$ 的基元素 b_r 满足 $m'(b_r) \leqslant m'(\varphi(b_r)) - 1 = m'(r) - 1$. 类似于引理 7.5.3 的证明过程, 得 $m(\widehat{S}_r^b) < \sum\limits_{j=0}^{r-1} i_j$. □

定理 7.5.1 的证明 由引理 7.5.6 和 7.5.7 及定义 7.1.2, 知定理成立. □

设 π_r 由式 (6.2.1) 定义, 由文献 [16], 我们有:

引理 7.5.8 对任何链可行序列 $(i_0, i_1, \cdots, i_{k-1})$, 都有 $\pi_0 \geqslant \pi_1 \geqslant \cdots \geqslant \pi_{k-1}$, 且

$$i_r = \sum_{j=0}^{r} \pi_j S_{r,j} \quad (0 \leqslant r \leqslant k-1).$$

定义

$$m_r = \lfloor i_r / q^r \rfloor \ (0 \leqslant r \leqslant k-1), \quad p_r = i_r - m_r q^r.$$

令

$$\delta_r = \begin{cases} 0, & p_{r+1} \leqslant p_r q \\ 1, & p_{r+1} > p_r q \end{cases} \quad (0 \leqslant r \leqslant k-2).$$

不失一般性 [27], 我们可以假设

$$m_t = m_{t+1} + \delta_t \quad (0 \leqslant t \leqslant r-2).$$

对任意近链可行序列 $(i_0, i_1, \cdots, i_{r-1}, i_r, i_{r+1}, \cdots, i_{k-1})$, 类似于文献 [27], 我们推出

$$m_{r-1} = \pi_{r-1} + \sum_{t=0}^{r-2} (\delta_t (q^{t+1} - 1) + q p_t - p_{t+1}),$$

并由

$$0 \leqslant \delta_t (q^{t+1} - 1) + q p_t - p_{t+1} \leqslant q^{t+1} - 2,$$

还可推出

$$0 \leqslant f(q) := \sum_{t=0}^{r-2} (\delta_t(q^{t+1}-1) + qp_t - p_{t+1})$$

$$\leqslant F(q) := \frac{q}{q-1}(q^{r-1}-1) - 2r + 2.$$

由定理 7.5.1 及上面的分析, 我们有:

定理 7.5.2 设 $(i_0, i_1, \cdots, i_{r-1}, i_r, i_{r+1}, \cdots, i_{k-1})$ 是链可行序列, 且满足

$$i_r = U_r := qi_{r-1} - (q+1), \tag{7.5.15}$$

$$i_{r+1} = U_{r+1} := qi_r - (q+1), \tag{7.5.16}$$

$$i_{r+2} = U_{r+2} := qi_{r+1} - (q^{r+2} - 2q^2 - q), \tag{7.5.17}$$

$$i_j = U_j := qi_{j-1} \quad (r+3 \leqslant j \leqslant k-1), \tag{7.5.18}$$

$$\pi_{r-1} \geqslant 2, \tag{7.5.19}$$

其中 $1 \leqslant r \leqslant k-3$, 则 $(i_0, i_1, \cdots, i_{k-1})$ 是 NCDS. 式 (7.5.19) 等价于 $m_{r-1} \geqslant 2 + f(q)$.

证明 只需在式 (7.5.3) 中令 $\alpha_{j,l} = \pi_l$, 然后由定理 7.5.1 证明中得到的上界赋值函数 $m(\cdot)$, 即可推出

$$\pi_{r-1} - 2 = \min\{m(p)|p \in PG(k-1,q)\}. \qquad \square$$

7.5.2 一些子空间的集合

本小节将构造一些不同维数的子空间的集合以便能得到一般结构, 如同前文解释的那样. 在下列诸引理中, 用 cS 表示 $S \subset PG(k-1,q)$ 的多重集, 即 S 中的每个元素重复出现 c 次, 记号 Δ, j_i ($\forall i$) 是变量, 其中

$$0 < \Delta \leqslant q-1, \quad 0 \leqslant j_i \leqslant q-1 \ (\forall i).$$

另外, 本节中记号 $\widehat{S}_h^b$ 代表的子空间的基元素 $b_1, b_2, \cdots, b_h$ 不再特指标准基. 为了方便, 我们调整坐标顺序, 重新表示 $PG(k-1,q)$ 的基为

$$1 = (0, \cdots, 0, 1), 2 = (0, \cdots, 1, 0), \cdots, k = (1, \cdots, 0, 0).$$

首先, 对固定的 Δ 和 j_i $(-(k-r-2) \leqslant i \leqslant r, r \geqslant 2)$, 我们研究由下列点生成的子空间 $\widehat{S}_{k-r}^b$:

	k	$k-1$	$\cdots$	$r+w$	$\cdots$	$r+1$	r	$r-1$	$\cdots$	2	1
b_1	$(0$	0	$\cdots$	0	$\cdots 001$	j_1	0	j_2	$\cdots$	j_{r-1}	$j_r)$,
b_2	$(0$	0	$\cdots$	0	$\cdots 000$	1	Δ	j_1	$\cdots$	j_{r-2}	$j_{r-1})$,
b_3	$(0$	0	$\cdots$	0	$\cdots 010$	0	j_{-1}	j_0	$\cdots$	j_{r-3}	$j_{r-2})$,
$\vdots$	$\vdots$	$\vdots$	$\vdots$	$\vdots$	$\vdots \vdots \vdots$	$\vdots$	$\vdots$	$\vdots$	$\vdots$	$\vdots$	$\vdots$
b_w	$(0$	0	$\cdots$	1	$\cdots 000$	0	$j_{-(w-2)}$	$j_{-(w-3)}$	$\cdots$	j_{r-w}	$j_{r+1-w})$,
$\vdots$	$\vdots$	$\vdots$	$\vdots$	$\vdots$	$\vdots \vdots \vdots$	$\vdots$	$\vdots$	$\vdots$	$\vdots$	$\vdots$	$\vdots$
b_{k-r}	$(1$	0	$\cdots$	0	$\cdots 000$	0	$j_{-(k-r-2)}$	$j_{-(k-r-3)}$	$\cdots$	j_{2r-k}	$j_{2r-k+1})$,

其中 $3 \leqslant w \leqslant k-r$, 记号

$$\bigcup \widehat{S}_{k-r}^{b} := \bigcup_{\Delta} \bigcup_{j_{-(k-r-2)}} \cdots \bigcup_{j_r} \widehat{S}_{k-r}^{b}$$

表示变量 $\Delta, j_{-(k-r-2)}, \cdots, j_r$ 各自取遍其值的变化范围时, 相应的子空间 $\widehat{S}_{k-r}^{b}$ 所含的点的并集, 其中重复的点按重复次数计算. 这时我们有:

引理 7.5.9

$$\bigcup \widehat{S}_{k-r}^{b} = (q-1)q^{k-r-1}(\widehat{S}_k \setminus \widehat{S}_{r+2}) \bigcup (q-1)q^{k-r-1}(\widehat{S}_{r+2} \setminus \widehat{S}_{r+1})$$

$$\bigcup q^{k-r}(\widehat{S}_{r+1} \setminus \widehat{S}_r \setminus \widehat{S}_{r+1}^{*}).$$

证明 我们注意到出现在 $\bigcup \widehat{S}_{k-r}^{b}$ 中的点可划分为 3 部分, 即

$$(\widehat{S}_k \setminus \widehat{S}_{r+2}) \bigcup (\widehat{S}_{r+2} \setminus \widehat{S}_{r+1}) \bigcup (\widehat{S}_{r+1} \setminus \widehat{S}_r \setminus \widehat{S}_{r+1}^{*}),$$

所以, 只需计算每一部分的点在 $\bigcup \widehat{S}_{k-r}^{b}$ 中重复出现的次数即可. 固定一个点 $p \in (\widehat{S}_k \setminus \widehat{S}_{r+2}) \bigcup (\widehat{S}_{r+2} \setminus \widehat{S}_{r+1}) \bigcup (\widehat{S}_{r+1} \setminus \widehat{S}_r \setminus \widehat{S}_{r+1}^{*})$, 我们假设

$$p = (c_1, c_2, \cdots, c_{k-r-2}, c_{k-r-1}, \cdots, c_k), \tag{7.5.20}$$

则

$$p \in \widehat{S}_k \setminus \widehat{S}_{r+2}.$$

设

$$p = x_1 b_{k-r} + x_2 b_{k-r-1} + \cdots + x_{k-r} b_1. \tag{7.5.21}$$

由于 $p \in \widehat{S}_k \setminus \widehat{S}_{r+2}$, 所以应存在 $c_i \neq 0 (1 \leqslant i \leqslant k-r-2)$. 不失一般性, 我们假

设 $c_1 \neq 0$. 从式 (7.5.20) 和 (7.5.21), 我们得

$$
\begin{cases}
x_1 = c_1, \\
\cdots, \\
x_{k-r-2} = c_{k-r-2}, \\
x_{k-r} = c_{k-r-1}, \\
x_{k-r-1} + x_{k-r}j_1 = c_{k-r}, \\
x_1 j_{-(k-r-2)} + x_2 j_{-(k-r-3)} + \cdots + x_{k-r-2}j_{-1} + x_{k-r-1}\Delta = c_{k-r+1}, \\
x_1 j_{-(k-r-3)} + x_2 j_{-(k-r-4)} + \cdots + x_{k-r-1}j_1 + x_{k-r}j_2 = c_{k-r+2}, \\
x_1 j_{-(k-r-4)} + x_2 j_{-(k-r-5)} + \cdots + x_{k-r-1}j_2 + x_{k-r}j_3 = c_{k-r+3}, \\
\cdots, \\
x_1 j_{2r-k+1} + x_2 j_{2r-k+2} + \cdots + x_{k-r-1}j_{r-1} + x_{k-r}j_r = c_k.
\end{cases}
\tag{7.5.22}
$$

上式等价于方程组

$$
\begin{cases}
x_{k-r-1} + c_{k-r-1}j_1 = c_{k-r}, \\
c_1 j_{-(k-r-2)} + c_2 j_{-(k-r-3)} + \cdots + c_{k-r-2}j_{-1} + x_{k-r-1}\Delta = c_{k-r+1}, \\
c_1 j_{-(k-r-3)} + c_2 j_{-(k-r-4)} + \cdots + x_{k-r-1}j_1 + c_{k-r-1}j_2 = c_{k-r+2}, \\
\cdots, \\
c_1 j_{2r-k+1} + c_2 j_{2r-k+2} + \cdots + x_{k-r-1}j_{r-1} + c_{k-r-1}j_r = c_k.
\end{cases}
\tag{7.5.23}
$$

式 (7.5.23) 是一个以 $(x_{k-r-1}, \Delta, j_{-(k-r-2)}, \cdots, j_{-1}, j_0, j_1, \cdots, j_r)$ 为未知量的方程组, 注意到经过点 p 的子空间的个数, 也即点 p 重复出现的次数是和方程组 (7.5.23) 的解的个数相等的, 因此, 只需验证方程组 (7.5.23) 的解的个数是否等于 $(q-1)q^{k-r-1}$ 即可.

先设 $c_{k-r-1} = 0$, 则式 (7.5.23) 是一个以 $(\Delta, j_{-(k-r-2)}, \cdots, j_{-1}, j_0, j_1, j_r)$ 为未知量的线性方程组. 按照线性方程组的理论, 我们可选择 Δ, j_{2r-k+2}, j_{2r-k+3}, $\cdots$, j_r 为自由未知量 ($c_1 \neq 0$), 因此, 点 p 重复出现的次数应是 $(q-1)q^{k-r-1}$.

现设 $c_{k-r-1} \neq 0$, 则从 $c_1 \neq 0$, $c_{k-r-1} \neq 0$, 可把方程组 (7.5.23) 改写为

$$
\begin{cases}
j_1 = c_{k-r-1}^{-1}(c_{k-r} - x_{k-r-1}), \\
j_{-(k-r-2)} = c_1^{-1}(c_{k-r+1} - x_{k-r-1}\Delta - \cdots - c_{k-r-2}j_{-1} - c_2 j_{-(k-r-3)}), \\
j_2 = c_{k-r-1}^{-1}(c_{k-r+2} - x_{k-r-1}j_1 - \cdots - c_2 j_{-(k-r-4)} - c_1 j_{-(k-r-3)}), \\
\cdots, \\
j_r = c_{k-r-1}^{-1}(c_k - x_{k-r-1}j_{r-1} - \cdots - c_2 j_{2r-k+2} - c_1 j_{2r-k+1}).
\end{cases}
\tag{7.5.24}
$$

这时, 选择 $x_{k-r-1}, \Delta, j_{-(k-r-3)}, \cdots, j_{-1}, j_0$ 作为方程组 (7.5.24) 的自由未知量, 其中 x_{k-r-1} 的变化范围是: $0 \sim q-1$. 从而, 我们便得到 $(q-1)q^{k-r-1}$ 组解. □

类似地, 可以证明引理 7.5.9 的其他结论以及以下诸引理都是正确的.

接下来, 对固定的 $\Delta, j_i \ (-(k-r-1) \leqslant i \leqslant r-1, r \geqslant 2)$, 我们研究由以下点生成的子空间 $\widehat{S}_{k-r}^b$:

	k	$k-1$	$\cdots$	$r+3$	$r+2$	$r+1$	r	$r-1$	$r-2$	$\cdots$	1
b_1	$(0$	0	$\cdots$	0	1	0	Δ	j_1	j_2	$\cdots$	$j_{r-1})$,
b_2	$(0$	0	$\cdots$	0	0	1	0	j_0	j_1	$\cdots$	$j_{r-2})$,
b_3	$(0$	0	$\cdots$	1	0	0	j_{-2}	j_{-1}	j_0	$\cdots$	$j_{r-3})$,
$\vdots$	$\vdots$	$\vdots$		$\vdots$	$\vdots$	$\vdots$	$\vdots$	$\vdots$	$\vdots$		$\vdots$
b_{k-r}	$(1$	0	$\cdots$	0	0	0	$j_{-(k-r-1)}$	$j_{-(k-r-2)}$	$j_{-(k-r-3)}$	$\cdots$	$j_{2r-k})$.

关于这个子空间, 我们有:

引理 7.5.10

$$\bigcup \widehat{S}_{k-r}^b = (q-1)q^{k-r-1}(\widehat{S}_k \setminus \widehat{S}_{r+2}) \bigcup q^{k-r}(\widehat{S}_{r+2} \setminus \widehat{S}_{r+1} \setminus \widehat{S}_{r+1}^*)$$
$$\bigcup (q-1)q^{k-r}((\widehat{S}_{r+1} \bigcap \widehat{S}_{r+1}^*) \setminus \widehat{S}_{r-1}).$$

接下来, 研究由以下点生成的子空间 $\widehat{S}_{k-r-1}^b \ (r \geqslant 2)$:

	k	$\cdots$	$r+4$	$r+3$	$r+2$	$r+1$	r	$r-1$	$r-2$	$\cdots$	1
b_1	$(0$	$\cdots$	0	0	0	1	Δ	j_1	j_2	$\cdots$	$j_{r-1})$,
b_2	$(0$	$\cdots$	0	1	j_{-2}	0	j_{-1}	j_0	j_1	$\cdots$	$j_{r-2})$,
b_3	$(0$	$\cdots$	1	0	j_{-3}	0	j_{-2}	j_{-1}	j_0	$\cdots$	$j_{r-3})$,
$\vdots$	$\vdots$		$\vdots$	$\vdots$	$\vdots$	$\vdots$	$\vdots$	$\vdots$	$\vdots$		$\vdots$
b_{k-r-1}	$(1$	$\cdots$	0	0	$j_{-(k-r-1)}$	0	$j_{-(k-r-2)}$	$j_{-(k-r-3)}$	$j_{-(k-r-4)}$	$\cdots$	$j_{2r-k+1})$.

关于这个子空间, 我们有以下结论:

引理 7.5.11

$$\bigcup \widehat{S}_{k-r-1}^b = (q-1)q^{k-r-2}(\widehat{S}_k \setminus \widehat{S}_{r+2}) \bigcup q^{k-r}(\widehat{S}_{r+1} \setminus \widehat{S}_r \setminus \widehat{S}_{r+1}^*).$$

接下来, 研究由以下点生成的子空间 $\widehat{S}_{k-r-1}^b \ (r \geqslant 2)$:

	k	$k-1$	$\cdots$		$\cdots$			$\cdots$			$\cdots$	1
b_1	$(0$	0	$\cdots$	0	0	1	j_0	Δ	j_1	j_2	$\cdots$	$j_{r-1})$,
b_2	$(0$	0	$\cdots$	0	1	0	j_{-2}	j_{-1}	j_0	j_1	$\cdots$	$j_{r-2})$,
$\vdots$	$\vdots$	$\vdots$		$\vdots$	$\vdots$	$\vdots$	$\vdots$	$\vdots$	$\vdots$	$\vdots$		$\vdots$
b_{k-r-1}	$(1$	0	$\cdots$	0	0	0	$j_{-(k-r-1)}$	$j_{-(k-r-2)}$	$j_{-(k-r-3)}$	$j_{-(k-r-4)}$	$\cdots$	$j_{2r-k+1})$.

关于这个子空间, 我们有:

引理 7.5.12

$$\bigcup \widehat{S}_{k-r-1}^{b} = (q-1)q^{k-r-2}(\widehat{S}_k \setminus \widehat{S}_{r+2}) \bigcup q^{k-r-1}(\widehat{S}_{r+2} \setminus \widehat{S}_{r+1} \setminus \widehat{S}_{r+1}^{*}).$$

最后, 我们考虑由以下点生成的子空间 $\widehat{S}_{k-t+1}^{b}$ $(r+3 \leqslant t \leqslant k-1)$:

	k	$k-1$	$\cdots$	$t+2$	$t+1$	t	$t-1$	$t-2$	$\cdots$	1
b_1	$(0$	0	$\cdots$	0	0	1	j_1	j_2	$\cdots$	$j_{t-1})$,
b_2	$(0$	0	$\cdots$	0	1	0	j_0	j_1	$\cdots$	$j_{t-2})$,
$\vdots$	$\vdots$	$\vdots$	$\vdots$	$\vdots$	$\vdots$	$\vdots$	$\vdots$	$\vdots$		$\vdots$
b_{k-t+1}	$(1$	0	$\cdots$	0	0	0	j_{t+1-k}	j_{t+2-k}	$\cdots$	$j_{t-(k+1-t)})$.

关于这个子空间, 我们有:

引理 7.5.13

$$\bigcup \widehat{S}_{k-t+1}^{b} = q^{k-t}(\widehat{S}_k \setminus \widehat{S}_{t-1}) \quad (r+3 \leqslant t \leqslant k-1).$$

7.5.3　一般 NCDS 的结构

让我们先研究引理 7.5.9 中构造的子空间 $\widehat{S}_{k-r}^{b}$ 的性质. 假设 $(i_0, i_1, \cdots, i_{k-1})$ 满足定理 7.5.2 的条件, 则由已构造的上界赋值函数 $m(\cdot)$, 我们得到

$$\pi_{r-1} - 2 = \min\{m(p) | p \in (\widehat{S}_k \setminus \widehat{S}_{r+2})\}, \tag{7.5.25}$$

$$\pi_{r-1} - 2 = \min\{m(p) | p \in (\widehat{S}_{r+2} \setminus \widehat{S}_{r+1})\}, \tag{7.5.26}$$

$$\pi_{r-1} - 2 = \min\{m(p) | p \in (\widehat{S}_{r+1} \setminus \widehat{S}_r \setminus \widehat{S}_{r+1}^{*})\}. \tag{7.5.27}$$

现在我们对 $m(\cdot)$ 做如下修改并记为 $m_0(\cdot)$:

$$m_0(p) = \begin{cases} m(p) - 1, & p \in \widehat{S}_{k-r}^{b}, \\ m(p), & \text{其他}. \end{cases}$$

注意到 $\widehat{S}_{k-r}^{b} \bigcap \widehat{S}_h = \emptyset$ $(1 \leqslant h \leqslant r)$, 所以, $m_0(\widehat{S}_h) = \sum_{j=0}^{h-1} i_j$ 在维数为 $h-1$ $(1 \leqslant h \leqslant r)$ 的子空间中仍然保持最大. 类似地, 由于 $\widehat{S}_{k-r}^{b} \bigcap \widehat{S}_{r+1}^{*}$ 恰好有 1 个点, 而 $\widehat{S}_{k-r}^{b}$ 和维数为 r 的除 $\widehat{S}_{r+1}^{*}$ 外的任意子空间的交至少有 1 个点, 所以 $m_0(\widehat{S}_{r+1}^{*}) = \sum_{j=0}^{r} i_j - 1$ 在所有 r 维子空间中仍然保持最大. 类似地,

$m_0(\widehat{S}_t) = \sum\limits_{j=0}^{t-1} i_j - \sum\limits_{w=0}^{t-r-1} q^w$ 在维数为 $t-1\,(r+2 \leqslant t \leqslant k)$ 的子空间中是最大的, 由这些事实推出满足定理 7.5.2 中式 (7.5.15)~(7.5.19) 及 $U_r - 1 \leqslant i_r \leqslant U_r$ 的 $(i_0, \cdots, i_{r-1}, i_r, i_{r+1}, \cdots, i_{k-1})$ 也是 NCDS. 我们可以通过在引理 7.5.9 中以某个固定的顺序在 $\bigcup \widehat{S}_{k-r}^b$ 中选择 $\widehat{S}_{k-r}^b$ 来重复上述修改过程, 直到 $\bigcup \widehat{S}_{k-r}^b$ 循环 1 个周期, 这时 $i_r = U_r - q^{k-r} \cdot (q-1)q^{r-1} = U_r - (q-1)q^{k-1}$. 我们可以继续重复这种操作 ω 次直到 $i_r = U_r - \omega(q-1)q^{k-1}$. 由式 (7.5.25)~(7.5.27) 和引理 7.5.9, 并经计算, 可得 $\omega = \lfloor (\pi_{r-1} - 2)/q^{k-r} \rfloor$.

经过这样的系列修改后, 我们不妨仍然记赋值函数为 $m_0(\cdot)$. 由引理 7.5.9 可得

$$\pi_{r-1} - 2 - \omega(q-1)q^{k-r-1} = \min\{m_0(p)|p \in (\widehat{S}_k \setminus \widehat{S}_{r+2})\}, \tag{7.5.28}$$

$$\pi_{r-1} - 2 - \omega(q-1)q^{k-r-1} = \min\{m_0(p)|p \in (\widehat{S}_{r+2} \setminus \widehat{S}_{r+1} \setminus \widehat{S}_{r+1}^*)\}, \tag{7.5.29}$$

$$\pi_{r-1} - 1 = \min\{m_0(p)|p \in ((\widehat{S}_{r+1} \cap \widehat{S}_{r+1}^*) \setminus \widehat{S}_{r-1})\}. \tag{7.5.30}$$

接下来, 我们再通过把引理 7.5.10 中的子空间 $\widehat{S}_{k-r}^b$ 上的每个点的值减 1 的方法继续修改赋值函数 $m_0(\cdot)$. 类似地, 根据式 (7.5.28)~(7.5.30) 及引理 7.5.10 可以计算, 这样的修改可使引理 7.5.10 的多重集 $\bigcup \widehat{S}_{k-r}^b$ 重复 ω^* 次, 直到

$$\begin{aligned} i_r &= U_r - \omega(q-1)q^{k-1} - \omega^*(q-1)q^{k-r} \cdot q^{r-1} \\ &= U_r - (\omega + \omega^*)(q-1)q^{k-1}, \end{aligned}$$

其中

$$\omega^* = \min\left(\left\lfloor \frac{\pi_{r-1} - 2 - \omega(q-1)q^{k-r-1}}{q^{k-r}} \right\rfloor, \left\lfloor \frac{\pi_{r-1} - 1}{(q-1)q^{k-r}} \right\rfloor \right).$$

因此我们证明了:

引理 7.5.14　对于链可行序列 $(i_0, \cdots, i_{r-1}, i_r, i_{r+1}, \cdots, i_{k-1})$, 如果它满足式 (7.5.16)~(7.5.19) 和 $U_r - (\omega + \omega^*)(q-1)q^{k-1} \leqslant i_r \leqslant U_r$, 则它是 NCDS.

下面我们估计表达式 $U_r - (\omega + \omega^*)(q-1)q^{k-1}$ 的值. 由定理 7.5.2 前的说明得

$$\begin{aligned} \omega &= \left\lfloor \frac{\pi_{r-1} - 2}{q^{k-r}} \right\rfloor \geqslant \frac{\pi_{r-1} - 2}{q^{k-r}} - 1 \\ &= \frac{\lfloor i_{r-1}/q^{r-1} \rfloor - f(q) - 2}{q^{k-r}} - 1 \\ &\geqslant \frac{i_{r-1}/q^{r-1} - f(q) - 3}{q^{k-r}} - 1 \end{aligned}$$

$$= \frac{i_{r-1} - (3 + f(q))q^{r-1} - q^{k-1}}{q^{k-1}}$$

$$\geqslant \frac{i_{r-1}}{q^{k-1}} - \frac{(3 + F(q))q^{r-1} + q^{k-1}}{q^{k-1}}, \tag{7.5.31}$$

以及

$$\left\lfloor \frac{\pi_{r-1} - 2 - \omega(q-1)q^{k-r-1}}{q^{k-r}} \right\rfloor$$

$$\leqslant \frac{\lfloor i_{r-1}/q^{r-1} \rfloor - f(q) - 2 - \omega(q-1)q^{k-r-1}}{q^{k-r}}$$

$$\leqslant \frac{\frac{i_{r-1}}{q^{r-1}} - f(q) - 2 - \left(\frac{i_{r-1}}{q^{k-1}} - \frac{(3 + F(q))q^{r-1} + q^{k-1}}{q^{k-1}} \right)(q-1)q^{k-r-1}}{q^{k-r}}$$

$$\leqslant \frac{i_{r-1}}{q^k} + \frac{F(q)(q-1) + q - 3}{q^{k-r+1}} + \frac{q-1}{q}. \tag{7.5.32}$$

类似地

$$\left\lfloor \frac{\pi_{r-1} - 1}{(q-1)q^{k-r}} \right\rfloor \geqslant \frac{i_{r-1}}{(q-1)q^{k-1}} - \frac{2 + F(q)}{(q-1)q^{k-r}} - 1. \tag{7.5.33}$$

由 ω^* 的定义, 式 (7.5.32) 和 (7.5.33), 我们推出: 只要

$$i_{r-1} \geqslant H_1(q) := \frac{(q-1)q^k(F(q)(q-1) + q - 3)}{q^{k-r+1}} + \frac{(q-1)^2 q^k}{q}$$

$$+ (q-1)q^k + q^r(2 + F(q)), \tag{7.5.34}$$

就有

$$\omega^* = \left\lfloor \frac{\pi_{r-1} - 2 - \omega(q-1)q^{k-r-1}}{q^{k-r}} \right\rfloor$$

$$\geqslant \frac{i_{r-1}}{q^k} - \frac{3 + F(q)}{q^{k-r}} + \frac{2q^{r-2}(q-1)}{q^{k-1}} - 1. \tag{7.5.35}$$

由式 (7.5.31) 和 (7.5.35), 我们可得

$$U_r - (\omega^* + \omega)(q-1)q^{k-1}$$

$$\leqslant U_r - \left(\frac{i_{r-1}}{q^{k-1}} - \frac{(3 + F(q))q^{r-1} + q^{k-1}}{q^{k-1}} + \frac{i_{r-1}}{q^k} \right.$$

$$\left. - \frac{3 + F(q)}{q^{k-r}} + \frac{2q^{r-2}(q-1)}{q^{k-1}} - 1 \right)(q-1)q^{k-1}$$

$$= U_r - \left(qi_{r-1} - \frac{1}{q}i_{r-1} - 2(q-1)q^{k-1} \right.$$

$$-(6+2F(q))(q-1)q^{r-1}+2(q-1)^2q^{r-2}\Big)$$

$$=\frac{1}{q}i_{r-1}-(q+1)+2(q-1)q^{k-1}+(6+2F(q))(q-1)q^{r-1}$$

$$-2(q-1)^2q^{r-2}\quad(\text{由 }U_r=qi_{r-1}-(q+1))$$

$$=\frac{1}{q}i_{r-1}+G_0(q)\leqslant i_r\leqslant U_r=qi_{r-1}-(q+1),\qquad(7.5.36)$$

其中

$$G_0(q):=-(q+1)+2(q-1)q^{k-1}+(6+2F(q))(q-1)q^{r-1}-2(q-1)^2q^{r-2}.$$
$$(7.5.37)$$

接下来, 我们将像上面对 i_r 所做的那样减少 i_{r+1}, 方法是利用引理 7.5.11 和 7.5.12 所构造的子空间的集合.

对于固定的 $i_r\in[U_r-(\omega^*+\omega)(q-1)q^{k-1},U_r]$, 我们设 $(i_0,\cdots,i_{r-1},i_r,i_{r+1},\cdots,i_{k-1})$ 满足引理 7.5.14 的条件, 我们把问题分成 2 种情况讨论:

情况 1 $i_r\in[U_r-\omega(q-1)q^{k-1},U_r]$.

令

$$\omega'=\big\lceil(U_r-i_r)/[(q-1)q^{k-1}]\big\rceil,$$

这时我们能够验证 ω_0,ω_1 分别是固定 $i_r\in[U_r-\omega(q-1)q^{k-1},U_r]$ 时引理 7.5.11 和 7.5.12 中的多重集 $\bigcup\widehat{S}^b_{k-r-1}$ 的最大可能的重复次数, 这里

$$\omega_0=\min\left(\left\lfloor\frac{\pi_{r-1}-2-\omega'q^{k-r}}{q^{k-r}}\right\rfloor,\left\lfloor\frac{\pi_{r-1}-2-\omega'(q-1)q^{k-r-1}}{(q-1)q^{k-r-2}}\right\rfloor\right),$$

$$\omega_1=\min\left(\left\lfloor\frac{\pi_{r-1}-2-\omega'(q-1)q^{k-r-1}}{q^{k-r-1}}\right\rfloor,\right.$$
$$\left.\left\lfloor\frac{\pi_{r-1}-2-\omega'(q-1)q^{k-r-1}-\omega_0(q-1)q^{k-r-2}}{(q-1)q^{k-r-2}}\right\rfloor\right).$$

因此, 我们可得

$$i_{r-1}\leqslant U_{r+1}-(\omega_0+\omega_1)(q-1)q^{k-1}$$
$$\leqslant i_{r+1}\leqslant U_{r+1}=qi_r-(q+1).\qquad(7.5.38)$$

进一步, 我们又有

$$\left\lfloor\frac{\pi_{r-1}-2-\omega'q^{k-r}}{q^{k-r}}\right\rfloor$$

$$\leqslant \frac{i_r - i_{r-1} + q + 1}{(q-1)q^{k-1}} - \frac{2}{q^{k-r}}$$

$$\leqslant \frac{\left(1 - \dfrac{1}{q}\right) i_r - \dfrac{q+1}{q} + q + 1}{(q-1)q^{k-1}} - \frac{2}{q^{k-r}} \quad \text{(因为 } i_r \leqslant q i_{r-1} - (q+1))$$

$$= \frac{i_r}{q^k} + \frac{q+1}{q^k} - \frac{2}{q^{k-r}}, \tag{7.5.39}$$

$$\left\lfloor \frac{\pi_{r-1} - 2 - \omega^{'}(q-1)q^{k-r-1}}{(q-1)q^{k-r-2}} \right\rfloor$$

$$\geqslant \frac{q i_r + q(q+1)}{(q-1)q^{k-1}} - \frac{F(q)+3}{(q-1)q^{k-r-2}} - q - 1. \tag{7.5.40}$$

由 ω_0 的定义, 式 (7.5.39) 和 (7.5.40), 经计算, 只要

$$i_r \geqslant \frac{(F(q)+3)q^{r+2} + (q^2-1)q^k + q^2 - q^2(q+1) - 2(q-1)q^r - 1}{q^2 - q + 1},$$

即 (由 $i_r \geqslant i_{r-1}/q + G_0(q)$, 见式 (7.5.36))

$$i_{r-1} \geqslant H_2(q)$$

$$:= \frac{(F(q)+3)q^{r+3} + (q^2-1)q^{k+1} + q^3 - q^3(q+1) - 2(q-1)q^{r+1} - q}{q^2 - q + 1}$$

$$- G_0(q)q, \tag{7.5.41}$$

就有

$$\omega_0 = \left\lfloor \frac{\pi_{r-1} - 2 - \omega^{'} q^{k-r}}{q^{k-r}} \right\rfloor$$

$$\geqslant \frac{i_r - i_{r-1}}{q^{k-1}(q-1)} + \frac{q+1}{q^{k-1}(q-1)} - \frac{F(q)+3}{q^{k-r}} - 2. \tag{7.5.42}$$

由类似的计算可知, 只要

$$i_{r-1} \geqslant H_3(q)$$

$$:= (q-1)(q^k - q^{k-1}) + (F(q)+3)q^{r+1} - 2(q-1)(q^r + q^{r-1}), \tag{7.5.43}$$

就有

$$\omega_1 = \left\lfloor \frac{\pi_{r-1} - 2 - \omega'(q-1)q^{k-r-1}}{q^{k-r-1}} \right\rfloor$$

$$\geqslant \frac{i_r}{q^{k-1}} + \frac{q+1}{q^{k-1}} - q - \frac{3+F(q)}{q^{k-r-1}}. \tag{7.5.44}$$

由式 (7.5.38), (7.5.42) 和 (7.5.44), 我们得

$$U_{r+1} - (\omega_0 + \omega_1)(q-1)q^{k-1}$$

$$\leqslant U_{r+1} - (q-1)q^{k-1}\left(\frac{qi_r - i_{r-1}}{q^{k-1}(q-1)} + \frac{q+1}{q^{k-1}} - q \right.$$

$$\left. - \frac{3+F(q)}{q^{k-r-1}} + \frac{q+1}{q^{k-1}(q-1)} - \frac{3+F(q)}{q^{k-r}} - 2 \right)$$

$$= i_{r-1} + F_1(q) \leqslant i_{r+1} \leqslant U_{r+1} = qi_r - (q+1), \tag{7.5.45}$$

其中

$$F_1(q) := q^k(q-1) - (q+1)^2 + (q-1)(3+F(q))q^r$$

$$+ (q-1)(3+F(q))q^{r-1} + 2(q-1)q^{k-1}.$$

情况 2　$i_r \in [U_r - (\omega^* + \omega)(q-1)q^{k-1}, U_r - \omega(q-1)q^{k-1}]$.

在这种情况下, 令

$$\omega'' = \left\lceil \frac{U_r - \omega(q-1)q^{k-1} - i_r}{(q-1)q^{k-1}} \right\rceil,$$

则

$$\omega_0 = \min\left(\left\lfloor \frac{\pi_{r-1} - 2 - \omega q^{k-r}}{q^{k-r}} \right\rfloor, \left\lfloor \frac{\pi_{r-1} - 2 - \omega(q-1)q^{k-r-1} - \omega''(q-1)q^{k-r-1}}{(q-1)q^{k-r-2}} \right\rfloor \right)$$

$$= 0 \quad (\text{由 } \omega \text{ 的定义知}, \left\lfloor \frac{\pi_{r-1} - 2 - \omega q^{k-r}}{q^{k-r}} \right\rfloor = 0),$$

$$\omega_1 = \min\left(\left\lfloor \frac{\pi_{r-1} - 2 - \omega(q-1)q^{k-r-1} - \omega''q^{k-r}}{q^{k-r-1}} \right\rfloor, \right.$$

$$\left. \left\lfloor \frac{\pi_{r-1} - 2 - \omega(q-1)q^{k-r-1} - \omega''(q-1)q^{k-r-1} - \omega_0(q-1)q^{k-r-2}}{(q-1)q^{k-r-2}} \right\rfloor \right),$$

因此可推出

$$i_{r-1} \leqslant U_{r+1} - (\omega_0 + \omega_1)(q-1)q^{k-1} = U_{r+1} - \omega_1(q-1)q^{k-1}$$

$$\leqslant i_{r+1} \leqslant U_{r+1} = qi_r - (q+1).$$

由类似的计算可知: 只要

$$\begin{aligned}
i_{r-1} \geqslant H_4(q) :&= (3+F(q))q^{r+1} + q^k(q-1) \\
&\quad - q(q+1) - 2(q^2-1)q^{r-1},
\end{aligned} \tag{7.5.46}$$

就有

$$\begin{aligned}
\omega_1 &= \left\lfloor \frac{\pi_{r-1} - 2 - \omega(q-1)q^{k-r-1} - \omega'' q^{k-r}}{q^{k-r-1}} \right\rfloor \\
&\geqslant \frac{qi_r - i_{r-1}}{q^{k-1}(q-1)} - q - \frac{(q+1)(3+F(q))}{q^{k-r}},
\end{aligned}$$

因此

$$\begin{aligned}
&U_{r+1} - \omega_1(q-1)q^{k-1} \\
&\leqslant U_{r+1} - \left(\frac{qi_r - i_{r-1}}{q^{k-1}(q-1)} - q - \frac{(q+1)(3+F(q))}{q^{k-r}} \right)(q-1)q^{k-1} \\
&= i_{r-1} + F_2(q) \leqslant i_{r+1} \leqslant U_{r+1} = qi_r - (q+1),
\end{aligned} \tag{7.5.47}$$

其中

$$F_2(q) := (q-1)q^k - (q+1) + (q^2-1)(3+F(q))q^{r-1}.$$

令

$$G_1(q) = \max(F_1(q), F_2(q)), \tag{7.5.48}$$

那么从式 (7.5.45) 和 (7.5.47), 我们可推出: 对任何固定的 $i_r \in [U_r - (\omega^* + \omega)$
$\cdot (q-1)q^{k-1}, U_r]$,

$$G_1(q) + i_{r-1} \leqslant i_{r+1} \leqslant U_{r+1} = qi_r - (q+1) \tag{7.5.49}$$

均成立. 因此, 我们证明了:

引理 7.5.15 对任何链可行序列, 如果它满足式 (7.5.17)~(7.5.19),
(7.5.36) 和 (7.5.49), 则它是 NCDS.

类似地, 固定 i_r, i_{r+1}, 我们可以用引理 7.5.13 中的多重集 $\bigcup \widehat{S}_{k-t-1}^b$
$(t = r+3)$ 来减少 i_{r+2}. 设

$$\omega^0 = \left\lceil \frac{U_r - i_r}{(q-1)q^{k-1}} \right\rceil, \quad \omega^1 = \left\lceil \frac{U_{r+1} - i_{r+1}}{(q-1)q^{k-1}} \right\rceil,$$

令

$$\omega_2 = \left\lfloor \frac{\pi_{r-1} - 2 - \omega^0(q-1)q^{k-r-1} - \omega^1(q-1)q^{k-r-2}}{q^{k-r-3}} \right\rfloor,$$

则 ω_2 应是引理 7.5.13 $(t=r+3)$ 中的多重集可能发生的最大的次数, 于是我们得

$$U_{r+2} - \omega_2 q^{k-1} \leqslant i_{r+2} \leqslant U_{r+2} := qi_{r+1} - (q^{r+2} - 2q^2 - q).$$

同前面类似的计算, 我们可得到

$$\begin{aligned}
G_2(q) \leqslant U_{r+2} - \omega_2 q^{k-1} &\leqslant i_{r+2} \leqslant U_{r+2} \\
&= qi_{r+1} - (q^{r+2} - 2q^2 - q),
\end{aligned} \tag{7.5.50}$$

其中 $G_2(q)$ 是只依赖于 q,k,r 的常数.

一般地, 固定 $i_r, i_{r+1}, \cdots, i_{r+\theta-1}$ $(3 \leqslant \theta \leqslant k-r-1)$, 我们考虑 $i_{r+\theta}$. 令

$$\omega^{\gamma-r} = \left\lceil \frac{U_\gamma - i_\gamma}{q^{k-1}} \right\rceil \quad (r \leqslant \gamma \leqslant r+\theta-1),$$

$$\begin{aligned}
\omega_\theta = \Bigg\lfloor \frac{1}{q^{k-r-\theta-1}} \Big(&\pi_{r-1} - 2 - \omega^0(q-1)q^{k-r-1} - \omega^1(q-1)q^{k-r-2} \\
&- \sum_{\gamma=r+2}^{\gamma=r+\theta-1} \omega^{\gamma-r} q^{k-1-\gamma} \Big) \Bigg\rfloor,
\end{aligned}$$

我们可类似地得到

$$U_{r+\theta} - \omega_\theta q^{k-1} \leqslant i_{r+\theta} \leqslant U_{r+\theta} := qi_{r+\theta-1}.$$

不难用归纳法证明

$$\omega_\theta \geqslant \frac{i_{r+\theta-1} - \sum_{g=0}^{\theta-1} q^{\theta-1-g}(U_{r+g} - qi_{r+g-1})}{q^{k-2}} + H^\theta(q), \tag{7.5.51}$$

其中 $H^\theta(q)$ 是一个只依赖于 q,k,r 的常数. 于是由式 (7.5.51), 我们能够得到如下结论:

$$\begin{aligned}
U_{r+\theta} - \omega_\theta q^{k-1} \leqslant G_\theta(q) &\leqslant i_{r+\theta} \leqslant U_{r+\theta} = qi_{r+\theta-1} \\
&(3 \leqslant \theta \leqslant k-r-2),
\end{aligned} \tag{7.5.52}$$

这里 $G_\theta(q)$ 是一个只依赖于 q,k,r 的常数. 于是我们推出:

引理 7.5.16　如果链可行序列满足式 (7.5.19),(7.5.36),(7.5.49),(7.5.50),(7.5.52), 以及 $i_{k-1} = qi_{k-2}$, 则它是 NCDS.

注记 7.5.1   对于满足引理 7.5.16 中条件的链可行序列, 我们可以继续用类似于文献 [23] 中的方法减少 i_{k-1}, 直到 $i_{k-1} = 1$.

总结引理 7.5.14~7.5.16 以及注记 7.5.1, 我们便得到如下的 NCDS 的一般结构:

定理 7.5.3   如果 NCPDS 满足

$$
\begin{cases}
1 \leqslant i_t \leqslant qi_{t-1} \quad (1 \leqslant t \leqslant r-2), \\[2mm]
\max(H_1(q), H_2(q), H_3(q), H_4(q)) \leqslant i_{r-1} \leqslant qi_{r-2}, \\[2mm]
\dfrac{1}{q}i_{r-1} + G_0(q) \leqslant i_r \leqslant U_r = qi_{r-1} - (q+1), \\[2mm]
i_{r-1} + G_1(q) \leqslant i_{r+1} \leqslant U_{r+1} = qi_r - (q+1), \\[2mm]
G_2(q) \leqslant i_{r+2} \leqslant U_{r+2} = qi_{r+1} - (q^{r+2} - 2q^2 - q), \\[2mm]
G_\theta(q) \leqslant i_{r+\theta} \leqslant U_{r+\theta} = qi_{r+\theta-1} \quad (3 \leqslant \theta \leqslant k-r-2), \\[2mm]
1 \leqslant i_{k-1} \leqslant qi_{k-2},
\end{cases}
\tag{7.5.53}
$$

则它是 NCDS.

其中

$$
H_i(q)\ (1 \leqslant i \leqslant 4), \quad G_\theta(q)\ (0 \leqslant \theta \leqslant k-r-2)
$$

由式 (7.5.34), (7.5.37), (7.5.41),(7.5.43),(7.5.46), (7.5.48), (7.5.50) 和 (7.5.52) 定义, 它们都是不依赖于 $(i_0, i_1, \cdots, i_{k-1})$ 的常数.

注意到 NCPDS 是那些满足下列条件的序列, 即

$$
\begin{cases}
1 \leqslant i_t \leqslant qi_{t-1} \quad (1 \leqslant t \leqslant r-1), \\[2mm]
\dfrac{1}{q}i_{r-1} + \dfrac{q+1}{q} \leqslant i_r \leqslant qi_{r-1} - (q+1), \\[2mm]
i_{r-1} \leqslant i_{r+1} \leqslant qi_r - (q+1), \\[2mm]
1 \leqslant i_{r+2} \leqslant qi_{r+1}, \\[2mm]
1 \leqslant i_{r+\theta} \leqslant qi_{r+\theta-1} \quad (3 \leqslant \theta \leqslant k-r-1).
\end{cases}
\tag{7.5.54}
$$

为证明定理 7.3.1(ii), 我们将具体计算满足式 (7.5.53) 的 NCDS 和满足式 (7.5.54) 的 NCPDS 的数目.

7.5.4　NCPDS 和 NCDS 数目的计算

为了计算 NCDS 和 NCPDS 的数目, 我们计算满足下列条件的更一般的序列 $(i_0, i_1, \cdots, i_{k-1})$ 的数目:

$$
\begin{cases}
C_t \leqslant i_t \leqslant qi_{t-1} & (1 \leqslant t \leqslant r-2), \\
C_{r-1}(q) \leqslant i_{r-1} \leqslant qi_{r-2}, \\
\dfrac{1}{q}i_{r-1} + C_r(q) \leqslant i_r \leqslant U_r = qi_{r-1} - (q+1), \\
i_{r-1} + C_{r+1}(q) \leqslant i_{r+1} \leqslant U_{r+1} = qi_r - (q+1), \\
C_{r+2}(q) \leqslant i_{r+2} \leqslant U_{r+2} = qi_{r+1} - C_{r+2}^*(q), \\
C_{r+\theta}(q) \leqslant i_{r+\theta} \leqslant U_{r+\theta} = qi_{r+\theta-1} & (3 \leqslant \theta \leqslant k-r-1),
\end{cases}
\tag{7.5.55}
$$

其中 C_t $(1 \leqslant t \leqslant r-2)$ 是常数, $C_t(q)$ $(r-1 \leqslant t \leqslant k-1)$ 和 $C_{r+2}^*(q)$ 是只依赖于 k, r, q 的常数. 为计算方便, 我们假设 C_t $(1 \leqslant t \leqslant r-2), C_t(q)(r-1 \leqslant t \leqslant k-1)$ 和 $C_{r+2}^*(q)$ 都是整数. 当式 (7.5.53) 和 (7.5.54) 中对应于式 (7.5.55) 中的 C_t $(1 \leqslant t \leqslant r-2), C_t(q)$ $(r-1 \leqslant t \leqslant k-1), C_{r+2}^*(q)$ 的数不是整数时, 我们可以分别通过 $\lceil \cdot \rceil$ 和 $\lfloor \cdot \rfloor$ 来获取整数, 这样我们可以把式 (7.5.53) 和 (7.5.54) 看成式 (7.5.55) 的特例, 因此我们只要对满足式 (7.5.55) 的序列 $(i_0, i_1, \cdots, i_{k-1})$ 的数目做出估计, 并且计算出的估计式中的主阶项不依赖于 C_t $(1 \leqslant t \leqslant r-2), C_t(q)$ $(r-1 \leqslant t \leqslant k-1)$ 和 $C_{r+2}^*(q)$ 这些常数, 即可说明满足式 (7.5.53) 和 (7.5.54) 的 NCDS 和 NCPDS 的数目具有相同的主阶项, 从而说明定理 7.3.1(ii) 成立.

设 σ_t 表示固定 i_{k-t} 时, 满足式 (7.5.55) 的序列 $(i_{k-t}, i_{k-t+1}, \cdots, i_{k-2}, i_{k-1})$ 的数目, 则我们通过归纳法得:

引理 7.5.17　当 $2 \leqslant t \leqslant k-r-2$ 时

$$
\sigma_t = \frac{q^{t(t-1)/2}}{(t-1)!} i_{k-t}^{t-1} + \left(\frac{q^{t(t-1)/2} - q^{(t^2-3t+4)/2}}{2(t-2)!(q-1)} + \frac{q^{(t^2-3t+2)/2}}{(t-2)!}(1 - C_{k-1}) \right) i_{k-t}^{t-2}
$$
$$
+ O(i_{k-t}^{t-3}).
$$

于是我们可以进一步计算 σ_{k-r-1}:

$$
\sigma_{k-r-1} = \sum_{i_{r+2}=C_{r+2}(q)}^{qi_{r+1}-C_{r+2}^*(q)} \sigma_{k-r-2}
$$
$$
= \Phi_1 i_{r+1}^{k-r-2} + \Phi_2 i_{r+1}^{k-r-3} + O(i_{r+1}^{k-r-4}),
\tag{7.5.56}
$$

其中 σ_{k-r-2} 可由引理 7.5.17 得到. 另外

$$\Phi_1 = \frac{q^{(k-r-1)(k-r-2)/2}}{(k-r-2)!}, \tag{7.5.57}$$

$$\Phi_2 = \frac{q^{(k-r)(k-r-3)/2}}{(k-r-3)!}(1 - C_{r+2}^*(q))$$

$$+ \frac{q^{(k-r)(k-r-3)/2} - q^{((k-r-2)^2-(k-r-2)+2)/2}}{2(k-r-3)!(q-1)}$$

$$+ \frac{q^{((k-r-2)^2-(k-r-2))/2}}{(k-r-3)!}(1 - C_{k-1}(q)) - \frac{q^{(k-r)(k-r-3)/2}}{2(k-r-3)!}.$$

由式 (7.5.56), 我们可如下计算 σ_{k-r+2}:

$$\sigma_{k-r+2} = \sum_{i_{r-1}=C_{r-1}(q)}^{qi_{r-2}} \sum_{i_r=\lceil i_{r-1}/q+C_r(q)\rceil}^{qi_{r-1}-(q+1)} \sum_{i_{r+1}=i_{r-1}+C_{r+1}(q)}^{qi_r-(q+1)} \sigma_{k-r-1}$$

$$= \sum_{i_{r-1}=C_{r-1}(q)}^{qi_{r-2}} \sum_{i_r=\lceil i_{r-1}/q+C_r(q)\rceil}^{qi_{r-1}-(q+1)} \left(\Phi_1 \frac{q^{k-r-1}}{k-r-1}i_r^{k-r-1} + \Phi_3 i_r^{k-r-2}\right.$$

$$\left. + \Phi_4 i_{r-1}^{k-r-1} + \Phi_5 i_{r-1}^{k-r-2} + O(i_r^{k-r-3}) + O(i_{r-1}^{k-r-3})\right)$$

$$= \sum_{i_{r-1}=C_{r-1}(q)}^{\lceil C_{r-1}(q)/q\rceil q} \sum_{i_r=C_r(q)+\lceil C_{r-1}(q)/q\rceil}^{qi_{r-1}-(q+1)} \left(\Phi_1 \frac{q^{k-r-1}}{k-r-1}i_r^{k-r-1} + \Phi_3 i_r^{k-r-2}\right.$$

$$\left. + \Phi_4 i_{r-1}^{k-r-1} + \Phi_5 i_{r-1}^{k-r-2} + O(i_r^{k-r-3}) + O(i_{r-1}^{k-r-3})\right)$$

$$+ \sum_{a=\lceil C_{r-1}(q)/q\rceil}^{i_{r-2}-1} \sum_{i_{r-1}=aq+1}^{(a+1)q} \sum_{i_r=C_r(q)+a+1}^{qi_{r-1}-(q+1)} \left(\Phi_1 \frac{q^{k-r-1}}{k-r-1}i_r^{k-r-1}\right.$$

$$\left. + \Phi_3 i_r^{k-r-2} + \Phi_4 i_{r-1}^{k-r-1} + \Phi_5 i_{r-1}^{k-r-2} + O(i_r^{k-r-3}) + O(i_{r-1}^{k-r-3})\right)$$

$$= \sum_{i_{r-1}=C_{r-1}(q)}^{\lceil C_{r-1}(q)/q\rceil q} (qi_{r-1} - (q+1) - C_r(q) - \lceil C_{r-1}(q)/q\rceil)\left(\Phi_4 i_{r-1}^{k-r-1}\right.$$

$$\left. + \Phi_5 i_{r-1}^{k-r-2} + O(i_{r-1}^{k-r-3})\right)$$

$$+ \sum_{i_{r-1}=C_{r-1}(q)}^{\lceil C_{r-1}(q)/q\rceil q} \sum_{i_r=C_r(q)+\lceil C_{r-1}(q)/q\rceil}^{qi_{r-1}-(q+1)} \left(\Phi_1 \frac{q^{k-r-1}}{k-r-1}i_r^{k-r-1}\right.$$

$$\left. + \Phi_3 i_r^{k-r-2} + O(i_r^{k-r-3})\right)$$

$$+ \sum_{a=\lceil C_{r-1}(q)/q\rceil}^{i_{r-2}-1} \sum_{i_{r-1}=aq+1}^{(a+1)q} (qi_{r-1} - (q+1) - C_r(q) - a - 1)\left(\Phi_4 i_{r-1}^{k-r-1}\right.$$

$$
\begin{aligned}
&\quad + \Phi_5 i_{r-1}^{k-r-2} + O(i_{r-1}^{k-r-3})\Big) \\
&+ \sum_{a=\lceil C_{r-1}(q)/q \rceil}^{i_{r-2}-1} \sum_{i_{r-1}=aq+1}^{(a+1)q} \sum_{i_r=C_r(q)+a+1}^{qi_{r-1}-(q+1)} \Big(\Phi_1 \frac{q^{k-r-1}}{k-r-1} i_r^{k-r-1} \\
&\quad + \Phi_3 i_r^{k-r-2} + O(i_r^{k-r-3})\Big) \\
&= \Phi_6 i_{r-2}^{k-r+1} + \Phi_7 i_{r-2}^{k-r} + O(i_{r-2}^{k-r-1}).
\end{aligned}
\tag{7.5.58}
$$

在以上诸式中, $\Phi_3, \Phi_4, \Phi_5, \Phi_6, \Phi_7$ 的值如下:

$$
\begin{aligned}
\Phi_3 &= \Phi_2 \frac{q^{k-r-2}}{k-r-2} - \Phi_1 \frac{q^{k-r-2}}{2} - \Phi_1 q^{k-r-1}, \\
\Phi_4 &= -\frac{\Phi_1}{k-r-1}, \\
\Phi_5 &= \frac{\Phi_1}{2} - \frac{\Phi_2}{k-r-2} - C_{r+1}(q)\Phi_1,
\end{aligned}
\tag{7.5.59}
$$

$$
\begin{aligned}
\Phi_6 &= \Phi_4 \frac{q^{k-r+2}}{k-r+1} - \Phi_4 q^{k-r} \frac{1}{k-r+1} + \Phi_1 \frac{q^{3k-3r}}{(k-r-1)(k-r)(k-r+1)} \\
&\quad - \Phi_1 \frac{q^{k-r}}{(k-r-1)(k-r)(k-r+1)},
\end{aligned}
\tag{7.5.60}
$$

$$
\begin{aligned}
\Phi_7 &= \frac{1}{2}\Phi_4 q^{k-r} + \frac{1}{2}\Phi_4 q^{k-r+1} + \frac{1}{k-r}\Phi_5 q^{k-r+1} \\
&\quad - \frac{1}{k-r}\Phi_4(q+2+C_r(q))q^{k-r} \\
&\quad - \frac{1}{k-r}\Phi_4 \left(\frac{k-r-1}{2}q^{k-r} + \frac{k-r-1}{2}q^{k-r-1}\right) \\
&\quad - \frac{1}{k-r}\Phi_5 q^{k-r-1} + \frac{1}{2(k-r-1)(k-r)}\Phi_1(q^{3k-3r} + 2q^{3k-3r-1}) \\
&\quad - \frac{1}{2(k-r-1)(k-r)}\Phi_1 q^{3k-3r-1} + \frac{1}{(k-r-1)(k-r)}\Phi_3 q^{2k-2r-1} \\
&\quad - \frac{1}{2(k-r-1)(k-r)}\Phi_1 q^{3k-3r-2} - \frac{1}{(k-r-1)(k-r)}\Phi_1 q^{3k-3r-1} \\
&\quad - \left(\frac{1}{k-r-1}\Phi_1 q^{k-r}(C_r(q)+1) + \left(\Phi_3 - \frac{1}{2}\Phi_1 q^{k-r-1}\right)\right)\frac{q}{(k-r-1)(k-r)} \\
&\quad - \frac{1}{2(k-r-1)(k-r)}\Phi_1 q^{3k-3r} + \frac{1}{2(k-r-1)(k-r)}\Phi_1 q^{k-r}.
\end{aligned}
$$

以下用记号 $P(n,m)$ 表示从 n 个事物中取出 m 个的排列数. 在式 (7.5.58) 的基础上, 进一步通过数学归纳法, 我们可得到:

引理 7.5.18 令 $r \geqslant \nu \geqslant 3$, 则

$$\sigma_{k-r+\nu} = \Phi_6 \frac{q^{(\nu-2)(k-r)+(\nu^2-\nu-2)/2}}{P(k-r+\nu-1,\nu-2)} i_{r-\nu}^{k-r+\nu-1}$$

$$+ \left(\Phi_6 \frac{q^{(\nu-3)(k-r)+(\nu^2-3\nu)/2}}{2P(k-r+\nu-2,\nu-3)} \frac{q^{k-r+\nu-1}-q^{k-r+1}}{q-1} \right.$$

$$\left. + \Phi_7 \frac{q^{(\nu-2)(k-r)+(\nu-1)(\nu-2)/2}}{P(k-r+\nu-2,\nu-2)} \right) i_{r-\nu}^{k-r+\nu-2}.$$

在引理 7.5.18 中, 令 $\nu = r$, 则可得到 σ_k. 令 $NUM(i)$ 表示满足式 (7.5.55) 的 $i_0 \leqslant i$ 的序列 $(i_0, i_1, \cdots, i_{k-2}, i_{k-1})$ 的数目, 则

$$NUM(i) = \sum_{i_0=1}^{i} \sigma_k$$

$$= \Phi_6 \frac{q^{(r-2)(k-r)+\frac{r^2-r-2}{2}}}{P(k,r-1)} i^k + \left(\Phi_6 \frac{q^{(r-2)(k-r)+\frac{r^2-r-2}{2}}}{2P(k-1,r-2)} \right.$$

$$+ \Phi_6 \frac{q^{(r-3)(k-r)+\frac{r^2-3r}{2}}}{2P(k-1,r-2)} \frac{q^{k-1}-q^{k-r+1}}{q-1}$$

$$\left. + \Phi_7 \frac{q^{(r-2)(k-r)+(r-1)(r-2)/2}}{P(k-1,r-1)} \right) i^{k-1} + O(i^{k-2}). \qquad (7.5.61)$$

定理 7.3.1(ii) 的证明 由式 (7.5.57), (7.5.59)~ (7.5.61), 我们知满足式 (7.5.55) 的 $i_0 \leqslant i$ 的序列 $(i_0, i_1, \cdots, i_{k-2}, i_{k-1})$ 的数目的主阶项不依赖于式 (7.5.55) 中的常数 C_t $(1 \leqslant t \leqslant r-2), C_t(q)$ $(r-1 \leqslant t \leqslant k-1), C_{r+2}^*(q)$, 这表明 NCDS 和 NCPDS 的数目有相同的主阶项, 因此定理 7.3.1(ii) 成立. □

注记 7.5.2 当 $r = 1$ 时, 相应于引理 7.5.9~7.5.12 中的张成子空间的点及结论分别相应地做如下调整:

引理 7.5.19 由

$$
\begin{array}{cccccccccc}
b_1 & (0 & 0 & \cdots & 0 & 0 & 1 & j_1 & 0), \\
b_2 & (0 & 0 & \cdots & 0 & 0 & 0 & 1 & \Delta), \\
b_3 & (0 & 0 & \cdots & 0 & 1 & 0 & 0 & j_0), \\
b_4 & (0 & 0 & \cdots & 1 & 0 & 0 & 0 & j_{-1}), \\
\vdots & \vdots & \vdots & & \vdots & \vdots & \vdots & \vdots & \vdots \\
b_{k-1} & (1 & 0 & \cdots & 0 & 0 & 0 & 0 & j_{-(k-4)}),
\end{array}
$$

生成的子空间的多重集为

$$(q-1)q^{k-3}(\widehat{S}_k\backslash\widehat{S}_3)\bigcup(q-1)q^{k-3}(\widehat{S}_3\backslash\widehat{S}_2)\bigcup q^{k-2}(\widehat{S}_2\backslash\widehat{S}_1\backslash\widehat{S}_2^*).$$

引理 7.5.20 由

$$
\begin{array}{llllllll}
b_1 & (0 & 0 & \cdots & 0 & 1 & 0 & \varDelta),\\
b_2 & (0 & 0 & \cdots & 0 & 0 & 1 & 0),\\
b_3 & (0 & 0 & \cdots & 1 & 0 & j_{-1} & j_0),\\
\vdots & \vdots & \vdots & & \vdots & \vdots & \vdots & \vdots\\
b_{k-2} & (0 & 1 & \cdots & 0 & 0 & j_{-(k-4)} & j_{-(k-5)}),\\
b_{k-1} & (1 & 0 & \cdots & 0 & 0 & j_{-(k-3)} & j_{-(k-4)}),
\end{array}
$$

生成的子空间的多重集为

$$(q-1)q^{k-3}(\widehat{S}_k\backslash\widehat{S}_3)\bigcup q^{k-2}(\widehat{S}_3\backslash\widehat{S}_2^*\backslash\widehat{S}_2)\bigcup(q-1)q^{k-2}(\widehat{S}_2\bigcap\widehat{S}_2^*).$$

引理 7.5.21 由

$$
\begin{array}{lllllllll}
b_1 & (0 & \cdots & 0 & 0 & 0 & 1 & \varDelta),\\
b_2 & (0 & \cdots & 0 & 1 & j_{-1} & 0 & j_0),\\
b_3 & (0 & \cdots & 1 & 0 & j_{-2} & 0 & j_{-1}),\\
\vdots & \vdots & & \vdots & \vdots & \vdots & \vdots & \vdots\\
b_{k-2} & (1 & \cdots & 0 & 0 & j_{-(k-3)} & 0 & j_{-(k-4)}),
\end{array}
$$

生成的子空间的多重集为

$$(q-1)q^{k-4}(\widehat{S}_k\backslash\widehat{S}_3)\bigcup q^{k-2}(\widehat{S}_2\backslash\widehat{S}_1\backslash\widehat{S}_2^*).$$

引理 7.5.22 由

$$
\begin{array}{llllllll}
b_1 & (0 & \cdots & 0 & 0 & 1 & j_0 & \varDelta),\\
b_2 & (0 & \cdots & 0 & 1 & 0 & j_{-1} & j_0),\\
b_3 & (0 & \cdots & 1 & 0 & 0 & j_{-2} & j_{-1}),\\
\vdots & \vdots & & \vdots & \vdots & \vdots & \vdots & \vdots\\
b_{k-2} & (1 & \cdots & 0 & 0 & 0 & j_{-(k-3)} & j_{-(k-4)}),
\end{array}
$$

生成的子空间的多重集为

$$(q-1)q^{k-4}(\widehat{S}_k\backslash\widehat{S}_3)\bigcup q^{k-3}(\widehat{S}_3\backslash\widehat{S}_2\backslash\widehat{S}_2^*).$$

注记 7.5.3 当 $q=2$ 时, 定理 7.3.1 仍然成立, 我们只需把定理 7.5.2 中的式 (7.5.17) 修改成 $i_{r+2} = qi_{r+1} - (2q^{r+2} - 2q^2 - q)$, 式 (7.5.19) 修改成 $\pi_{r-1} \geqslant 3$, 就可以得到 $q=2$ 时的上界结构, 然后通过类似的证明过程, 即可说明定理 7.3.1 仍然成立.

注记 7.5.4 在 7.5.1 小节中, 实际上我们只得到了接近上界的 "接近上界" 结构 (见定义 7.1.3), 并没有得到 "达" 上界的上界结构, 即没有证明 "紧的 NCPDS"(见定义 7.1.3) 是 NCDS. 在第 8 章, 我们将更深入地探讨这个问题, 并将得到以 NCPDS 为特例的 "达" 重量谱上界的更加庞大的一类线性码的上界结构, 为确定此类码的几乎所有重量谱奠定基础.

第 8 章　一类断链条件码的重量谱

本章介绍的工作是上一章内容的继续和深入, 我们将给出更广泛的一类 $[n,k;q]$ 线性码几乎所有重量谱的确定过程. 这类线性码称作满足含有任意多个断点的断链条件的线性码. 上一章中的满足几乎链条件的线性码和满足近链条件的线性码又都可看成这类线性码的特例. 确定这类线性码的几乎所有重量谱的思想方法和上一章确定满足近链条件线性码的几乎所有重量谱的类似, 分为 3 步: 首先需要给出上界赋值函数的构造; 然后给出一些子空间的集合并研究它们的性质; 最后完成计算. 在 3 个步骤中, 上界赋值函数的构造是基础, 也是最重要的一步. 如何利用射影几何方法构造上界赋值函数可参见文献 [15,27,114]. 有了上界赋值函数, 就可进一步按照满足含有任意多个断点的断链条件的线性码定义的要求构造子空间的集合. 本章 8.2 节详细给出上界赋值函数的构造, 构造方法来源于文献 [66], 而几乎所有重量谱的确定可参见文献 [140].

8.1　定义和记号

定义 8.1.1　设 $1 \leqslant r \leqslant k-2$, $1 \leqslant \theta \leqslant k-r-1$, 线性码 C 的差序列是 $(i_0, i_1, \cdots, i_{k-1})$. 如果存在 j 维具有最小支撑重的子码 D_t $(1 \leqslant t \leqslant k)$, 使得 $(i,j) = (\mu, \mu+1)$ $(k-r-\theta \leqslant \mu \leqslant k-r-1)$ 时, $D_i \subset D_j$ 恒不成立; 而对其他任意 (i,j) $(i < j)$, $D_i \subset D_j$ 均成立; 或用有限射影几何的语言描述为: 如果存在 $PG(k-1, q)$ 中的 t 维子空间 P_t $(0 \leqslant t \leqslant k-1)$, 满足 $P_t \in M_t$, 且

对 $(i,j) = (\mu, \mu+1)$ $(r-1 \leqslant \mu \leqslant r+\theta-2)$, $P_i \subset P_j$ 恒不成立, 而对其他任意 (i,j) $(i < j)$, $P_i \subset P_j$ 均成立, 则称 C 或其差序列满足含有 θ 个邻接断点的断链条件, 并简记差序列为 $\mathrm{N}^\theta\mathrm{CDS}_1$.

注记 8.1.1 记号 $\mathrm{N}^\theta\mathrm{CDS}_1$ 的下标 "1" 的含义是指, 在 C 的最小支撑重量的子码断链中, 出现邻接断点的片段等于 "1". 如果存在 C 的最小支撑重量子码断链, 使得出现邻接断点的片段等于 "y", 则我们简记此线性码差序列为 $\mathrm{N}^\theta CDS_y$. $\mathrm{N}^\theta\mathrm{CDS}_y$ 的严格定义及其相关结论请参阅本章 8.3 节.

不难看出, 满足几乎链条件的线性码 [27] (见定义 7.1.2) 是定义 8.1.1 中当 $r = k-2, \theta = 1$ 时的特例; 而满足近链条件的线性码是定义 8.1.1 中当 $\theta = 1$ 时的特例; 本章将给出满足含有 θ 个邻接断点的断链条件线性码的达重量谱上界 (紧) 的上界结构. 因而所给的上界结构对满足几乎链条件和近链条件的线性码也都是适用的. 这样就改进了上一章中几乎链条件码和近链条件码的接近 (非紧) 上界的上界结构.

本章的主要结果为:

定理 8.1.1 给定序列 $(i_0, i_1, \cdots, i_{k-1})$, 则有:

(i) 如果 $(i_0, i_1, \cdots, i_{k-1})$ 是 $\mathrm{N}^\theta\mathrm{CDS}_1$, 那么

$$i_t \leqslant q i_{t-1} \quad (1 \leqslant t \leqslant r-1), \tag{8.1.1}$$

$$i_t \leqslant q i_{t-1} - (q+1) \quad (r \leqslant t \leqslant r+\theta), \tag{8.1.2}$$

$$i_t \leqslant q i_{t-1} \quad (r+\theta+1 \leqslant t \leqslant k-1). \tag{8.1.3}$$

(ii) 如果 i_t $(1 \leqslant t \leqslant r-1)$ 满足式 (8.1.1), 且 $i_j = \sum_{l=0}^{j} \alpha_{j,l} S_{j,l} (0 \leqslant j \leqslant r-1)$, 表达式 (8.1.2), (8.1.3) 中 i_t 取成上界 (即式 (8.1.2), (8.1.3) 中取等号), 那么 $(i_0, i_1, \cdots, i_{k-1})$ 是 $\mathrm{N}^\theta\mathrm{CDS}_1$.

(iii) 满足 (i) 中条件的几乎所有的序列 $(i_0, i_1, \cdots, i_{k-1})$ 都是 $\mathrm{N}^\theta\mathrm{CDS}_1$.

注记 8.1.2 (ii) 中的参数 $\alpha_{j,l}$ $(0 \leqslant l \leqslant j \leqslant r-1)$ 与上一章定理 7.5.1 中的相同, 它们由文献 [95] 提出, 满足

$$\alpha_{j,l} \text{ 是非负整数}, \quad \alpha_{j,l} \geqslant \alpha_{j+1,l}, \quad \alpha_{j,l} \geqslant \alpha_{j,l+1}. \tag{8.1.4}$$

对满足式 (8.1.1) 的几乎所有的序列 $(i_0, i_1, \cdots, i_{r-2}, i_{r-1})$, 满足式 (8.1.4) 的 $\alpha_{j,l}$ 都是存在的, 可参阅文献 [16,17].

上述主要结果中, (i) 是满足含有邻接断点的断链条件的线性码的差序列 $\mathrm{N}^\theta\mathrm{CDS}_1$ 的性质. 它的证明类似于定理 7.3.1(i), 详细过程可参见文献 [86]. (ii) 即为上界结构. (iii) 是中心结论, 即确定了几乎所有的这类码的重量谱. 我们只给出上述主要结果中 (ii) 的证明过程. (iii) 的详细证明可看作 8.3 节所

述的更一般的 $N^\theta CDS_y$ 相关结论证明过程中的特例, 证明过程比较繁琐, 所以我们只叙述证明思路, 详细步骤可参见文献 [140].

8.2　上界结构

证明定理 8.1.1(ii) 的过程中, 我们仍沿用第 7 章的一些记号. 设 $1 = (1,0,\cdots,0,0)$, $2 = (0,1,\cdots,0,0)$, $\cdots$, $k-1 = (0,0,\cdots,1,0)$, $k = (0,0,\cdots,0,1)$ 仍为 $PG(k-1,q)$ 的一组基, 记号 $\langle p_1,p_2,\cdots,p_r\rangle$, $\langle p_1,p_2,\cdots,p_r\rangle\backslash\{p\}$, $\overline{p_1p_2}$, $\widehat{S}_h$, $\widehat{S}_h^b$, $\widehat{S}_{j,l}$ $(0\leqslant l\leqslant j\leqslant k-1)$, $\widehat{S}_{b_j,b_l}$ 的含义同 7.5.1 小节.

利用典型对应 φ (见定义7.5.1) 可证明如下定理:

定理 8.2.1　设序列 $(i_0,i_1,\cdots,i_{k-1})$ 满足: $1\leqslant i_j\leqslant qi_{j-1}(1\leqslant j\leqslant k-1)$, $i_j = \sum\limits_{l=0}^{j}\alpha_{j,l}S_{j,l}$ $(0\leqslant j\leqslant k-1)$, $\alpha_{j,l}$ 是满足式 (8.1.4) 的参数, 那么 $(i_0,i_1,\cdots, i_{k-1})$ 是 CDS.

证明　定义赋值函数 $m(p)=\alpha_{j,l}$, 如果 $p\in\widehat{S}_{j,l}$ $(0\leqslant l\leqslant j\leqslant k-1)$, 则典型对应 φ 有下列性质: $m(p)\leqslant m(\varphi(p))$ $(\forall p\in\widehat{S}_h^b, 1\leqslant h\leqslant k)$. 因为如果 $p\in\widehat{S}_h^b$, 则存在唯一的 $\widehat{S}_{b_j,b_l}$ $(0\leqslant l\leqslant j\leqslant h-1)$, 使得 $p\in\widehat{S}_{b_j,b_l}=\{y_{l+1}b_{l+1}+\cdots+y_{j+1}b_{j+1}|y_{l+1}=1,y_{j+1}\neq 0\}\subset\{x_{i_{l+1}}i_{l+1}+\cdots+x_w i_w|x_{i_{l+1}}=1,x_w\neq 0\}$ $=\widehat{S}_{w-1,i_{l+1}-1}$, 由 $i_{l+1}\geqslant l+1, w\geqslant i_{j+1}\geqslant j+1$(因为 $b_1, b_2, \cdots, b_h$ 是 $\widehat{S}_h^b$ 的标准基, 见式 (7.5.2)) 和 $m(\cdot)$ 的定义, 得

$$m(p)=\alpha_{w-1,i_{l+1}-1}\leqslant\alpha_{w-1,l}\leqslant\alpha_{i_{j+1}-1,l}\leqslant\alpha_{j,l}=m(\varphi(p)).$$

所以

$$m(\widehat{S}_h^b)=\sum_{p\in\widehat{S}_h^b}m(p)\leqslant\sum_{\varphi(p)\in\widehat{S}_h}m(\varphi(p))=m(\widehat{S}_h)=\sum_{j=0}^{h-1}i_j\quad(1\leqslant h\leqslant k).$$

由 $\widehat{S}_1\subset\widehat{S}_2\subset\cdots\subset\widehat{S}_k$, 定义 6.1.2 与式 (6.0.1) 知, $(i_0, i_1, \cdots, i_{k-1})$ 是 CDS. 定理证毕. $\qquad\qquad\square$

定义 8.2.1　$(i'_0,i'_1,\cdots,i'_{k-1})$ 称为 $(i_0,i_1,\cdots,i_{k-1})$ 的转换序列, 如果

$$i'_t = i_t \quad (0 \leqslant t \leqslant r-1),$$
$$i'_r = i_r + 1,$$
$$i'_{r+t} = i_{r+t} + \sum_{\xi=1}^{t} 2q^\xi + 1 \quad (1 \leqslant t \leqslant \theta),$$
$$i'_{r+t} = i_{r+t} + \sum_{\xi=t-\theta+1}^{t} 2q^\xi + q^{t-\theta} \quad (\theta+1 \leqslant t \leqslant k-r-1).$$

引理 8.2.1 设 $(i_0, \cdots, i_{r-1}, i_r, \cdots, i_{r+\theta}, i_{r+\theta+1}, \cdots, i_{k-1})$ 满足定理 8.1.1 (ii) 中的条件, 则它的转换序列 $(i'_0, \cdots, i'_{r-1}, i'_r, \cdots, i'_{k-1})$ 是 CDS.

证明 定义

$$\begin{cases} \alpha'_{j,l} = \alpha_{j,l} & (0 \leqslant j \leqslant r-1, 0 \leqslant l \leqslant j), \\ \alpha'_{j,l} = \alpha_{r-1,l} & (r \leqslant j \leqslant k-1, 0 \leqslant l \leqslant r-2), \\ \alpha'_{j,l} = \alpha_{r-1,r-1} - 1 & (r \leqslant j \leqslant k-1, r-1 \leqslant l \leqslant j). \end{cases} \tag{8.2.1}$$

可以验证 $i'_j = \alpha'_{j,l} S_{j,l}$, 且 $\alpha'_{j,l}$ 满足式 (8.1.4)(可参见注记 8.2.3). 定义赋值函数 $m'(p) = \alpha'_{j,l}$, 如果 $p \in \widehat{S}_{j,l}$ $(0 \leqslant l \leqslant j \leqslant k-1)$. 由定理 8.2.1 知, 引理 8.2.1 成立, 且有 $m'(\widehat{S}^b_h) \leqslant m'(\widehat{S}_h) = \sum_{j=0}^{h-1} i'_j$ $(1 \leqslant h \leqslant k)$. □

引理 8.2.2 设 $r \notin \widehat{S}^b_h$ $(r \leqslant h \leqslant k-1)$, 则 $m'(\widehat{S}^b_h) \leqslant \sum_{j=0}^{h-1} i'_j - 1$. 其中 $m'(\cdot)$ 是引理 8.2.1 证明过程中定义的赋值函数.

证明 利用典型对应 φ 及 $m'(\cdot)$ 的定义, 类似定理 8.2.1 的证明过程, 可得 $m'(p) \leqslant m'(\varphi(p))$ $(\forall p \in \widehat{S}^b_h)$, 特别地, 由 $\varphi(b_r) = r$ 和 $r \notin \widehat{S}^b_h$, 以及标准基 $b_1, b_2, \cdots, b_h$ 的定义式 (7.5.2) 和 (8.2.1), 得

$$m'(b_r) = \alpha_{r-1,r-1} - 1 = m'(r) - 1 = m'(\varphi(b_r)) - 1.$$

由此知

$$m'(\widehat{S}^b_h) \leqslant m'(\widehat{S}_h) - 1 = \sum_{j=0}^{h-1} i'_j - 1.$$ □

引理 8.2.3 定义 $\widehat{S}^*_{r+1} = \langle 1, \cdots, r-1, r+1, r+2 \rangle$, $\widehat{S}^*_{r+t} = \langle 1, \cdots, r+t-1, r+t+1 \rangle$ $(2 \leqslant t \leqslant \theta)$, 则

$$m'(\widehat{S}^*_{r+1}) = m'(\widehat{S}_{r+1}) - 1 = \sum_{j=0}^{r} i'_j - 1 = \sum_{j=0}^{r} i_j,$$

$$m'(\widehat{S}^*_{r+t}) = m'(\widehat{S}_{r+t}) = \sum_{j=0}^{r+t-1} i'_j \quad (2 \leqslant t \leqslant \theta),$$

其中 $m'(\cdot)$ 是引理 8.2.1 证明过程中定义的赋值函数.

证明　利用典型对应 φ, 式 (8.2.1) 及 $\widehat{S}^*_{r+t}$ $(1 \leqslant t \leqslant \theta)$ 的定义, 可知结论成立, 证毕.　　　　　　　　　　　　　　　　　　　　　　　□

定理 8.1.1 (ii) 的证明将建立在引理 8.2.1 证明中定义的赋值函数 $m'(\cdot)$ 的基础上, 想法是技巧性地修改 $m'(\cdot)$, 从而得到满足定理 8.1.1 (ii) 中条件的差序列 $(i_0, \cdots, i_{k-1})$ 的赋值函数 $m(\cdot)$, 并使它同时满足定义 8.1.1 中 $N^\theta CDS_1$ 的条件. 图 8.1 是 $\theta = 7$ 和 $r = 2$ 时的示意图.

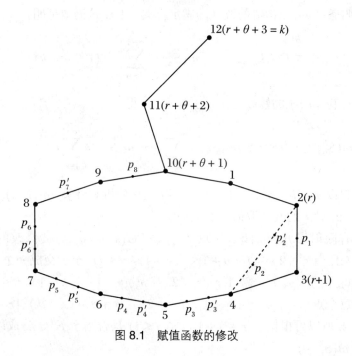

图 8.1　赋值函数的修改

以下设 $\theta \geqslant 3$ ($\theta = 1, 2$ 时的情形将在本节最后单独在注记中给出), 如下标记射影空间 $PG(k-1, q)$ 中的一些点 (参见图 8.1): 点 $p_1 \in \overline{r(r+1)}$, $p_1 \neq r, r+1$; 点 $p_2, p'_2 \in \overline{r(r+2)}$, $p_2, p'_2 \neq r, r+2$; 点 $p_t, p'_t \in \overline{(r+t-1)(r+t)}$, $p_t, p'_t \neq r+t-1, r+t$ $(3 \leqslant t \leqslant \theta-1)$; 点 $p'_\theta \in \overline{(r+\theta-1)(r+\theta)}$, $p'_\theta \neq r+\theta-1, r+\theta$; 点 $p_{\theta+1} \in \overline{(r+\theta)(r+\theta+1)}$, $p_{\theta+1} \neq r+\theta, r+\theta+1$.

注记 8.2.1　上述所取的点中, 可以使 $p'_t = p_t$(在射影空间 $PG(k-1, 2)$ 中必须这样), 但为证明叙述的方便, 我们假设 $p'_t \neq p_t$ $(2 \leqslant t \leqslant \theta-1)$.

定理 8.1.1 (ii) 的证明　首先修改 $m'(\cdot)$.

子空间上的修改: 对每个点 $p \in (\langle p_t, r+t+1, r+t+2, \cdots, r+\theta+1, \cdots, k\rangle \setminus \{r+t+1\})$ $(1 \leqslant t \leqslant \theta-1)$, 使其值减 2; 对每个点 $p \in (\langle p_{\theta+1}, r+\theta-1, r+\theta+2, r+\theta+3, \cdots, k\rangle \setminus \{r+\theta-1\})$, 使其值减 2; 对每个点 $p \in (\langle r+\theta, r+\theta+2, r+$

$\theta+3,\cdots,k\rangle\backslash\{r+\theta\})$, 使其值减 1.

离散点上的修改: 使 p_t' $(2\leqslant t\leqslant\theta-1)$ 的值减 1, 而使 p_θ' 的值减 3.

经过上述系列修改后得到的新的赋值函数记为 $m(\cdot)$.

首先, 由修改过程和引理 8.2.3, 我们得

$$m(\widehat{S}_{r+1}^*) = m'(\widehat{S}_{r+1}^*) = m'(\widehat{S}_{r+1})-1 = \sum_{j=0}^{r} i_j'-1 = \sum_{j=0}^{r} i_j. \tag{8.2.2}$$

进一步说明通过 $m(\cdot)$ 构造的线性码满足定义 8.1.1, 这需要证明

$$\forall \widehat{S}_h^b \subset PG(k-1,q), \quad m(\widehat{S}_h^b) \leqslant \sum_{j=0}^{h-1} i_j \quad (1\leqslant h\leqslant k). \tag{8.2.3}$$

如果 $h\leqslant r$, 由 $m'(\cdot)$ 的修改方法及引理 8.2.1 得

$$m(\widehat{S}_h^b) \leqslant m'(\widehat{S}_h^b) \leqslant m'(\widehat{S}_h) = \sum_{j=0}^{h-1} i_j' = m(\widehat{S}_h) = \sum_{j=0}^{h-1} i_j. \tag{8.2.4}$$

以下假设 $r < h = r+t$ $(1\leqslant t\leqslant k-r)$, 并分析和计算 $m(\widehat{S}_{r+t}^b)$. 首先设 $2\leqslant t\leqslant\theta-2$, 对 t 的其他取值可类似证明.

根据有限射影几何知识, 任意 $\widehat{S}_{r+t}^b \subset PG(k-1,q)$ 与被修改的子空间 $\langle p_\gamma, r+\gamma+1, r+\gamma+2, \cdots, r+\theta+1, \cdots, k\rangle$ $(1\leqslant\gamma\leqslant t)$, 至少交成一个 $t-\gamma$ 维射影子空间, 由于 $\langle p_\gamma, r+\gamma+1, r+\gamma+2, \cdots, r+\theta+1, \cdots, k\rangle$ $(1\leqslant\gamma\leqslant t)$, 在修改时是对每个点 $p \in (\langle p_\gamma, r+\gamma+1, r+\gamma+2, \cdots, r+\theta+1, \cdots, k\rangle\backslash\{r+\gamma+1\})$ 使其值减 2, 所以可根据点 $r+\gamma+1$ $(1\leqslant\gamma\leqslant t)$ 是否属于 $\widehat{S}_{r+t}^b$ 分成以下几种情况讨论 $m(\widehat{S}_{r+t}^b)$:

(1) $\forall r+\gamma+1 \in \widehat{S}_{r+t}^b$ $(1\leqslant\gamma\leqslant t)$, 且 $r \in \widehat{S}_{r+t}^b$.

这时, 点 p_j' $(2\leqslant j\leqslant t+1)$ 和点 p_{t+1} 都是 $\widehat{S}_{r+t}^b$ 中的点. $\langle p_\gamma, r+\gamma+1, r+\gamma+2, \cdots, r+\theta+1, \cdots, k\rangle\backslash\{r+\gamma+1\}$ $(1\leqslant\gamma\leqslant t)$ 的修改至少使 $m'(\widehat{S}_{r+t}^b)$ 减少 $\sum_{\gamma=1}^{t-1}\sum_{j=1}^{t-\gamma} 2q^j$; 而离散点 p_j' $(2\leqslant j\leqslant t+1)$ 的修改使 $m'(\widehat{S}_{r+t}^b)$ 减少 t; 又因为 $\langle p_{t+1}, r+t+2, r+t+3, \cdots, r+\theta+1, \cdots, k\rangle$ 是一个被修改的子空间, 所以点 p_{t+1} 的值的变化又额外地使 $m'(\widehat{S}_{r+t}^b)$ 减少 2. 从而点 p_j' $(2\leqslant j\leqslant t+1)$ 和点 p_{t+1} 共使得 $m'(\widehat{S}_{r+t}^b)$ 减少 $t+2$, 因此通过子空间和离散点上的修改, $m'(\widehat{S}_{r+t}^b)$ 至少减少 $\sum_{\gamma=1}^{t-1}\sum_{j=1}^{t-\gamma} 2q^j + (t+2)$. 由引理 8.2.1 即得

$$m(\widehat{S}^b_{r+t}) \leqslant m'(\widehat{S}^b_{r+t}) - \left(\sum_{\gamma=1}^{t-1}\sum_{j=1}^{t-\gamma}2q^j + (t+2)\right)$$

$$\leqslant m'(\widehat{S}^b_{r+t}) - \left(\sum_{\gamma=1}^{t-1}\sum_{j=1}^{t-\gamma}2q^j + (t+2)\right)$$

$$= \sum_{j=0}^{r+t-1}i'_j - \left(\sum_{\gamma=1}^{t-1}\sum_{j=1}^{t-\gamma}2q^j + (t+2)\right)$$

$$= \sum_{j=0}^{r+t-1}i_j - 2 < \sum_{j=0}^{r+t-1}i_j.$$

(2) $\forall r+\gamma+1 \in \widehat{S}^b_{r+t}$ $(1\leqslant\gamma\leqslant t)$, 但 $r\notin\widehat{S}^b_{r+t}$.

类似于 (1), $\langle p_\gamma, r+\gamma+1, r+\gamma+2,\cdots,r+\theta+1,\cdots,k\rangle\backslash\{r+\gamma+1\}$ $(1\leqslant\gamma\leqslant t)$ 的修改仍然至少使 $m'(\widehat{S}^b_{r+t})$ 减少 $\sum_{\gamma=1}^{t-1}\sum_{j=1}^{t-\gamma}2q^j$. 但由于这时离散点 $p'_2\notin\widehat{S}^b_{r+t}$, 所以, 相关离散点的修改及点 p_{t+1} 的值的变化共使 $m'(\widehat{S}^b_{r+t})$ 减少 $t+1$, 因此通过子空间和离散点上的修改, $m'(\widehat{S}^b_{r+t})$ 至少减少 $\sum_{\gamma=1}^{t-1}\sum_{j=1}^{t-\gamma}2q^j + (t+1)$. 因此, 由引理 8.2.1 和 8.2.2 得

$$m(\widehat{S}^b_{r+t}) \leqslant m'(\widehat{S}^b_{r+t}) - \left(\sum_{\gamma=1}^{t-1}\sum_{j=1}^{t-\gamma}2q^j + (t+1)\right)$$

$$\leqslant \left(\sum_{j=0}^{r+t-1}i'_j - 1\right) - \left(\sum_{\gamma=1}^{t-1}\sum_{j=1}^{t-\gamma}2q^j + (t+1)\right)$$

$$= \sum_{j=0}^{r+t-1}i_j - 2 < \sum_{j=0}^{r+t-1}i_j.$$

(3) 存在唯一的 $r+\gamma_0+1\notin\widehat{S}^b_{r+t}$ $(1\leqslant\gamma_0\leqslant t-2)$, 其他 $r+\gamma+1\in\widehat{S}^b_{r+t}$ $(1\leqslant\gamma\leqslant t)$.

不妨设 $r\in\widehat{S}^b_{r+t}$, $r\notin\widehat{S}^b_{r+t}$ 时可类似说明. 这时, 由于 $r+\gamma_0+1\notin\widehat{S}^b_{r+t}$, $\langle p_{\gamma_0}, r+\gamma_0+1, r+\gamma_0+2,\cdots,k\rangle\backslash\{r+\gamma_0+1\}$ 的修改显然使 $m'(\widehat{S}^b_{r+t})$ 比在 (1) 中多减掉 2; 同时 2 个离散点 $p'_{\gamma_0+1}, p'_{\gamma_0+2}$ 不再属于 $\widehat{S}^b_{r+t}$, 这又使 $m'(\widehat{S}^b_{r+t})$ 比 (1) 少减掉 2, 所以与 (1) 相比较, 得

$$m(\widehat{S}^b_{r+t}) \leqslant \left(\sum_{j=0}^{r+t-1}i_j - 2\right) - 2 + 2 = \sum_{j=0}^{r+t-1}i_j - 2 < \sum_{j=0}^{r+t-1}i_j.$$

(4) 只有 $r+t\notin\widehat{S}^b_{r+t}$, 其他 $r+\gamma+1\in\widehat{S}^b_{r+t}$ $(1\leqslant\gamma\leqslant t)$.

不妨设 $r \in \widehat{S}_{r+t}^b$, $r \notin \widehat{S}_{r+t}^b$ 时可类似说明. 这时, $\langle p_{t-1}, r+t, r+t+1, \cdots, k \rangle \backslash \{r+t\}$ 的修改使 $m'(\widehat{S}_{r+t}^b)$ 比 (1) 多减掉 2; 注意到离散点 p'_t, p'_{t+1} 及点 p_{t+1} 曾使 $m'(\widehat{S}_{r+t}^b)$ 在 (1) 中减少 4, 现在由于它们均不再属于 $\widehat{S}_{r+t}^b$, 所以 $m'(\widehat{S}_{r+t}^b)$ 比 (1) 少减掉 4. 仍然与 (1) 相比较, 便得到以下估计式:

$$m(\widehat{S}_{r+t}^b) \leqslant \left(\sum_{j=0}^{r+t-1} i_j - 2 \right) - 2 + 4 = \sum_{j=0}^{r+t-1} i_j.$$

(5) 只有 $r+t+1 \notin \widehat{S}_{r+t}^b$, 其他 $r+\gamma+1 \in \widehat{S}_{r+t}^b$ $(1 \leqslant \gamma \leqslant t)$.

仍然不妨设 $r \in \widehat{S}_{r+t}^b$, $r \notin \widehat{S}_{r+t}^b$ 时可类似说明. 这时, 对 $\langle p_t, r+t+1, r+t+2, \cdots, k \rangle \backslash \{r+t+1\}$ 的修改使 $m'(\widehat{S}_{r+t}^b)$ 比 (1) 多减掉 2; 但离散点 p'_{t+1} 及 p_{t+1} 在 (1) 中使 $m'(\widehat{S}_{r+t}^b)$ 减少了 3, 因此这里它们使 $m'(\widehat{S}_{r+t}^b)$ 少减掉 3. 仍然与 (1) 相比较, 可得

$$m(\widehat{S}_{r+t}^b) \leqslant \left(\sum_{j=0}^{r+t-1} i_j - 2 \right) - 2 + 3 = \sum_{j=0}^{r+t-1} i_j - 1 < \sum_{j=0}^{r+t-1} i_j.$$

上面分析了所有点 $r+\gamma+1$ 都在 $\widehat{S}_{r+t}^b$ 中, 或者存在唯一的一个点 $r+\gamma+1$ 不在 $\widehat{S}_{r+t}^b$ 中时的 $m(\widehat{S}_{r+t}^b)$ $(1 \leqslant \gamma \leqslant t)$. 通过这种分析方法, 也能够观察到, 如果存在一个以上的点 $r+\gamma+1$ $(1 \leqslant \gamma \leqslant t)$ 不在 $\widehat{S}_{r+t}^b$ 中, 则对相关的子空间上的修改使得 $m'(\widehat{S}_{r+t}^b)$ 比 (1) 中多减掉的值总是不小于相关的离散点上使得 $m'(\widehat{S}_{r+t}^b)$ 比 (1) 中少减掉的值. 这就证明了: 对任何 $2 \leqslant t \leqslant \theta - 2$, 总有 $m(\widehat{S}_{r+t}^b) \leqslant \sum_{j=0}^{r+t-1} i_j$.

对于 $t = 1$, $\theta - 1 \leqslant t \leqslant k - r$, 可经过类似的分析计算, 得 $m(\widehat{S}_{r+t}^b) \leqslant \sum_{j=0}^{r+t-1} i_j$, 只要注意到这时离散点 p'_θ 修改时其值减 3, 而 $\langle r+\theta, r+\theta+2, r+\theta+3, \cdots, k \rangle$ 的修改是使除 $r+\theta$ 以外的每个点减 1. 综上所述, 再由式 (8.2.4) 即得

$$m(\widehat{S}_h^b) \leqslant \sum_{j=0}^{h-1} i_j \quad (1 \leqslant h \leqslant k). \tag{8.2.5}$$

由上面 (4) 的分析, 可同时得到:

结论 1 如果 $m(\widehat{S}_{r+t}^b) = \sum\limits_{j=0}^{r+t-1} i_j$, 则 $\widehat{S}_{r+t}^b$ 必满足: $r+t+1 \in \widehat{S}_{r+t}^b, r+t-1 \in \widehat{S}_{r+t}^b, r+t \notin \widehat{S}_{r+t}^b$(当 $t = 2$ 时, $r+3 \in \widehat{S}_{r+2}^b, r \in \widehat{S}_{r+2}^b, r+2 \notin \widehat{S}_{r+t}^b$).

对于 $t = 1, \theta - 1, \theta$, 也可类似地得到:

结论 2 如果 $m(\widehat{S}_{r+1}^b) = \sum\limits_{j=0}^{r} i_j$, 则 $\widehat{S}_{r+1}^b$ 满足: $r+2 \in \widehat{S}_{r+1}^b, r \notin \widehat{S}_{r+1}^b$; 如

果 $m(\widehat{S}^b_{r+\theta-1}) = \sum\limits_{j=0}^{r+\theta-2} i_j$，则 $\widehat{S}^b_{r+\theta-1}$ 满足：$r+\theta-2 \in \widehat{S}^b_{r+\theta-1}, r+\theta-1 \notin \widehat{S}^b_{r+\theta-1}$，

$r+\theta \in \widehat{S}^b_{r+\theta-1}$；如果 $m(\widehat{S}^b_{r+\theta}) = \sum\limits_{j=0}^{r+\theta-1} i_j$，则 $\widehat{S}^b_{r+\theta}$ 满足：$r+\theta-1 \in \widehat{S}^b_{r+\theta}, r+\theta$

$\notin \widehat{S}^b_{r+\theta}$.

由结论 1 和 2 及引理 8.2.2，可得到：

结论 3　对 $\forall\, \widehat{S}^b_h \subset PG(k-1, q)$ $(r \leqslant h \leqslant r+\theta-1)$，如果 $\widehat{S}^b_h \in M_{h-1}, \widehat{S}^b_{h+1} \in M_h$，则 $\widehat{S}^b_h \subset \widehat{S}^b_{h+1}$ 恒不成立.

以下说明式 (8.2.3) 中等号能够取到.

现在计算 $m(\widehat{S}^*_{r+2})$. 由在子空间和离散点上对 $m'(\cdot)$ 的修改方法知，只有 $\langle p_1, r+2, r+3, \cdots, r+\theta-2, r+\theta-1, r+\theta, \cdots, k\rangle \backslash \{r+2\}$ 和 $\langle p_2, r+3, r+4, \cdots, r+\theta-2, r+\theta-1, r+\theta, \cdots, k\rangle \backslash \{r+3\}$ 的修改可能会影响 $m'(\widehat{S}^*_{r+2})$. 观察到 $\widehat{S}^*_{r+2}$ 和 $\langle p_1, r+2, r+3, \cdots, r+\theta-2, r+\theta-1, r+\theta, \cdots, k\rangle$ 的交集是直线 $\overline{p_1, r+3}$，这使得 $m'(\widehat{S}^*_{r+2})$ 减少 $2(q+1)$，而 $\widehat{S}^*_{r+2}$ 和 $\langle p_2, r+3, r+4, \cdots, r+\theta-2, r+\theta-1, r+\theta, \cdots, k\rangle$ 的交集是点 $r+3$，因此对 $m'(\widehat{S}^*_{r+2})$ 没有影响. 所以对 $m'(\cdot)$ 修改后，$m'(\widehat{S}^*_{r+2})$ 共减少 $2(q+1)$，故有

$$m(\widehat{S}^*_{r+2}) = m'(\widehat{S}^*_{r+2}) - 2(q+1)$$
$$= \sum_{j=0}^{r+1} i'_j - 2(q+1) \quad (\text{由引理 8.2.3})$$
$$= \sum_{j=0}^{r+1} i_j. \tag{8.2.6}$$

对 $m(\widehat{S}^*_{r+t})$ $(3 \leqslant t \leqslant \theta-1)$，注意到只有 $\langle p_\gamma, r+\gamma+1, r+\gamma+2, \cdots, k\rangle \backslash \{r+\gamma+1\}(1 \leqslant \gamma \leqslant t)$ 和点 p'_γ $(2 \leqslant \gamma \leqslant t-1)$ 的修改会影响 $m'(\widehat{S}^*_{r+t})$ $(3 \leqslant t \leqslant \theta-1)$. 由于 $\langle p_\gamma, r+\gamma+1, r+\gamma+2, \cdots, k\rangle$ $(1 \leqslant \gamma \leqslant t-2)$ 和 $\widehat{S}^*_{r+t}$ $(3 \leqslant t \leqslant \theta-1)$ 的交集是 $t-\gamma$ 维射影子空间 $\langle p_\gamma, r+\gamma+1, r+\gamma+2, \cdots, r+t-1, r+t+1\rangle$，且 $1 \leqslant \gamma \leqslant t-2$ 时，$r+\gamma+1 \in \widehat{S}^*_{r+t}$，所以由我们的修改方法知，对 $\langle p_\gamma, r+\gamma+1, r+\gamma+2, \cdots, k\rangle \backslash \{r+\gamma+1\}$ 的修改使得 $m'(\widehat{S}^*_{r+t})$ 减少 $\sum\limits_{j=1}^{t-\gamma} 2q^j$ $(1 \leqslant \gamma \leqslant t-2)$. 因而 $\langle p_\gamma, r+\gamma+1, r+\gamma+2, \cdots, k\rangle \backslash \{r+\gamma+1\}$ $(1 \leqslant \gamma \leqslant t-2)$ 的修改一共使得 $m'(\widehat{S}^*_{r+t})$ 减少 $\sum\limits_{\gamma=1}^{t-2} \sum\limits_{j=1}^{t-\gamma} 2q^j$.

下面再分析 $\langle p_\gamma, r+\gamma+1, r+\gamma+2, \cdots, k\rangle \backslash \{r+\gamma+1\}$ $(t-1 \leqslant \gamma \leqslant t)$ 的修改对 $m'(\widehat{S}^*_{r+t})$ 的影响. 由于 $\widehat{S}^*_{r+t}$ 和 $\langle p_{t-1}, r+t, r+t+1, r+t+2, \cdots, k\rangle$ 的交集是直线 $\overline{p_{t-1}, r+t+1}$，且点 $r+t \notin \widehat{S}^*_{r+t}$，所以由我们的修改方法知，对 $\langle p_{t-1}, r+t, r+t+1, r+t+2, \cdots, k\rangle \backslash \{r+t\}$ 的修改使 $m'(\widehat{S}^*_{r+t})$ 减少 $2(q+1)$；

而 $\widehat{S}_{r+t}^*$ 和 $\langle p_t, r+t+1, r+t+2, \cdots, k \rangle$ 的交集是点 $r+t+1$, 所以 $\langle p_t, r+t+1, r+t+2, \cdots, k \rangle \backslash \{r+t+1\}$ 的修改对 $m'(\widehat{S}_{r+t}^*)$ 没有影响. 因而 $\langle p_\gamma, r+\gamma+1, r+\gamma+2, \cdots, k \rangle \backslash \{r+\gamma+1\}$ $(t-1 \leqslant \gamma \leqslant t)$ 的修改一共使 $m'(\widehat{S}_{r+t}^*)$ 减少 $2(q+1)$.

最后, 我们计算那些离散的点 p_γ' $(2 \leqslant \gamma \leqslant t-1)$ 的修改对 $m'(\widehat{S}_{r+t}^*)$ 的影响. 由我们的修改方法, 这些点的修改显然一共使得 $m'(\widehat{S}_{r+t}^*)$ 减少 $t-2$. 最终我们得

$$
\begin{aligned}
m(\widehat{S}_{r+t}^*) &= m'(\widehat{S}_{r+t}^*) - \sum_{\gamma=1}^{t-2} \sum_{j=1}^{t-\gamma} 2q^j - 2(q+1) - (t-2) \\
&= \sum_{j=0}^{r+t-1} i_j' - \sum_{\gamma=1}^{t-2} \sum_{j=1}^{t-\gamma} 2q^j - 2(q+1) - (t-2) \quad \text{(由引理 8.2.3)} \\
&= \sum_{j=0}^{r+t-1} i_j \quad (3 \leqslant t \leqslant \theta-1).
\end{aligned}
\tag{8.2.7}
$$

经类似的分析和计算, 可得

$$
m(\widehat{S}_{r+\theta}^*) = \sum_{j=0}^{r+\theta-1} i_j,
\tag{8.2.8}
$$

$$
m(\widehat{S}_{r+t}) = \sum_{j=0}^{r+t-1} i_j \quad (\theta+1 \leqslant t \leqslant k-r).
\tag{8.2.9}
$$

由式 (8.2.2), (8.2.4) 和 (8.2.5), 以及结论 3, 引理 8.2.3, 式 (8.2.6)~(8.2.9) 及定义 8.1.1 知, 满足定理 8.1.1 (ii) 中条件的序列是 $N^\theta CDS_1$. □

注记 8.2.2 当 $\theta=1$ 时, 子空间上的修改为: 使每个点 $p \in (\langle p_1, r+2, r+3, \cdots, k \rangle \backslash \{r+2\})$ 的值减少 2; 使每个点 $p \in (\langle r, r+3, r+4, \cdots, k \rangle \backslash \{r\})$ 的值减少 1. 离散点上的修改为: 使 p_2' 的值减少 2.

当 $\theta=2$ 时, 子空间上的修改为: 使每个点 $p \in (\langle p_t, r+t+1, r+t+2, \cdots, k \rangle \backslash \{r+t+1\})$ $(1 \leqslant t \leqslant 2)$ 的值减少 2; 使每个点 $p \in (\langle r+2, r+4, r+5, \cdots, k \rangle \backslash \{r+2\})$ 的值减少 1. 离散点上的修改为: 使 p_2' 的值减少 1; 使 p_3 的值减少 2.

注记 8.2.2 中涉及的点 p_1, p_2', p_2, p_3 的取法同上文.

注记 8.2.3 对满足式 (8.1.1) 的几乎所有的序列 $(i_0, i_1, \cdots, i_{r-2}, i_{r-1})$, 本节构造的赋值函数 $m'(\cdot), m(\cdot)$ 都是有意义的, 即 $m'(p) \geqslant 0, m(p) \geqslant 0, \forall p \in PG(k-1, q)$, 参见文献 [27] 或定理 7.3.1(ii) 的证明过程.

利用在子空间 $\widehat{S}_h^b$ 和 $\widehat{S}_h$ 之间建立点的一一对应关系的想法还可给出文

献 [95] 中最主要的结果的一个简洁证明.

我们重新建立一个不同于典型对应 φ 的 $\widehat{S}_h^b$ 和 $\widehat{S}_h$ 之间点的一一对应关系 φ'. 对 $0 \leqslant l \leqslant j \leqslant h-1$, 定义

$$\varphi'(p) = \begin{cases} p, & p \in \widehat{S}_{b_j,b_l} \bigcap \widehat{S}_{j,l}, \\ p', & p \in \widehat{S}_{b_j,b_l} \backslash (\widehat{S}_{b_j,b_l} \bigcap \widehat{S}_{j,l}), \end{cases}$$

其中 $p' \in \widehat{S}_{j,l} \backslash (\widehat{S}_{b_j,b_l} \bigcap \widehat{S}_{j,l})$ 是任意取定的一点. 于是我们可用 φ' 证明文献 [95] 中最主要的结果 (参见定理 8.2.2).

定理 8.2.2 [95] 对任何链可行序列 $(i_0, i_1, \cdots, i_{k-1})$, 如果存在非负的整数 $\alpha_{j,l}$ 和 $\lambda_{j,l}$ $(0 \leqslant j \leqslant k-1, 0 \leqslant l \leqslant j)$, 满足

$$i_j = \sum_{l=0}^{j} (\alpha_{j,l} S_{j,l} + \lambda_{j,l}) \quad (0 \leqslant j \leqslant k-1),$$

其中 $\lambda_{j,l} < S_{j,l}, \lambda_{j,j} = 0$, 并且满足

$$\alpha_{j,l} \geqslant \alpha_{j+1,l} + \left\lceil \frac{\lambda_{j+1,l}}{S_{j+1,l}} \right\rceil, \quad \alpha_{j,l} \geqslant \alpha_{j,l+1} + \left\lceil \frac{\lambda_{j,l+1}}{S_{j,l+1}} \right\rceil,$$

则 $(i_0, i_1, \cdots, i_{k-1})$ 是 CDS.

证明 文献 [95] 中已如下定义赋值函数 $m(\cdot)$: 如果 $p \in \widehat{S}_{j,l}$, 则 $m(p) = \alpha_{j,l}$, 或 $\alpha_{j,l}+1$, 满足 $m(\widehat{S}_{j,l}) = \alpha_{j,l} S_{j,l} + \lambda_{j,l}$. 我们的想法是, 用 φ' 直接证明 $m(\widehat{S}_h^b) \leqslant m(\widehat{S}_h) = \sum_{j=0}^{h-1} i_j$ $(1 \leqslant h \leqslant k)$, 从而证明 $(i_0, i_1, \cdots, i_{k-1})$ 是 CDS.

类似典型对应 φ, 我们也来证明 φ' 具有如下性质: $m(p) \leqslant m(\varphi'(p))$, $\forall p \in \widehat{S}_h^b$. 设 $p \in \widehat{S}_h^b$, 则存在唯一的 $\widehat{S}_{b_j,b_l}$, 使得 $p \in \widehat{S}_{b_j,b_l}$.

(1) 如果 $p \in \widehat{S}_{b_j,b_l} \bigcap \widehat{S}_{j,l}$, 则 $\varphi'(p) = p$, 所以 $m(p) \leqslant m(\varphi'(p))$ 自然成立.

(2) 如果 $p \in \widehat{S}_{b_j,b_l} \backslash (\widehat{S}_{b_j,b_l} \bigcap \widehat{S}_{j,l})$, 则由于 $b_1, b_2, \cdots, b_h$ 是 $\widehat{S}_h^b$ 的标准基, 所以 $p \in \widehat{S}_{j',l'}$, $j' > j$, 或 $l' > l$. 不妨设 $j' > j$, $l' = l$, 其他情况可类似说明. 这时

$$m(p) \leqslant \alpha_{j',l} + \left\lceil \frac{\lambda_{j',l}}{S_{j',l}} \right\rceil \leqslant \alpha_{j,l} \leqslant m(\varphi'(p)).$$

综上, 我们得

$$m(\widehat{S}_h^b) = \sum_{p \in \widehat{S}_h^b} m(p) \leqslant \sum_{p \in \widehat{S}_h^b} m(\varphi'(p)) = m(\widehat{S}_h).$$

因此 $(i_0, i_1, \cdots, i_{k-1})$ 是 CDS. $\qquad \square$

8.3 $N^\theta CDS_y$ 的确定

本节将研究一类含有任意多个断点 (不一定邻接) 且满足断链条件的线性码的重量谱, 此类码的差序列简记为 $N^\theta CDS_y$, 此记号的含义在 8.1 节已经作过初步介绍, 本节将给出详细的定义. 当 $N^\theta CDS_y$ 中的下标 y 等于 1 时, 即为上一节研究的 $N^\theta CDS_1$. 所以此类码的几乎所有重量谱的确定过程是上一节几乎所有 $N^\theta CDS_1$ 的确定的进一步深入.

定义 8.3.1 设 $r_1 \geqslant 1$, 且

$$r_j + \theta_j \leqslant \begin{cases} r_{j+1} & (1 \leqslant j \leqslant y-1), \\ k-1 & (j = y), \end{cases}$$

$\sum_{j=1}^{y} \theta_j = \theta$, $\theta_j \geqslant 1$ $(\theta_j \neq 3, 4)$, 线性码 C 的差序列为 $(i_0, i_1, \cdots, i_{k-1})$. 如果存在 C 的子码 D_v $(1 \leqslant v \leqslant k)$, 使得 $(i, j) = (\mu, \mu+1)$ $(k - r_j - \theta_j \leqslant \mu \leqslant k - r_j - 1)$ 时, $D_i \subset D_j$ 恒不成立, 而对其他任意 (i, j) $(i < j)$, $D_i \subset D_j$ 均成立, 或者等价地用射影几何的语言描述为: 如果存在 $PG(k-1, q)$ 中的 v 维子空间 P_v $(0 \leqslant v \leqslant k-1)$, 满足 $P_v \in M_v$, 且对 $(i, j) = (\mu, \mu+1)$ $(r_j - 1 \leqslant \mu \leqslant r_j + \theta_j - 2)$, $P_i \subset P_j$ 恒不成立, 而对其他任意 (i, j) $(i < j)$, $P_i \subset P_j$ 均成立, 则称 C 或其差序列满足含有 θ 个断点的断链条件, 并简记差序列为 $N^\theta CDS_y$.

注记 8.3.1 不难看出定义 8.3.1 中 $y = 1$ 时即为 8.2 节中的 $N^\theta CDS_1$.

定义 8.3.2 设 r_j, θ_j $(1 \leqslant j \leqslant y)$ 为非负整数, 且满足 $r_{j+1} - (r_j + \theta_j) \geqslant 2$, $\sum_{j=1}^{y} \theta_j = \theta$, $\theta_j \geqslant 1$ $(\theta_j \neq 3, 4)$, 则如果链可行序列 $(i_0, i_1, \cdots, i_{r_1}, \cdots, i_{r_y}, \cdots, i_{k-1})$ 满足

$$1 \leqslant i_{r_j} \leqslant q i_{r_j - 1} - (q+1),$$

$$i_{r_j - 1} + \alpha \leqslant i_{r_j + 1} \leqslant q i_{r_j} - (q+1),$$

$$\max(i_{r_j + t - 3} + 1 + \beta + \gamma, i_{r_j + t - 2} + 1 + \beta) \leqslant i_{r_j + t} \leqslant q i_{r_j + t - 1} - (q+1)$$

$$(1 \leqslant j \leqslant y, 2 \leqslant t \leqslant \theta_j),$$

其中

$$\alpha = \begin{cases} 0, & \theta = 1, \\ 1, & \theta > 1, \end{cases} \quad \beta = \begin{cases} 0, & t = \theta_j, \\ 1, & \text{其他}, \end{cases} \quad \gamma = \begin{cases} 0, & t = 2, \\ 1, & \text{其他}, \end{cases}$$

则称它为含有 θ 个断点的链可行序列, 记作 $N^{\theta}CPDS_y$.

定理 8.3.1　设 $q \geqslant 2, \theta \geqslant 1$, 则有:

(i) $N^{\theta}CDS_y$ 都是 $N^{\theta}CPDS_y$;

(ii) 几乎所有的 $N^{\theta}CPDS_y$ 都是 $N^{\theta}CDS_y$, 更确切地说, 令 $M(i), N(i)$ 分别表示 $i_0 \leqslant i$ 时的 $N^{\theta}CPDS_y$ 与 $N^{\theta}CDS_y$ 的数目, 则

$$\lim_{i \to \infty} N(i)/M(i) = 1.$$

注记 8.3.2　定义 8.3.1 中的参数 $\theta_j = 3, 4$ 时, 满足定义条件的断链有 2 种情况, 均得不到定理 8.3.1 中简洁的必要条件 (i), 问题更为困难, 有待以后进一步研究.

定理 8.3.1 的证明想法和定理 7.3.1 的类似, 定理中 (i) 的证明相对容易. 我们只叙述 (ii) 的证明思路.

定理 8.3.1 中 (ii) 的证明也可分成 4 步:

第 1 步　我们先给出满足上界的 $N^{\theta}CPDS_y$ 成为 $N^{\theta}CDS_y$ 的充分条件, 这一部分的证明也称为上界结构, 即构造一个赋值函数 $m(\cdot)$, 称其为上界赋值函数, 通过上界赋值函数说明满足上界的 $N^{\theta}CPDS_y$ 是 $N^{\theta}CDS_y$. 上界赋值函数 $m(\cdot)$ 的构造思想是在 8.2 节得到的赋值函数的基础上做进一步的修改, 设法使其满足 $N^{\theta}CDS_y$ 的定义.

第 2 步　构造若干不同维数的 $PG(k-1, q)$ 的子空间的集合, 每一个子空间具备下列性质: 在前一个赋值函数的基础上, 使子空间上的每个点的值减 1, 得到一个新的赋值函数, 我们要求如果前一个赋值函数构造了 $N^{\theta}CDS_y$, 则新的赋值函数在有意义的前提下, 即在每个点 $p \in PG(k-1, q)$ 的赋值都大于或等于 0 的前提下, 也构造了 $N^{\theta}CDS_y$.

第 3 步　在第 1 步构造的上界赋值函数的基础上, 对第 2 步构造的不同维数的子空间按一定的顺序依次使每个子空间上的点的值减 1, 并在赋值函数有意义的前提下将这种操作不断循环. 由第 2 步中构造的这些子空间的性质知, 这种操作每循环一次, 我们就得到一个新的 $N^{\theta}CDS_y$, 在赋值函数有意义的前提下尽可能地将这种操作循环, 于是得到了尽可能多的 $N^{\theta}CDS_y$.

第 4 步　计算第 3 步过程中得到的所有 $N^{\theta}CDS_y$ 的数目, 并与相应的 $N^{\theta}CPDS_y$ 的数目做比较, 得到定理 8.3.1(ii) 的结果.

有关以上 4 个步骤的详细过程可参阅文献 [140,141].

第 9 章 几类线性码的格子复杂度

在数字通信的差错控制系统设计中, 利用软判决译码来提高系统的编码增益已越来越受到人们的重视, 而格子复杂度就是与软判决译码有密切关系的码的一个重要参数, 译码时操作的次数最多为 $2^{s(C)-1}(3n-6s(C)+5)$ (n 是码 C 的长度, $s(C)$ 是码 C 的格子复杂度). 文献 [101] 把它同码的 3 个基本参数 —— 码长、维数和最小汉明距离 —— 相比拟, 而文献 [53] 特别强调维数/长度轮廓、广义汉明重量与码的格子复杂度, 这些概念应该写入编码理论的教科书. 本章将对几类线性码的格子复杂度的下界值做出估计.

9.1 介　　绍

用 I 表示 $GF(q)^n$ 的坐标位置集合, 可取定 $I=\{0,1,\cdots,n-1\}$, 那么 $GF(q)^n$ 的任何元素可以表示为 $f=\{f_i\,|\,i\in I\}$. 令 $J\subset I$ 是 I 的子集, 以 $I\backslash J$ 表示 J 的补集, 则 C 在 J 上的投影定义为

$$P_J(C)=\{P_J(c)\,|\,\forall\,c\in C\},$$

其中

$$P_J(c)=\begin{cases} c_i, & i\in J, \\ 0, & i\notin J. \end{cases} \qquad (9.1.1)$$

而 C 在 J 上的子码定义为

$$C_J=\{c\,|\,\forall\,c\in C, c_i=0, i\notin J\}. \qquad (9.1.2)$$

记

$$K_i(C) = \max_J \{k(C_J) \mid |J| = i\} \quad (0 \leqslant i \leqslant n),$$

这里 $k(C_J)$ 表示 C_J 的维数.

定义 9.1.1 [53]　称集合 $\{K_i(C) \mid 0 \leqslant i \leqslant n\}$ 为码 C 的维数 / 长度轮廓, 简称为 DLP, 记为 $K(C)$.

令

$$\widetilde{K}_i(C) = \min_J \{k(P_J(C)) \mid |J| = i\} \quad (0 \leqslant i \leqslant n).$$

定义 9.1.2 [53]　称集合 $\{\widetilde{K}_i(C) | 0 \leqslant i \leqslant n\}$ 为码 C 的逆维数 / 长度轮廓, 简称为逆 DLP, 记为 $\widetilde{K}(C)$.

引理 9.1.1 [53]　$k(P_J(C)) + k(C_{I \setminus J}) = k.$

由引理 9.1.1 知, $K_i(C) = \widetilde{K}_{n-i}(C)$ $(i = 0, 1, \cdots, n)$, 即线性码 C 的 DLP 和逆 DLP 能够互相确定.

记

$$i^- = \{i' \in I \mid i' < i\} = \{0, 1, \cdots, i-1\},$$
$$i^+ = \{i' \in I \mid i' \geqslant i\} = \{i, i+1, \cdots, n-1\}.$$

定义 9.1.3 [53]　、称 $K(C) = \{K_i(C) \mid K_i(C) = k(C_{i^-}) \ (0 \leqslant i \leqslant n), k(C_{0^-}) = 0\}$ 为码 C 的有序维数 / 长度轮廓, 简称为有序 DLP.

定义 9.1.4 [53]　称 $\widetilde{K}(C) = \{\widetilde{K}_i(C) | \widetilde{K}_i(C) = k(P_{i^-}(C)) \ (0 \leqslant i \leqslant n), k(P_{0^-}(C)) = 0\}$ 为码 C 的有序逆维数 / 长度轮廓, 简称为有序逆 DLP.

记

$$s_i(C) = \widetilde{K}_i(C) - K_i(C) \quad (i = 0, 1, 2, \cdots, n),$$
$$s_{\max} = \max\{s_i(C) \mid i = 0, 1, \cdots, n\},$$
$$\Omega = \{\text{指标集 } I \text{ 的 } n \text{ 个位置 } 0, 1, \cdots, n-1 \text{ 的所有置换的集合}\}.$$

定义 9.1.5 [53]　称 $s(C) = \min_{\Omega}\{s_{\max}\}$ 为码 C 的格子复杂度.

引理 9.1.2 [53]　$s(C) \geqslant \max\{\widetilde{K}_i(C) - K_i(C) \mid 0 \leqslant i \leqslant n\}.$

定义 9.1.6 [53]　称集合 $\{d_j(C) | 0 \leqslant j \leqslant k\}$ 为码 C 的长度 / 维数轮廓 (LDP), 其中 $d_j(C) = \min_J \{|J| \mid k(C_J) = j\}$ $(0 \leqslant j \leqslant k)$. 如果 $k(C_J) = j, |J| = d_j(C)$, 则称 C_J 为具有最小有效长度的 j 维子码.

可以看出 LDP 即为重量谱, 而具有最小有效长度的 j 维子码和具有最小支撑重的 j 维子码是一回事.

LDP 与 DLP 之间能够互相确定. 它们之间的关系可表示如下:

$$d_j(C) = \min\{i \mid K_i(C) \geqslant j\},$$
$$k_i(C) = \max\{j \mid d_j(C) \leqslant i\},$$

这就是说，DLP 中 k 个不同的阶梯值点的位置正好对应着 LDP.

我们知道码 C 的差序列和码的 LDP 之间能够相互确定，因而，差序列和 DLP 以及逆 DLP 之间也能互相确定. 给定 k 维线性码 C 的差序列:

$$(i_0, i_1, \cdots, i_{k-2}, i_{k-1}),$$

我们可以把线性码 C 的 DLP 和逆 DLP 表示为下列形式:

$$K(C) = (\underbrace{0\cdots0}_{i_{k-1}}\underbrace{1\cdots1}_{i_{k-2}}\underbrace{2\cdots2}_{i_{k-3}}\cdots\underbrace{k-1\cdots k-1}_{i_0}\ k),$$

$$\widetilde{K}(C) = (0\ \underbrace{1\cdots1}_{i_0}\underbrace{2\cdots2}_{i_1}\underbrace{3\cdots3}_{i_2}\cdots\underbrace{k\cdots k}_{i_{k-1}}). \tag{9.1.3}$$

9.2 格子复杂度

本节我们将利用式 (9.1.3) 及引理 9.1.2, 对文献 [14] 中满足重量谱上界的 4 维 9 类线性码, 以及满足重量谱上界的链条件码、几乎链条件的码、近链条件的码的格子复杂度给出下界估计值.

对于 4 维 q 元 9 类线性码重量谱的上界, 我们有:

A 类

$$\begin{cases} i_1 = qi_0, \\ i_2 = qi_1, \\ i_3 = qi_2; \end{cases}$$

B 类

$$\begin{cases} i_1 = qi_0 - (q+1), \\ i_2 = qi_1 - (q+1), \\ i_3 = qi_2 - (q+1), \\ 如果\ q \geqslant 3, 则\ i_0 \geqslant 2, \\ 如果\ q = 2, 则\ i_0 \geqslant 3; \end{cases}$$

C 类

$$\begin{cases} i_1 = qi_0, \\ i_2 = qi_1 - (q+1), \\ i_3 = qi_2 - (q+1), \\ \text{如果 } q \geqslant 3, \text{则 } i_0 \geqslant 1, \\ \text{如果 } q = 2, \text{则 } i_0 \geqslant 2; \end{cases}$$

D 类

$$\begin{cases} i_1 = qi_0 - (q+1), \\ i_2 = q^2 i_0 - q^2, \\ i_3 = q^3 i_0 - (q^3 + q^2 + q), \\ i_0 \geqslant 2; \end{cases}$$

E 类

$$\begin{cases} i_1 + i_2 = (q^2 + q)i_0 - (q^2 + q + 1), \\ i_2 = q^2 i_0 - (q^2 + 1), \\ i_3 = qi_2 - (q+1), \\ i_0 \geqslant 2; \end{cases}$$

F 类

$$\begin{cases} i_1 = qi_0 - (q+1), \\ i_2 = qi_1 - (q+1), \\ i_3 = qi_2, \\ \text{如果 } q \geqslant 3, \text{则 } i_0 \geqslant 2, \\ \text{如果 } q = 2, \text{则 } i_0 \geqslant 3; \end{cases}$$

G 类

$$\begin{cases} i_1 = qi_0 - (q+1), \\ i_2 = qi_1 - (q+1), \\ i_3 = qi_2 - (q+1), \\ \text{如果 } q \geqslant 3, \text{则 } i_0 \geqslant 2, \\ \text{如果 } q = 2, \text{则 } i_0 \geqslant 3; \end{cases}$$

H 类

$$\begin{cases} i_1 = qi_0 - (q+1), \\ i_1 + i_2 = (q^2 + q)i_0 - (q^2 + q + 1), \\ i_1 + i_2 + i_3 = (q^3 + q^2 + q)i_0 - (q^3 + 3q^2 + 3q + 2), \\ \text{如果 } q \geqslant 3, \text{则 } i_0 \geqslant 2, \\ \text{如果 } q = 2, \text{则 } i_0 \geqslant 3; \end{cases}$$

I 类

$$\begin{cases} i_1 = qi_0 - (q+1), \\ i_2 + i_3 = (q^2+q)i_1 - (q^2+q+1), \\ i_1 + i_2 + i_3 = (q^3+q^2+q)i_0 - (q^3+3q^2+3q+2), \\ \text{如果 } q=3, \text{则 } i_0 \geqslant 3, \\ \text{如果 } q \geqslant 4, \text{则 } i_0 \geqslant 2. \end{cases}$$

定理 9.2.1 对于除 A 类 (下文定理 9.2.2 的特例) 以外的 8 类码, 表 9.1 给出了具体的结论.

表 9.1   8 类码的格子复杂度的下界

类别	条件	结论
B	$q \geqslant 4$, 或 $q=3$ 且 $i_0 \geqslant 3$,或 $q=2$ 且 $i_0 > 10$	$s(C) \geqslant 4$
	$q=2$ 且 $4 \leqslant i_0 \leqslant 10$	$s(C) \geqslant 3$
	$q=3$ 且 $i_0=2$,或 $q=2$ 且 $i_0=3$	$s(C) \geqslant 1$
C	$q \geqslant 3$, 或 $q=2$ 且 $i_0 > 7$	$s(C) \geqslant 4$
	$q=2$ 且 $2 < i_0 \leqslant 7$	$s(C) \geqslant 3$
	$q=2$ 且 $i_0=2$	$s(C) \geqslant 2$
D	$q \geqslant 3$, 或 $q=2$ 且 $i_0 > 8$	$s(C) \geqslant 4$
	$q=2$ 且 $3 \leqslant i_0 \leqslant 8$	$s(C) \geqslant 3$
	$q=2$ 且 $i_0=2$	$s(C) \geqslant 2$
E	$q \geqslant 3$, 或 $q=2$ 且 $i_0 > 7$	$s(C) \geqslant 4$
	$q=2$ 且 $3 \leqslant i_0 \leqslant 7$	$s(C) \geqslant 3$
	$q=2$ 且 $i_0=2$	$s(C) \geqslant 2$
F	$q \geqslant 4$, 或 $q=3$ 且 $i_0 \geqslant 3$, 或 $q=2$ 且 $i_0 > 7$	$s(C) \geqslant 4$
	$q=3$ 且 $i_0=2$,或 $q=2$ 且 $4 \leqslant i_0 \leqslant 7$	$s(C) \geqslant 3$
	$q=2$ 且 $i_0=3$	$s(C) \geqslant 2$
G	$q \geqslant 4$, 或 $q=3$ 且 $i_0 \geqslant 3$, 或 $q=2$ 且 $i_0 > 10$	$s(C) \geqslant 4$
	$q=2$ 且 $4 \leqslant i_0 \leqslant 10$	$s(C) \geqslant 3$
	$q=3$ 且 $i_0=2$,或 $q=2$ 且 $i_0=3$	$s(C) \geqslant 1$
H	$q \geqslant 4$, 或 $q=3$ 且 $i_0 \geqslant 3$, 或 $q=2$ 且 $i_0 > 15$	$s(C) \geqslant 4$
	$q=2$ 且 $4 \leqslant i_0 \leqslant 15$	$s(C) \geqslant 3$
	$q=3$ 且 $i_0=2$,或 $q=2$ 且 $i_0=3$	$s(C) \geqslant 2$
I	$q \geqslant 4$ 且 $i_0 \geqslant 2$, 或 $q=3$ 且 $i_0 \geqslant 3$	$s(C) \geqslant 4$

以下假设线性码 C 的维数 $k \geqslant 5$. 文献 [16] 研究了满足链条件的码, 通过

具体构造给出了 CDS 的上界, 即

$$
\begin{cases}
i_1 = qi_0, \\
i_2 = qi_1, \\
\cdots, \\
i_{k-1} = qi_{k-2}, \\
i_0 \geqslant 1.
\end{cases}
$$

定理 9.2.2　对满足上述上界条件的 CDS, 有

$$
s(C) \geqslant
\begin{cases}
k-1, & \text{当 } i_0 = 1, q = 2, \\
k, & \text{其他.}
\end{cases}
$$

在文献 [27] 中, 作者给出了一个 ACDS 的上界结构, 即

$$
\begin{cases}
i_1 = qi_0, \\
i_2 = qi_1, \\
\cdots, \\
i_{k-4} = qi_{k-5}, \\
i_{k-3} = \lambda q^{k-3} + \mu q^{k-4} + 1 \\
\qquad = q^{k-3}(i_0 - 1) + (q-1)q^{k-4} + 1 \\
\qquad = q^{k-3}i_0 - q^{k-4} + 1, \\
i_{k-2} = qi_{k-3} - (q+1), \\
i_{k-1} = qi_{k-2} - (q+1), \\
i_0 \geqslant 2, \quad \text{当 } q \geqslant 3, \\
i_0 \geqslant 3, \quad \text{当 } q = 2.
\end{cases}
$$

定理 9.2.3　对满足上述上界条件的 ACDS, 有

$$
s(C) \geqslant
\begin{cases}
k, & \text{当 } q \geqslant 3 \ \text{或} \ q = 2 \text{ 且 } i_0 > 2^{k-4} + 6, \\
k-1, & \text{其他.}
\end{cases}
$$

对本书第 7 章中给出的 NCDS 上界结构, 有:

$q \geqslant 3$ 时

$$\begin{cases} i_1 = qi_0, \\ i_2 = qi_1, \\ \cdots, \\ i_{r-1} = qi_{r-2}, \\ i_r = qi_{r-1} - (q+1), \\ i_{r+1} = qi_r - (q+1), \\ i_{r+2} = qi_{r+1} - (q^{r+2} - 2q^2 - q), \\ i_{r+3} = qi_{r+2}, \\ \cdots, \\ i_{k-1} = qi_{k-2}, \\ i_0 \geqslant 2, \\ 1 \leqslant r \leqslant k-3; \end{cases}$$

$q = 2$ 时

$$\begin{cases} i_1 = qi_0, \\ i_2 = qi_1, \\ \cdots, \\ i_{r-1} = qi_{r-2}, \\ i_r = qi_{r-1} - (q+1), \\ i_{r+1} = qi_r - (q+1), \\ i_{r+2} = qi_{r+1} - (2q^{r+2} - 2q^2 - q), \\ i_{r+3} = qi_{r+2}, \\ \cdots, \\ i_{k-1} = qi_{k-2}, \\ i_0 \geqslant 3, \\ 1 \leqslant r \leqslant k-3. \end{cases}$$

我们有下面的定理:

定理 9.2.4 $q \geqslant 3$ 时, 表 9.2 成立.

表 9.2 近链码格子复杂度的下界 $(q \geqslant 3)$

差序列	条件	结论
	$q=3$ 且 $i_0 = 2$ 且 $r = k-3$	$s(C) \geqslant k-1$
NCDS	$i_0 = 2$ 且 $r = 1$	非差序列
	其他	$s(C) \geqslant k$

如果 $q=2$ 且 $r=k-3$, 则表 9.3 成立.

表 9.3　近链码格子复杂度的下界 $(q=2,r=k-3)$

差序列	条件	结论
	$i_0 > 2^k - 3$	$s(C) \geqslant k$
NCDS	$5 \leqslant i_0 \leqslant 2^k - 3$	$s(C) \geqslant k-1$
	其他	$s(C) \geqslant k-2$

如果 $q=2$ 且 $r=k-4$, 则表 9.4 成立.

表 9.4　近链码格子复杂度的下界 $(q=2,r=k-4)$

差序列	条件	结论
	$i_0 > 2^{k-1} - 3$	$s(C) \geqslant k$
	$5 \leqslant i_0 \leqslant 2^{k-1} - 3$, 或 $3 \leqslant i_0 \leqslant 4$ 且 $k \geqslant 7$	$s(C) \geqslant k-1$
NCDS	$k=6$ 且 $i_0 = 4$	$s(C) \geqslant 4$
	$k=6$ 且 $i_0 = 3$, 或 $k=5$ 且 $i_0 = 4$	$s(C) \geqslant 3$
	$k=5$ 且 $i_0 = 3$	非差序列

9.3　主要结果的证明

我们只对定理 9.2.4 给出详细证明, 其他结果可类似证明.

设 $q \geqslant 3$, $1 \leqslant r \leqslant k-4$, 改写 NCDS 的上界条件为下列形式:

$$
\begin{cases}
i_1 = qi_0, \\
i_2 = q^2 i_0, \\
\cdots, \\
i_{r-1} = q^{r-1} i_0, \\
i_r = q^r i_0 - (q+1), \\
i_{r+1} = q^{r+1} i_0 - (q+1)^2, \\
i_{r+2} = q^{r+2} i_0 - q(q+1)^2 - (q^{r+2} - 2q^2 - q), \\
i_{r+3} = q^{r+3} i_0 - q^2(q+1)^2 - q(q^{r+2} - 2q^2 - q), \\
\cdots, \\
i_{k-1} = q^{k-1} i_0 - q^{k-r-1}(q+1) - q^{k-r-2}(q+1) - q^{k-r-3}(q^{r+2} - 2q^2 - q), \\
i_0 \geqslant 2.
\end{cases}
$$

由引理 9.1.2 及式 (9.1.3)，再经计算，可得

$$i_{k-1} > \sum_{j=0}^{k-2} i_j + 1 \text{ 时}, \quad s(C) \geqslant k,$$

即

$$i_0 > 1 + \frac{q^{k-r+1} - 2q^{k-r} + 2q + q^{r+2} - 2q^2}{q^k - 2q^{k-1} + 1} \text{时}, \quad s(C) \geqslant k. \qquad (9.3.1)$$

记

$$F(r) = \frac{q^{k-r+1} - 2q^{k-r} + 2q + q^{r+2} - 2q^2}{q^k - 2q^{k-1} + 1}.$$

注意到

$$q \geqslant 3, k \geqslant 6, 2 \leqslant r \leqslant k-4 \text{ 时}, \quad F(r) \leqslant \max(F(2), F(k-4)) < 1, \qquad (9.3.2)$$

故由式 (9.3.1) 得 $i_0 \geqslant 2$, 且式 (9.3.2) 成立时, $s(C) \geqslant k$ 总成立. 只需考虑 $r = 1$ 和 $r = k-3$ 时的情形:

情况 1　$r = k-3, q \geqslant 4$. 这时容易验证 $i_{k-1} > \sum\limits_{j=0}^{k-2} i_j + 1$ 成立，所以 $s(C) \geqslant k$.

情况 2　$r = k-3, q = 3, i_0 \geqslant 3$. 此时 $i_{k-1} > \sum\limits_{j=0}^{k-2} i_j + 1$ 成立，所以 $s(C) \geqslant k$.

情况 3　$r = k-3, q = 3, i_0 = 2$. 此时 $i_{k-1} > \sum\limits_{j=0}^{k-2} i_j + 1$ 不成立，但 $i_{k-1} > \sum\limits_{j=0}^{k-3} i_j + 1$ 成立，所以由式 (9.1.3) 及引理 9.1.2 得, $s(C) \geqslant k-1$.

情况 4　$r = 1, i_0 \geqslant 3$. 此时 $i_{k-1} > \sum\limits_{j=0}^{k-2} i_j + 1$ 成立，所以 $s(C) \geqslant k$.

情况 5　$r = 1, i_0 = 2$. 这时容易计算得 $i_3 = i_4 = \cdots = i_{k-1} = 0$, 所以所得到的序列不是差序列.

$q = 2$ 时, $s(C)$ 的下界更多地依赖于 NCDS 中 r 的取值. 对于 $r = k-3$, $r = k-4$(见定理 9.2.4) 的情形, 讨论的方法类似.

综上, 定理 9.2.4 证毕.　　　　　　　　　　　　　　　　　　　　　　　□

第 10 章　有限环上码的重量谱

有限环上的码成为编码领域的热门问题源于文献 [61]. 文献 [61] 中发现了一个重要的映射, 在此映射下, 一些 2 元非线性码的原像都是 $\mathbb{Z}_4$ 上的线性码 (这里 $\mathbb{Z}_4$ 的含义是 $\mathbb{Z}/(4)$, 即整数环商 4 在 $\mathbb{Z}$ 中生成的理想的商环. 下文中的记号 $\mathbb{Z}/(k)$ 含义也如此). 这一重要映射解释了编码领域中困惑人们 30 多年的一个问题: 为什么会有 2 类 2 元非线性码, 它们的重量分布恰好满足麦克威廉姆斯 (MacWilliam) 对偶关系式? 问题的答案即是这 2 类 2 元非线性码在上述映射下的原像正好是 $\mathbb{Z}_4$ 的对偶上的线性码. 之后, $\mathbb{Z}_4$ 及其他更广泛的环, 如有限伽罗瓦 (Galois) 环、有限链环、有限弗罗贝尼乌斯 (Frobenius) 环上的线性码的研究便成为编码领域的一个分支, 吸引了不少的编码学家. 重量谱作为码的一组重要参数自然成为有限环上码的一个研究对象, 有限环上的码字重量除有通常意义下的汉明重量外, 还有李 (Lee) 重量. 所以重量谱有多种推广方式. 文献 [1,2] 以子码阶的方式给出 $\mathbb{Z}_4$ 和伽罗瓦环上的汉明重量谱的定义, 而文献 [59] 通过在环 $\mathbb{Z}_{p^s}$ 上引进 $p-$ 维数概念给出了域上重量谱的另外一种推广. 第 3 种定义是由文献 [72] 给出的, 即通过把子码的最小生成元的个数定义为秩而得到有限链环上重量谱的概念, 当有限链环是域时, 这种重量谱就恢复成域上通常的重量谱. 下面我们对几种定义分别作介绍. 文献 [1] 给出的 $\mathbb{Z}_4$ 上 (伽罗瓦环上类似, 参阅文献 [2]) 的定义为

$$d_r(C) = \min\{|\chi(D)| \mid D \text{ 是 } C \text{ 的子码且 } \log_2|D| = r\} \quad (1 \leqslant r \leqslant \log_2|C|),$$

其中 $\chi(D)$ 和有限域类似, 代表 D 的支撑位置. 文献 [1] 同时指出, $\mathbb{Z}_4$ 或伽罗瓦环上的这种重量谱也有用于 II 型窃密信道的线性码的特征. 文献 [1] 还证明了此重量谱的基本性质, 如单调性、对偶性, 并由此确定了文献 [61] 中所构造的两类码的 d_1, d_2 的值, 且给出了 d_3, d_4 的界. 借助于这一定义, 杨 (K. Yang) [149] 等研究了 $\mathbb{Z}_4$ 环上一类 2 元非线性码的重量谱, 并完全确定了码长

为 2^m $(m = 3, 4, 5, 6, 8)$ 的 $\mathbb{Z}_4$ 环上的这类码的重量谱, 对其他码长的这个类别的码, 也给出了部分重量谱参数的精确值或估计了重量谱的界.

1996 年, 文献 [132] 等在研究 $\mathbb{Z}_{p^s}$ 上线性码的格子描述时, 引入了 $\mathbb{Z}_{p^s}$ 上有限生成模的 $p-$ 维数的概念. 设向量 $v \in \mathbb{Z}_{p^s}^n$, 如果 $v = \sum_{i=1}^{k} \lambda_i v_i$, 其中 $\lambda_i \in \mathbb{Z}_p$ $(1 \leqslant i \leqslant k)$, 则称向量 v 为 $v_1, v_2, \cdots, v_k$ 的 $p-$ 线性组合. 令 $D = \{v_1, v_2, \cdots, v_k\}$ 为 $\mathbb{Z}_{p^s}^n$ 的有序子集, $\{v = \sum_{i=1}^{k} a_i v_i | a_i \in \mathbb{Z}_p\}$ 称为 D 的 $p-$ 生成集. 如果 0 是 $v_1, v_2, \cdots, v_k$ 非平凡 $p-$ 线性组合, 则称 D 为 $p-$ 线性独立的. $\mathbb{Z}_{p^s}$ 上线性码 C 的子集 B 为 $p-$ 线性独立子集, 并且 C 为子集 B 的 $p-$ 生成集, 则称 B 为 C 的 $p-$ 基. C 的任意 $p-$ 基所含元素个数是相同的, 称为 C 的 $p-$ 维数. 将有限域中的重量谱参数定义中子码的维数改为 $p-$ 维数, 即可得到文献 [59] 中定义的 $\mathbb{Z}_{p^s}$ 上码的重量谱.

利用文献 [72] 给出的重量谱定义, 本章将介绍作者在有限交换链环上的一些工作, 内容来自于文献 [91].

10.1 有限交换链环

有限交换环 R 称为链环, 如果 R 含有单位元 1, 且它的所有理想在集合包含意义下构成一条链, 或者等价地, R 是局部主理想环. 设 p 是 R 的唯一极大理想 $\mathfrak{R}_1$ 的一个固定的生成元, 则 p 是幂零元, 记它的幂零指数为 m. 这时 R 的理想可以表示成链: $\mathfrak{R}_0 = R \supset \mathfrak{R}_1 = pR \supset \mathfrak{R}_2 = p^2 R \supset \cdots \supset \mathfrak{R}_{m-1} = p^{m-1} R \supset \mathfrak{R}_m = p^m R = \{0\}$. 显然, 商环 $R/\mathfrak{R}_1 = R/pR = GF(q)$ 是阶为 q 的有限域, 特征为 p.

下文中, 我们总是以 $\mathfrak{R}_1$ 表示链环 R 的唯一极大理想, 且其生成元为 p.

设 R^n 是自由 R 模, 它的元素是 R 上的所有 n 个有序坐标组. 由对应坐标相加和相乘可使 R^n 拥有 R 模结构. R 上的线性码 C 即为 R^n 的子模, n 称为 C 的长度.

如果 C 是自由 R 子模, 则称 C 为自由码. 定义 $\mathrm{rank}(C)$ 为 C 作为 R 模的最少生成元的个数.

把 C 的最大自由子模表示成 C_{f} 或 $F(C)$, 定义 $\mathrm{frank}(C)$ 为 $\mathrm{rank}(C_{\mathrm{f}}) = \mathrm{rank}(F(C))$. 以 $I(C)$ 表示包含 C 的最小的 R^n 的自由 R 子模.

由上述定义, 可得 $\mathrm{rank}(I(C)) = \mathrm{rank}(C)$. 实际上, 下文的引理 10.2.2 从更一般意义描述了局部环上的自由码及其子码的秩之间的关系.

对任何 R 上的向量 $c = (c_1, \cdots, c_n) \in R^n$, 以 $c^{\mathrm{T}} = (c_1, \cdots, c_n)^{\mathrm{T}}$ 表示 c 的转置. 定义两个向量 $x = (x_1, \cdots, x_n) \in R^n$ 和 $y = (y_1, \cdots, y_n) \in R^n$ 的内积为

$$\langle x, y \rangle = xy^{\mathrm{T}} = x_1 y_1 + \cdots + x_n y_n,$$

对偶码

$$C^\perp = \{y \in R^n \,|\, \langle x, y \rangle = 0, \forall\, x \in C\},$$

则 $\mathrm{rank}(C) + \mathrm{frank}(C^\perp) = n$ 且 $(C^\perp)^\perp = C$.

长度为 n 的 R 上的线性码 C 的生成矩阵是 $\mathrm{rank}(C) \times n$ 矩阵, 它的行是 C 的最小生成元的集合. 与有限域上的码类似, C 的校验矩阵是 $n \times (n - \mathrm{frank}(C))$ 矩阵, 它的列是 $C^\perp$ 的最小生成元集合.

不难验证, 经过适当的坐标调整, 可以假设 C 的生成矩阵为如下形式:

$$G = \begin{pmatrix} I_{k_0} & A_{01} & A_{02} & A_{03} & A_{04} & \cdots & & A_{0m} \\ 0 & pI_{k_1} & pA_{12} & pA_{13} & A_{14} & \cdots & & pA_{1m} \\ 0 & 0 & p^2 I_{k_2} & p^2 A_{23} & A_{24} & \cdots & & p^2 A_{2m} \\ 0 & 0 & 0 & \ddots & \ddots & \ddots & & p^3 A_{3m} \\ \vdots & \vdots & \vdots & \ddots & \ddots & \ddots & & \vdots \\ 0 & 0 & 0 & \cdots & 0 & p^{m-1} I_{k_{m-1}} & & p^{m-1} A_{m-1,m} \end{pmatrix},$$

$$(10.1.1)$$

其中, I_{k_i} 表示 $k_i \times k_i$ 单位矩阵, 且 $k_0 + k_1 + \cdots + k_{m-1} = \mathrm{rank}(C), k_0 = \mathrm{frank}(C)$.

对任意向量 $x = (x_1, \cdots, x_n) \in R^n$, 定义

$$\mathrm{supp}(x) = \{i \,|\, x_i \neq 0\};$$

对任意子集 $S \subseteq R^n$, 定义

$$\mathrm{supp}(S) = \bigcup_{x \in S} \mathrm{supp}(x).$$

于是我们可给出如下定义:

定义 10.1.1 [72]　长度为 n 的 R 上的线性码 C 的重量谱定义为 $(d_1, \cdots, d_r, \cdots, d_k)$ $(k = \mathrm{rank}(C))$, 而

$$d_r(C) = \min\{|\mathrm{supp}(D)| \,|\, D \text{ 是 } C \text{ 的 } R \text{ 子模且 } \mathrm{rank}(D) = r\},$$

其中 $1 \leqslant r \leqslant k =\mathrm{rank}(C)$. 环上的码 C 的重量谱简记为 GHWR.

显然, 当 R 是有限域时, GHWR 即为通常域上的重量谱 (GHW), 所以 GHWR 是 GHW 的推广.

GHWR 满足[72]

$$\begin{cases} 1 \leqslant d_1(C) < d_2(C) < \cdots < d_k(C) \leqslant n, \\ d_r(C) \leqslant n-\mathrm{rank}(C)+r \quad (1 \leqslant r \leqslant \mathrm{rank}(C)). \end{cases} \tag{10.1.2}$$

容易看出, 式 (10.1.2) 中的第 1 个不等式是有限域上重量谱单调性的推广, 而第 2 个不等式是有限域上的码重量谱的一个重要的上界的推广. C 称作 r 阶极大距离可分码, 或简称为 r 阶 MDS 码, 如果它满足 $d_r(C)=n-\mathrm{rank}(C)+r$. 特别地, 我们给出:

定义 10.1.2　称长度为 n 的线性 2 阶 MDS 码为几乎 MDS 码, 简记为 AMDS, 如果 $d_1(C) = n-k$ $(k=\mathrm{rank}(C))$.

等价地, 由式 (10.1.2) 知, C 是 AMDS 码的充要条件是 $d_1(C)=n-k, d_i(C)=n-k+i$ $(2 \leqslant i \leqslant k)$.

我们已经知道, 域上 AMDS 码有很好的性质, 它们是一类最接近于 MDS 码的码类, 是一类 "好码". 本章将给出环上 AMDS 码的一些 "好" 的性质.

引理 10.1.1[72]　设 C 是长度为 n 的有限链环上的码, 且 $\mathrm{rank}(C)=k$, 则 $\{d_r(C) \mid 1 \leqslant r \leqslant k\} = \{1,2,\cdots,n\}\setminus\{n+1-d_r(F(C^\perp))|1 \leqslant r \leqslant n-k\}$.

引理 10.1.2[72]　设 C 是长度为 n 的链环上的码, 则对任意 $1 \leqslant r \leqslant \mathrm{rank}(C)$, $d_r(C) = d_r(I(C))$ 成立. 特别地, C 是 AMDS 码当且仅当 $I(C)$ 是 AMDS 码.

10.2　链环上线性码的代数性质

利用交换环上的线性代数知识, 我们可以描述交换链环上线性码的相关性质. 设 A 是交换环上的 $m \times n$ 矩阵, 定义 $F_t(A)$ 是由 A 的所有 $t \times t$ 阶子矩阵的行列式生成的理想, 则 $F_t(A)$ 称为 A 的 t 阶行列式理想. 我们规定 $F_0(A) = R$, $F_t(A) = 0$, 如果 $t > \min(m,n)$.

定义 10.2.1 [98]　交换环 R 上的 $m \times n$ 矩阵 A 的麦克伊秩 (McCoy rank) 定义为最大的 t, 满足 $\mathrm{Annih}_R(F_t(A)) = 0$, 其中

$$\mathrm{Annih}_R(F_t(A)) = \{r \in R \mid rF_t(A) = 0\}.$$

如果交换环 R 满足 (对 $\forall\, k \geqslant 1$)

$$(a_1, \cdots, a_k) = R \ \text{当且仅当} \ \bigcap_{i=1}^{k} \mathrm{Annih}_R(a_i) = 0, \tag{10.2.1}$$

且 A 的麦克伊秩是 r, 则由文献 [98](第 89 面, 练习 I.G.4) 得 $F_r(A) = R$.

引理 10.2.1　设 R 是有限局部交换环, 其唯一极大理想为 $\mathfrak{S}$, 则 R 上的 $m \times n$ 矩阵 A 的麦克伊秩是 r 的充要条件是, 使得 A 的子矩阵的行列式为 R 中的单位子矩阵的最高阶数为 r.

证明　以 r' 表示 A 中子式为单位子式的最高阶数; 以 r 表示 A 的麦克伊秩.

由于有限环中的元素要么是单位, 要么是零因子, 所以有限交换局部环是诺特 (Noetherian) 完全商环, 既然诺特完全商环满足式 (10.2.1) (参见文献 [98], 练习 I.G.4), 有限交换局部环也满足式 (10.2.1). 由 A 的麦克伊秩是 r 和引理 10.2.1 以上的说明, 我们得到 $F_r(A) = R$.

如果 A 的所有 r 阶子式都是 R 的零因子, 则可得到 $F_r(A) \subseteq \mathfrak{S} \neq R$, 矛盾. 所以, 存在 A 的 r 阶子式, 它是 R 的单位. 于是, $r \leqslant r'$. 反过来, 由定义 10.2.1, $r' \leqslant r$ 是显然的. □

引理 10.2.2　设 R 是任意有限局部交换环, C 是其上的线性码, 生成矩阵是 $A_{k \times n}$, 则 C 是自由码的充要条件是, A 中存在一个子矩阵 $B_{k \times k}$, 使得 $\det(B)$ 是 R 中的单位.

证明　既然 $A_{k \times n}$ 是自由码 C 的生成矩阵, 方程组 $X_{1 \times k} A = 0$ 应只有零解. 所以由文献 [98](第 85 面, I.29 定理) 知, A 的麦克伊秩等于 k, 于是由引理 10.2.1 可得结论. □

引理 10.2.3　设 R 是任意局部交换环, 极大理想是 $\mathfrak{S}$, C 是自由码, 一组基元素是 $g_1, g_2, \cdots, g_k$, 则由 $b_1 g_1, b_2 g_2, \cdots, b_k g_k$ 生成的子码的秩等于 k, 这里 $b_i \in R$ 且 $b_i \neq 0\ (1 \leqslant i \leqslant k)$.

证明　以 D 表示由 $b_1 g_1$, $b_2 g_2$, $\cdots$, $b_k g_k$ 生成的子码, 把 $b_1 g_1$, $b_2 g_2$, $\cdots$, $b_k g_k$ 为行构成的矩阵记为 G_D. 令 B 表示对角线上元素为 b_1, b_2, $\cdots$, b_k 的对角阵, I 表示单位阵. 如果 D 能由更少的元素, 比如 $l_1, l_2, \cdots, l_r$ 生成, 我们可设以 $l_1, l_2, \cdots, l_r\ (r < k)$ 为行构成的矩阵是 L. 这时, 存在矩阵 $X_{k \times r}$ 和 $Y_{r \times k}$,

使得

$$G_D = XYG_D,$$

其中 $L = YG_D$.

注意到 $g_1, g_2, \cdots, g_k$ 是自由码 C 的基, 所以 $(I - XY)B = 0$. 于是我们得到矩阵 $I - XY$ 中的元素都是零因子, 故此矩阵中的元素都在唯一的极大理想 $\mathfrak{S}$ 里, 而 R 的唯一极大理想也是 R 的根. 所以, XY 中的元素除对角线上元素外都是零因子, 而它的对角线上元素都是单位. 于是得到 $\det(XY)$ 是 R 中的单位, 或等价地, McCoy rank$(XY) = k$. 但另一方面, McCoy rank (XY) $\leqslant \min$ (McCoy rank(X), McCoy rank(Y)) $\leqslant \min(k, r) = r < k$, 矛盾, 于是引理成立. $\qquad\qquad\qquad\qquad\qquad\qquad\qquad\qquad\qquad\qquad\qquad\qquad\qquad\qquad$ $\square$

注记 10.2.1 设记号的含义同引理 10.2.1, 令 $\pi : R \to R/\mathfrak{S}$ 是标准同态, 且 $A = (a_{ij})$, 定义 $\overline{A} = (\pi(a_{ij}))$. 类似地, 以 $\overline{C}$ 表示有限域 $R/\mathfrak{S}$ 上的线性码, 其中 $\overline{C}$ 中的每个码字定义为 $\overline{c} = (\pi(c_1), \cdots, \pi(c_n))$, 如果 $c = (c_1, \cdots, c_n) \in C$. 于是, 由引理 10.2.1 得, McCoy rank(A) 等于 $\overline{A}$ 在域上的通常的秩. 特别地, 上述说明对有限交换链环也成立, 因为有限链环都是局部环.

定理 10.2.1 设 C 是有限交换链环 R 上的线性码, rank$(C) = k$, 校验阵是 H, 则 C 的重量谱是 $d_i = n - k + i - r_i$ $(0 \leqslant r_i \leqslant n - k, 1 \leqslant i \leqslant k)$ 等价于下列条件 $(\forall\, i, 1 \leqslant i \leqslant k)$ 成立:

(i) H 中存在 $n - k + i - r_i$ 个列, 作为 H 的子矩阵, 其麦克伊秩为 $n - k - r_i$;

(ii) H 的任意 $n - k + i - r_i - 1$ 个列, 作为 H 的子矩阵, 其麦克伊秩 $\geqslant n - k - r_i$.

证明 必要性. 设 C 的重量谱是 $d_i = n - k + i - r_i$ $(0 \leqslant r_i \leqslant n - k, 1 \leqslant i \leqslant k)$, 则存在 C 的子码 D_i, 使得 rank$(D_i) = i$ 且 $|\mathrm{supp}(D_i)| = n - k + i - r_i$. 我们以 H_1 表示由 $\mathrm{supp}(D_i)$ 对应的那些 H 的列构成的矩阵. 不失一般性, 可以把 D_i 的生成矩阵的零列删除而假设 D_i 的生成矩阵是

$$A_i = \begin{pmatrix} p^{\theta_1} I_{t_1} & p^{\theta_1} A_{11} & p^{\theta_1} A_{12} & p^{\theta_1} A_{13} & p^{\theta_1} A_{14} & p^{\theta_1} A_{15} & \cdots & p^{\theta_1} A_{1\sigma} \\ 0 & p^{\theta_2} I_{t_2} & p^{\theta_2} A_{22} & p^{\theta_2} A_{23} & p^{\theta_2} A_{24} & p^{\theta_2} A_{25} & \cdots & p^{\theta_2} A_{2\sigma} \\ 0 & 0 & p^{\theta_3} I_{t_3} & p^{\theta_3} A_{33} & p^{\theta_3} A_{34} & p^{\theta_3} A_{35} & \cdots & p^{\theta_3} A_{3\sigma} \\ 0 & 0 & 0 & \ddots & \ddots & \ddots & \cdots & p^{\theta_4} A_{4\sigma} \\ \vdots & \vdots & \vdots & \ddots & \ddots & \ddots & & \vdots \\ 0 & 0 & 0 & \cdots & 0 & p^{\theta_\alpha} I_{t_\alpha} & \cdots & p^{\theta_\alpha} A_{\alpha\sigma} \end{pmatrix},$$

并令

$$
A_{fi} = \begin{pmatrix}
I_{t_1} & A_{11} & A_{12} & A_{13} & A_{14} & A_{15} & \cdots & A_{1\sigma} \\
0 & I_{t_2} & A_{22} & A_{23} & A_{24} & A_{25} & \cdots & A_{2\sigma} \\
0 & 0 & I_{t_3} & A_{33} & A_{34} & A_{35} & \cdots & A_{3\sigma} \\
0 & 0 & 0 & \ddots & \ddots & \ddots & \cdots & A_{4\sigma} \\
\vdots & \vdots & \vdots & \ddots & \ddots & \ddots & & \vdots \\
0 & 0 & 0 & \cdots & 0 & I_{t_\alpha} & \cdots & A_{\alpha,\sigma}
\end{pmatrix},
$$

其中 $I_{t_1}, \cdots, I_{t_\alpha}$ 分别表示阶为 $t_1, \cdots, t_\alpha$ 的单位矩阵, 且 $\sum\limits_{j=1}^{\alpha} t_j = i$ $(0 \leqslant \theta_j < m,$ $1 \leqslant j \leqslant \alpha)$. 于是, 在环 R 上, 有

$$
H_1 A_i^{\mathrm{T}} = 0.
$$

由于 $p^{\theta_j} \neq 0$ $(1 \leqslant j \leqslant \alpha)$, 所以上式等价于 $H_1 A_{fi}^{\mathrm{T}} \lhd \Re_1$, 或者说, $\overline{H_1 A_{fi}^{\mathrm{T}}} = 0$ 在 $GF(q)$ 中成立.

由于 $\mathrm{rank}\,(\overline{A_{fi}^{\mathrm{T}}}) = \sum\limits_{j=1}^{\alpha} t_j = i$ 在 $GF(q)$ 中成立, 所以, $\mathrm{rank}\,(\overline{H_1}) \leqslant (n-k+ i-r_i)-i = n-k-r_i$. 由注记 10.2.1 得, McCoy $\mathrm{rank}(H_1) \leqslant n-k-r_i$.

如果我们能够进一步证明 (ii) 是对的, 则可得到 McCoy $\mathrm{rank}(H_1) = n-k-r_i$; 所以, 我们只需证明 (ii) 成立. 否则, 如果 (ii) 不成立, 则存在 $n-k+i-r_i-1$ 个列, 以 H_2 表示, 使得 McCoy $\mathrm{rank}(H_2) \leqslant n-k-r_i-1$, 于是又由注记 10.2.1 知, 在有限域 $GF(q)$ 中, $\mathrm{rank}\,(\overline{H_2}) \leqslant n-k-r_i-1$, 所以在 R 中存在矩阵 A_2, 使得在 $GF(q)$ 中, $\overline{H_2 A_2^{\mathrm{T}}} = 0$, 且 $\mathrm{rank}\,(\overline{A_2}) = i$.

不失一般性, 我们假设 $\overline{A_2} = (\overline{I_i}, \overline{B}) = (I_i, \overline{B})$, 其中 I_i, B 分别为 R 上阶等于 i 的单位阵和 $i \times (n-k-r_i-1)$ 矩阵. 现在, 令 $A_2 = (I_i, B)$, 于是 $H_2 A_2^{\mathrm{T}} \lhd \Re_1$, 所以通过改变 A_2 的行向量, 即在 A_2 的第 j 行上乘以适当的因子 p^{θ_j}, 其中 $0 \leqslant \theta_j < m$ $(1 \leqslant j \leqslant i)$, 使得在 R 上, $H_2 A_2^{\mathrm{T}} = 0$ 成立.

接下来, 在 $A_2 = (I_i, B)$ 上适当地填上一些零列可使得 $HA_2^{\mathrm{T}} = 0$, 于是, 由 A_2 的行生成的 R^n 的子模是 C 的子码, 记为 D_i. 由 R 是局部环, 引理 10.2.2 和 10.2.3 知, A_2 的行向量构成 D_i 的最小生成集 (即含有最少数目的生成元集合), 所以 $\mathrm{rank}(D_i) = i$, 由此得 $d_i \leqslant n-k+i-r_i-1$, 与条件 $d_i = n-k+i-r_i$ $(1 \leqslant i \leqslant k)$ 矛盾, 所以, (ii) 成立.

充分性. 现设 (i) 和 (ii) 成立, 则由 (i) 和注记 10.2.1, 类似于必要性证明过程中对 (ii) 的证明, 我们可推得 $d_i \leqslant n-k+i-r_i$; 另外, 由 (ii) 可得 $d_i \geqslant n-k+i-r_i$. 否则, 利用必要性证明过程中证明 McCoy $\mathrm{rank}(H_1) \leqslant n-k-r_i$ 的方法, 我们可类似地证明, 在 C 的校验矩阵 H 中存在 $n-k+i-r_i-1$ 个

列, 使得由这些列构成的子矩阵的麦克伊秩 $\leqslant n-k-r_i-1$, 于是同 (ii) 矛盾. 因此, $d_i = n-k+i-r_i$ $(1 \leqslant i \leqslant k)$. □

由引理 10.1.2, 描述线性码 C 的校验矩阵等价于描述自由码 $I(C)$ 的校验矩阵, 即 $C_{\mathrm{f}}^{\perp}$ 的生成矩阵. 仍设 C 是长度为 n 且 $\mathrm{rank}(C) = k$ 的线性码. 设 $H = (I_{n-k}, A_{(n-k) \times k})$ 是 $C_{\mathrm{f}}^{\perp}$ 的生成矩阵. 由矩阵的麦克伊秩在矩阵的初等变换下保持不变的性质、定理 10.2.1 和引理 10.2.1, 可得:

推论 10.2.1 C 的重量谱是 $d_i = n-k+i-r_i$ $(0 \leqslant r_i \leqslant n-k, 1 \leqslant i \leqslant k)$ 等价于下列条件成立:

(i) 在 $A_{(n-k) \times k}$ 中存在子矩阵 $A_{(r_i+t-i) \times t}$, 它的麦克伊秩为 $t-i$ ($1 \leqslant t \leqslant \min(n-k+i-r_i, k)$);

(ii) $A_{(n-k) \times k}$ 的任何子矩阵 $A_{(r_i+1+t-i) \times t}$ 的麦克伊秩 $\geqslant t+1-i$ ($1 \leqslant t \leqslant \min(n-k+i-r_i-1, k)$).

推论 10.2.2 如果有限交换链环 R 上的线性码 C 满足 $\mathrm{rank}(C) = k$, 则 C 是 AMDS 码的充要条件是, 它的校验阵 H 满足下列条件:

(i) H 的任意 $n-k-1$ 列的麦克伊秩是 $n-k-1$;

(ii) H 中存在 $n-k$ 列, 它的麦克伊秩是 $n-k-1$;

(iii) H 的任意 $n-k+1$ 列的麦克伊秩是 $n-k$.

定理 10.2.2 如果 C 满足 $\mathrm{rank}(C) = k$, R 是有限交换链环, 且 C 是 AMDS 码, 则 $(C^{\perp})_{\mathrm{f}}$ 也是 AMDS 码. 特别地, 如果 C 是自由 AMDS 码, 则其对偶码也是 AMDS 码. 线性码是 AMDS 码的充要条件是 $d(C) + d((C^{\perp})_{\mathrm{f}}) = n$.

证明 由引理 10.1.1 知, $(C^{\perp})_{\mathrm{f}}$ 的重量谱是 $d_1 = k, d_2 = k+2, d_3 = k+3, \cdots, d_{n-k} = n$. 又由于 C 是 AMDS 码, 所以定理成立. □

10.3 AMDS 码的最小重量码字

利用有限弗罗贝尼乌斯环上的麦克威廉姆斯等式 [145], 特别地, 把等式应用到有限交换链环上, 我们可得到下列结果:

定理 10.3.1 设 C 是有限交换链环 R 上的自由 AMDS 码, $\mathrm{rank}(C) = k$, 则对每个 C 中的最小重量码字 c, 在 $C^{\perp}$ 中存在最小重量码字 $c^{\perp}$, 使得 $\mathrm{supp}(c) \cap \mathrm{supp}(c^{\perp}) = \emptyset$. 另外, C 中最小重量码字的数目等于 $C^{\perp}$ 中最小码字

的数目.

证明　设 C 的生成矩阵是

$$
\begin{pmatrix}
a_{11} & \cdots & a_{1k} & \cdots & a_{1n} \\
a_{21} & \cdots & a_{2k} & \cdots & a_{2n} \\
\vdots & & \vdots & & \vdots \\
a_{k1} & \cdots & a_{kk} & \cdots & a_{kn}
\end{pmatrix},
$$

且 $c = (0,\cdots,0,c_{k+1},c_{k+2},\cdots,c_n) \neq 0$ 是 C 的最小码字, 即存在 $(x_1,x_2,\cdots,x_k) \neq 0$, 使得

$$
(x_1,x_2,\cdots,x_k)
\begin{pmatrix}
a_{11} & \cdots & a_{1k} & \cdots & a_{1n} \\
a_{21} & \cdots & a_{2k} & \cdots & a_{2n} \\
\vdots & & \vdots & & \vdots \\
a_{k1} & \cdots & a_{kk} & \cdots & a_{kn}
\end{pmatrix}
= (0,\cdots,0,c_{k+1},c_{k+2},\cdots,c_n),
$$

于是由文献 [98](I.30 推论), 可得 $\det(a_{ij})_{k\times k}$ 是 R 中的零因子, 所以方程组

$$
\begin{cases}
a_{11}x_1 + \cdots + a_{1k}x_k = 0, \\
\cdots, \\
a_{k1}x_1 + \cdots + a_{kk}x_k = 0
\end{cases}
$$

有非平凡解, 记作 $(c_1^\perp,\cdots,c_k^\perp)$, 所以, $c^\perp = (c_1^\perp,\cdots,c_k^\perp,0,\cdots,0)$ 是 $C^\perp$ 中的最小重量码字.

接下来, 利用麦克威廉姆斯等式关于 C 的码字重量分布 A_i 和 $C^\perp$ 的码字重量分布 $A_i^\perp$ 的关系式

$$
|R|^{v-k}\sum_{i=0}^{n-v}\binom{n-i}{v}A_i = \sum_{i=0}^{v}\binom{n-i}{n-v}A_i^\perp \quad (v=0,\cdots,n),
$$

再令 $v=k$, 得 $A_{n-k} = A_k^\perp$. □

10.4　AMDS 码的链条件

为了研究积码的重量谱, 文献 [144] 提出了有限域上码的链条件. 文献 [92] 证明了有限域上 AMDS 满足链条件. 我们把链条件概念首先推广到有限链环. 然后给出有限链环上 AMDS 码的链条件性质.

定义 10.4.1 设 C 满足 $\text{rank}(C) = k$, 其重量谱是 $(d_1, \cdots, d_k)$, 如果存在子码 D_i, 满足 $\text{rank}(D_i) = i$, $|\text{supp}(D_i)| = d_i$, 且 $D_1 \subset D_2 \subset \cdots \subset D_k$, 则称 C 满足链条件.

关于有限环上 AMDS 码的链条件性, 我们有如下结果:

定理 10.4.1 所有 AMDS 码都满足链条件.

证明 设 C 是 AMDS 码, 生成矩阵如式 (10.1.1) 所示, 则以矩阵

$$G = \begin{pmatrix} I_{k_0} & A_{01} & A_{02} & A_{03} & A_{04} & \cdots & & A_{0m} \\ 0 & I_{k_1} & A_{12} & A_{13} & A_{14} & \cdots & & A_{1m} \\ 0 & 0 & I_{k_2} & A_{23} & A_{24} & \cdots & & A_{2m} \\ 0 & 0 & 0 & \ddots & \ddots & \ddots & & A_{3m} \\ \vdots & \vdots & \vdots & \ddots & \ddots & \ddots & & \vdots \\ 0 & 0 & 0 & \cdots & 0 & I_{k_{m-1}} & & A_{m-1,m} \end{pmatrix}$$

为生成矩阵的码也是 AMDS 码. 通过初等变换, 我们可假设 $G = (I_k, A_{k \times (n-k)})$, 其中 I_k 是阶为 k 的单位矩阵, 则由引理 10.2.1 知, $\overline{G} = (\overline{I_k}, \overline{A_{k \times (n-k)}}) = (I_k, \overline{A_{k \times (n-k)}})$ 是有限域 $R/\Re_1 = R/pR = GF(q)$ 上 AMDS 码的生成矩阵. 既然有限域上 AMDS 码满足链条件, 且 $\overline{G}$ 从第 1 行到最后一行按顺序正好形成生成子码的链[92], 我们就可得到矩阵 $p^{m-1}G$ 按行的顺序也生成 R 上码 C 的满足定义 10.4.1 的链. □

由定理 10.2.2 和 10.4.1 易得:

推论 10.4.1 如果 C 是 AMDS 码, 则 $(C^{\perp})_f$ 满足链条件. 特别地, 如果 C 是自由 AMDS 码, 则 $C^{\perp}$ 满足链条件.

注记 10.4.1 魏[144] 证明了, 如果有限域上的线性码 C 满足链条件, 则 $C^{\perp}$ 也满足链条件, 但正如推论 10.4.1 所说, 对有限环上的码这一结论一般不再成立.

注记 10.4.2 李重量和重量谱是区别于汉明重量和重量谱的有限环上码的重量概念, 有关定义和进一步研究可参见文献 [42,74,112].

第 11 章　贪婪重量谱

从工程角度, 人们提出了新的贪婪重量谱 $(g_1, g_2, \cdots, g_k)$ 的概念. $g_2 - d_2$ 是贪婪的窃听者获得 2 位信息需付出的额外成本. 本章给出 $k\ (k \geqslant 4)$ 维 q 元码的 $g_2 - d_2$ 的极大值的非常接近的上、下界; 确定 3 维 $q\ (q \leqslant 9)$ 元码与 4 维 2 元码的 $g_2 - d_2$ 的极大值; 对满足满秩条件的 k 维 q 元码给出 $g_2 - d_2$ 的一些紧上界.

本章内容主要取自文献 [20,26,29,31,36].

11.1　k 维码的第 2 个贪婪重量

对于在 1.1 节中介绍的 II 型窃密信道, 魏指出: 窃听者能获得 r 个信息位的充要条件是 $s \geqslant d_r(C)$, 由此提出了重量谱概念. 柯恩 (Cohen) 等在文献 [36] 中从工程角度考虑了以下问题: 仍对于 II 型窃密信道, 设敌方是贪婪的, 他先获取 $s = d_1$ 个分量, 尽快得到了一位信息, 然后再获取另外的最少分量数, 以便得到第 2 位信息 …… 以 g_r 表示用以上方式获得 r 位信息的最少分量数. $(g_1, g_2, \cdots, g_k)$ 这种新的重量谱由文献 [36] 首次提出, 后又被克楼夫等 [20] 称为贪婪重量谱.

对 $(g_1, g_2, \cdots, g_k)$ 的研究比较困难, 目前仅对 g_2 有较多的研究. g_2 是包含一个重量为 d_1 的码字的 C 的 2 维子码的最小支撑重量. 窃听者以贪婪方式获得第 2 位信息的额外成本是 $g_2 - d_2$. 把码长为 n、最小距离为 $d = d_1$ 的 k 维 q 元线性码记为 $[n, k, d; q]$ 码, 若令 $n = d_k$, 则它也是不带全零分量的码,

记所有上述码的 $g_2 - d_2$ 的极大值为 $\mu_q(n,k,d)$.

设对应于一个 $[n,k,d;q]$ 码 C 的赋值函数 $m(\cdot)$ 已给出. 令 $\mathcal{S}_r$ 表示 $PG(k-1,q)$ 中 r 维子空间的集合, 进而令 $\mathcal{P}_{k-3}$ 表示 $P \in \mathcal{S}_{k-3}$ 的集合, 且对这些 P, 存在 $H \in \mathcal{S}_{k-2}$, 使得 $P \subset H$, 且 $m(H) = n - d$.

令

$$\alpha = \max\{m(P)|P \in \mathcal{S}_{k-3}\}, \quad \beta = \max\{m(P)|P \in \mathcal{P}_{k-3}\},$$
$$\Delta(m) = \alpha - \beta.$$

由定理 2.1.1 易知

$$n - d = \max\{m(H)|H \in \mathcal{S}_{k-2}\},$$
$$\alpha = n - d_2, \quad \beta = n - g_2, \quad g_2 - d_2 = \alpha - \beta = \Delta(m).$$

定理 11.1.1 [29] 对所有 n, $k \geqslant 4$, d, 有

$$\mu_q(n,k,d) \leqslant U_1(q,n,k,d), \quad \mu_q(n,k,d) \leqslant \max(0, U_2(q,n,k,d)),$$

这里

$$U_1(q,n,k,d) = d - \left\lceil \frac{d+1}{q} \right\rceil,$$
$$U_2(q,n,k,d) = \left\lfloor \frac{q^{k-1} - q^{k-2}}{q^{k-1} - 1} \cdot (n-d) \right\rfloor - \left\lceil \frac{d+1}{q} \right\rceil.$$

证明 令 $m(\cdot)$ 是一个赋值函数, 使得 $\Delta(m) = \mu_q(n,k,d) > 0$; 令 $Q \in \mathcal{S}_{k-3}$, 使得 $m(Q) = \alpha$; 再令 $H \in \mathcal{S}_{k-2}$, $R \in \mathcal{P}_{k-3}$, 使得 $m(H) = n - d$, $R \subset H$, $m(R) = \beta$.

易知, 存在 $q+1$ 个包含 Q 的空间 $P \in \mathcal{S}_{k-2}$. 一方面, 由定义, 这些空间的值至多为 $n - d - 1$, 于是

$$n + q\alpha = \sum_{Q \subset P \in \mathcal{S}_{k-2}} m(P) \leqslant (q+1)(n-d-1),$$

所以

$$\alpha \leqslant \left\lfloor \frac{qn - (q+1)(d+1)}{q} \right\rfloor = n - d - \left\lceil \frac{d+1}{q} \right\rceil. \tag{11.1.1}$$

另一方面, H 的 $(q^{k-1}-1)/(q-1)$ 个 $k-3$ 维子空间的每个值最多为 β, 而 H 中的每个点属于这些子空间中的 $(q^{k-2}-1)/(q-1)$ 个, 于是

$$\frac{q^{k-2}-1}{q-1} \cdot (n-d) = \frac{q^{k-2}-1}{q-1} \cdot m(H) \leqslant \frac{q^{k-1}-1}{q-1} \cdot \beta,$$

所以

$$\beta \geqslant \left\lceil \frac{(q^{k-2}-1)(n-d)}{q^{k-1}-1} \right\rceil. \tag{11.1.2}$$

结合式 (11.1.1) 和 (11.1.2), 得

$$\Delta(m) \leqslant n-d-\left\lceil \frac{d+1}{q} \right\rceil - \left\lceil \frac{(q^{k-2}-1)(n-d)}{q^{k-1}-1} \right\rceil$$

$$= \left\lfloor \frac{(q^{k-1}-q^{k-2})(n-d)}{q^{k-1}-1} \right\rfloor - \left\lceil \frac{d+1}{q} \right\rceil = U_2.$$

关于 U_1 的证明类似, 详见文献 [28], 这里略去. □

为了估计 $\mu_q(n,k,d)$ 的下界. 需要给出 $m(\cdot)$ 的构造. 当 $k \geqslant 4$ 时, 下面定义 2 个构造, 第 1 个的 $\Delta(m)$ 接近 U_1, 第 2 个的 $\Delta(m)$ 接近 U_2. 为了描述构造, 固定 4 个子空间:

$$H \in \mathcal{S}_{k-2}, \quad X, Q, R \in \mathcal{S}_{k-3},$$

使得

$$X, R \subset H, \quad X \neq R, \quad Q \not\subset H, \quad (Q \cap R) \not\subset X, \quad Q \cap R \in \mathcal{S}_{k-4}.$$

进一步, 令 $Y = H \backslash X$, a, b 是 2 个点, 使得

$$a \in (Q \cap R) \backslash X, \quad b \in Q \backslash H.$$

下面将定义 $m(\cdot)$, 使得它满足以下条件:

$$m(p) \geqslant 0, \quad p \in PG(k-1,q),$$

$$m(H) = n-d,$$

$$m(P) \leqslant m(R), \quad P \in \mathcal{S}_{k-3} \text{ 且 } P \subset H,$$

$$m(P) \leqslant m(Q), \quad P \in \mathcal{S}_{k-3},$$

$$m(G) < n-d, \quad G \in \mathcal{S}_{k-2} \backslash \{H\}.$$

注意　我们略去 $m(\cdot)$ 满足上述条件的证明, 详细证明可参见文献 [28]. 这些条件意味着 $d_2 = n - m(Q)$, $g_2 = n - m(R)$, 于是 $\Delta(m) = m(Q) - m(R)$.

构造 11.1.1　令

$$\omega = \left\lceil \frac{d+1}{q^{k-3}(q-1)} \right\rceil,$$

$$m(a) = n-d-(q^{k-2}-1)\omega,$$

$$m(b) = d,$$

$$m(p) = \begin{cases} \omega, & p \in Y,\ p \neq a, \\ 0, & \text{其他}. \end{cases}$$

由构造 11.1.1, 立即得到以下定理:

定理 11.1.2 [29]　对 $k \geqslant 4,\ d \geqslant 1,\ n \geqslant d + q^{k-2}\omega$, 有

$$\mu_q(n,k,d) \geqslant d - (q-1)q^{k-4}\omega. \tag{11.1.3}$$

注意　若 $d \equiv r \pmod{(q-1)q^{k-3}}$ $(-q \leqslant r \leqslant -1)$, 则上界 U_1 与式 (11.1.3) 右边的下界相同. 一般情况下, 上、下界的差最多为 $(q-1)q^{k-4} - 1$.

现在来说明: 如何找到 $m(\cdot)$, 使其 $\Delta(m)$ 接近 U_2. 若 $m_1(\cdot)$ 是一个取常数值的赋值函数, 即 $m_1(p) = \theta$, 对 $\forall p \in PG(k-1,q)$, 则 $n = \theta(q^k-1)/(q-1)$, $d = q^{k-1}\theta$, $\Delta(m) = 0$, 且

$$U_2\left(q, \frac{q^k-1}{q-1}\theta, k, q^{k-1}\theta\right) = -1.$$

其次, 当且仅当

$$d \geqslant \frac{q^{k-1} - q^{k-2}}{q^{k-1} - 1} \cdot (n-d),$$

即

$$d \geqslant \frac{n(q^{k-1} - q^{k-2})}{2q^{k-1} - q^{q-2} - 1} \approx \frac{n(q-1)}{2q-1}$$

时, $U_2 \leqslant U_1$. 令 $m_2(\cdot)$ 为 $d = n(q-1)/(2q-1)$ 时从构造 11.1.1 得到的赋值函数. (这一段内暂且允许赋值函数取非整数值.) $m_1(\cdot)$ 与 $m_2(\cdot)$ 都是接近 U_2 的赋值函数. 选取 $m_1(\cdot)$ 与 $m_2(\cdot)$ 的凸线性组合, 可在

$$\frac{n(q-1)}{2q-1} \leqslant d \leqslant \frac{n(q^{k-1}-1)}{q^k-1}$$

的范围内得到接近于 U_2 的赋值函数. 为了避免取非整数值, 我们小心地取最近的整数值.

构造 11.1.2　令 δ 是一个正实数 (这对应于 $m_2(\cdot)$ 的 d). 再令

$$\theta = \frac{2q-1}{q^k-1}\delta, \quad \omega = \frac{\delta}{q^{k-3}(q-1)}.$$

设 $0 < \gamma < 1$, 定义 $m(\cdot)$ 如下:

$$m(p) = \begin{cases} \lceil \gamma\theta \rceil, & p \in X, \\ \lceil (1-\gamma)\omega + \gamma\theta \rceil, & p \in Y, \end{cases}$$

$$m(b) = \lfloor (1-\gamma)\delta + \gamma\theta \rfloor,$$

$$m(p) = \begin{cases} \lfloor \gamma\theta \rfloor, & p \in Q \backslash H, p \neq b, \\ \lfloor \gamma\theta \rfloor - 1, & p \notin H \cup Q. \end{cases}$$

应用构造 11.1.2, 易得以下定理:

定理 11.1.3 [29]　令 $k \geqslant 4$, δ, γ 是正实数, 使得 $0 < \gamma < 1$, 且

$$\gamma\delta \geqslant \frac{q^k - 1}{2q - 1}.$$

定义 d 与 n 如下:

$$d = \lfloor (1-\gamma)\delta + \gamma\theta \rfloor + (q^{k-1} - 1)\lfloor \gamma\theta \rfloor - (q^{k-1} - q^{k-3}),$$

$$n = d + q^{k-2}\lceil (1-\gamma)\omega + \gamma\theta \rceil + \frac{q^{k-2} - 1}{q - 1}\lceil \gamma\theta \rceil,$$

则

$$\mu_q(n, k, d) > (1-\gamma)\delta\frac{q-1}{q} - 2q^{k-3},$$

且

$$U_2(q, n, k, d) < (1-\gamma)\delta\left(\frac{q-1}{q} + \frac{1}{q^k - 1}\right) + 3q^{k-2}.$$

注意　由上述定理可知, 差值

$$\left| U_2(q, n, k, d) - \Delta(m) - \frac{1}{q^k - 1}(1-\gamma)\delta \right|$$

是有界的; 但当 $U_2 \leqslant U_1$ 时, 差值

$$|U_2(q, n, k, d) - \mu_q(n, k, d)|$$

是否有界, 这仍是个未解决的问题.

11.2　3 维、4 维码与满秩时的贪婪重量

在 $k = 3, 4$ 或某些特殊条件下, 本节给出 $\mu_q(n, k, d)$ 的某些新结果; 但略去这些结果的所有证明, 详见文献 [20,26,31].

对于 $k = 3$, 令

$$\mu_1 = \mu_1(q, n, d) = d - \left\lceil \frac{n-d}{q+1} \right\rceil,$$

$$\mu_2 = \mu_2(q, n, d) = \left\lfloor \frac{qn - (q+1)(d+1)}{q} \right\rfloor - \left\lceil \frac{n-d}{q+1} \right\rceil.$$

经计算, 易知:

当且仅当 $d \leqslant M = M(q, n) := (qn - q - 1)/(2q + 1)$ 时, $\mu_1 \leqslant \mu_2$;

当且仅当 $d \geqslant L = L(q, n) := (n + q + 1)/(q + 2)$ 时, $\mu_1 \geqslant 1$;

当且仅当 $d \leqslant U = U(q, n, \eta) := (q^2 n - (q+1)\eta)/(q^2 + q + 1)$ 时, $\mu_2 \geqslant 1$.
这里 $d \equiv -\eta \pmod{q}$ $(2q + 1 \leqslant \eta \leqslant 3q)$.

定理 11.2.1 [26]

$$\mu_q(n, 3, d) = \begin{cases} \mu_1, & L \leqslant d \leqslant M, \\ \mu_2, & M < d \leqslant U \text{ (当 } q \leqslant 9 \text{ 或 } n > q^3 - 2q - 2), \\ 0, & d < L \text{ 或 } d > U. \end{cases}$$

对于 $k = 4$, $q = 2$, 有以下定理:

定理 11.2.2 [20]

$$\mu_2(n, 4, d) = \begin{cases} \left\lfloor \dfrac{6d - n - 6}{5} \right\rfloor, & \dfrac{n+6}{6} \leqslant d \lesssim \dfrac{2n}{7}, \quad (11.2.1) \\[2mm] \left\lfloor \dfrac{d-3}{2} \right\rfloor, & \dfrac{2n-4}{7} \leqslant d \lesssim \dfrac{4n}{11}, \quad (11.2.2) \\[2mm] \left\lfloor \dfrac{2n-3d-3}{2} \right\rfloor - \left\lceil \dfrac{3n-3d+3}{7} \right\rceil - \theta, & \dfrac{4n}{11} \lesssim d \lesssim \dfrac{8n}{15}, \quad (11.2.3) \\[2mm] 0, & \dfrac{8n}{5} \lesssim d < \dfrac{n+6}{6}. \quad (11.2.4) \end{cases}$$

这里, 式 (11.2.1) 中 $d \lesssim 2n/7$ 表示

$$\left\lfloor \frac{n-d}{5} \right\rfloor \leqslant \left\lceil \frac{3n - 8d - 7}{5} \right\rceil;$$

式 (11.2.2) 中 $d \lesssim 4n/11$ 表示

$$\left\lfloor \frac{n-2d}{3} \right\rfloor + \left\lfloor \frac{n-2d+1}{3} \right\rfloor \geqslant \left\lfloor \frac{7d-2n+6}{6} \right\rfloor + \left\lfloor \frac{7d-2n+8}{6} \right\rfloor;$$

式 (11.2.3) 中 $4n/11 \lesssim d \lesssim 8n/15$ 表示

$$\left\lfloor \frac{n-d-2}{7} \right\rfloor + d \geqslant \left\lfloor \frac{2n-3d-3}{2} \right\rfloor \geqslant \left\lceil \frac{3n-3d+3}{7} \right\rceil + 1 + \theta;$$

式 (11.2.4) 中 $8n/5 \lesssim d$ 表示

$$\left\lfloor \frac{2n-3d-3}{2} \right\rfloor \leqslant \left\lceil \frac{3n-3d+3}{7} \right\rceil + \theta.$$

以上三处出现的 θ 定义如下:

$$\theta = \begin{cases} 1, & n-d \equiv 1 \pmod 7, \\ 0, & n-d \not\equiv 1 \pmod 7. \end{cases}$$

对于一般的 k 与 q, 先定义 "满秩条件" 与参数 τ. 把 $PG(k-1,q)$ 的一组基记为 $P_1, P_2, \cdots, P_k$; 用 $P_r(j)$ 表示 $PG(k-1,q)$ 中由 r 个点 $P_j, P_{j+1}, \cdots, P_{j+r-1}$ 张成的 $r-1$ 维子空间. 设一个对应于 $[d_k, k, d, q]$ 码 C 的 $m(\cdot)$ 已给出. 仔细选择 $P_1, P_2, \cdots, P_k$ 后, 可定义

$$\beta_r = m(P_r(1)) \quad (1 \leqslant r \leqslant k),$$
$$\alpha_r = m(P_r(3)) \quad (1 \leqslant r \leqslant k-2),$$
$$\alpha_0 = \beta_0 = 0,$$
$$\beta_r = \max\{m(P) | P \text{ 是 } P_{r+1}(1) \text{ 中的 } r-1 \text{ 维子空间}\} \quad (1 \leqslant r \leqslant k-1).$$

于是 $\beta_k = n$, $\beta_{k-1} = n-d$. 用 P_r^* 记 $P_{r+1}(1)$ 中满足 $m(P) = \beta_r$ 的 $r-1$ 维任一子空间. 若

$$P_{r-1}(3) \nsubseteq P_r^* \quad (2 \leqslant r \leqslant k-1), \tag{11.2.5}$$

即 $P_{r+1}(1)$ 由 P_r^* 与 $P_{r-1}(3)$ 张成, 且

$$\alpha_{k-2} = \max\{m(P) | P \text{ 是 } k-3 \text{ 维子空间}\}, \tag{11.2.6}$$

则称 C 满足满秩条件. 类似于 11.1 节, 易知

$$g_2 - d_2 = \alpha_{k-2} - \beta_{k-2}.$$

下面引入一系列记号与参数. 定义

$$\langle x \rangle = \lceil x \rceil - x, \quad \{x\} = x - \lfloor x \rfloor,$$
$$\theta = \begin{cases} 0, & \text{当 } (q+1)|(n-d-u), \\ 1, & \text{其他}, \end{cases}$$

其中

$$u := \left\lfloor \frac{(k-3)(q(n-d)-q-1)}{(k-2)q+1} \right\rfloor.$$

再定义

$$\delta = \Big\langle \frac{(q+1)(n-d+k-3)}{(k-2)q+1} \Big\rangle,$$

$$\delta_1 = \Big\{ \frac{q}{q+1} \Big(\Big\lceil \frac{(q+1)(n-d+k-3)}{(k-2)q+1} \Big\rceil - \theta \Big) \Big\},$$

$$\tau_1 = \Big\lfloor (k-3) \Big(\delta_1 + \frac{q(\theta-\delta)+\theta}{q+1} \Big) \Big\rfloor,$$

$$\hat{\theta} = \begin{cases} 0, & \text{当 } \tau_1 < k-3, \\ \theta, & \text{其他}, \end{cases}$$

$$\tau = \Big\lfloor (k-3) \Big(\delta_1 + \frac{q(\theta-\delta)+\hat{\theta}}{q+1} \Big) \Big\rfloor.$$

定理 11.2.3 [31]   记所有满足满秩条件的 $[d_k,k,d;q]$ 码 C 的 g_2-d_2 的极大值为 $\mu'_q(n,k,d)$, 则:

(i)

$$\mu'_q(n,d,k) \leqslant \begin{cases} U_1, & \text{当 } U_1 \geqslant 0, \\ U_2, & \\ U_3, & \text{当 } U_3 \geqslant 0, \end{cases}$$

其中

$$U_1 = \Big\lfloor \frac{((k-2)q+2)d - n - ((k-2)q+k-2)}{(k-2)q+1} \Big\rfloor,$$

$$U_2 = \Big\lfloor \frac{(q-1)d-(q+1)}{q} \Big\rfloor,$$

$$U_3 = \Big\lfloor \frac{qn-(q+1)(d+1)}{q} \Big\rfloor - \Big\lceil \frac{\sum\limits_{i=0}^{k-3} q^i(n-d)+q+1}{\sum\limits_{i=0}^{k-2} q^i} \Big\rceil;$$

(ii) 当 $\tau \leqslant k-3$ 时

$$\mu'_q(n,d,k) = U_1 \quad (U_1 \geqslant 0, \ U_2 > U_1).$$

第 12 章　相对重量谱

本章的相对重量谱 (也称为相对广义汉明重量) 是重量谱的推广, 最先是由骆源等 [97] 通过改进 II 型窃密信道而提出的. 我们知道重量谱的提出基于的 II 型窃密信道涉及一位发送信息者和一位接收信息者. 而文献 [97] 考虑此信道涉及多个发送者和相应的接收者. 这些发送者用同一个编码器按次序把自己的数据编码, 文献 [97] 中考虑的问题是: 如果敌方有更强的窃听能力, 他不但能窃听到所编制的码字中的任意 μ 位字节, 还能窃听到若干个发送者所发出的数据, 敌方能够通过选择所窃听的 μ 位字节使得得到其他发送者所发送的数据的不确定性最小. 基于文献 [97] 中提出的相对重量谱概念, 我们以两位发送信息者和两位接收信息者为例说明相对重量谱概念, 设 $A_{k \times n}$ 是 k 维线性码 C 的生成矩阵, $A_{k \times n}$ 的前 k_1 行生成 k_1 维子码 C^1. 两位发送者分别发送 k_1 和 $k - k_1$ 位数据, 我们把这 $k = k_1 + (k - k_1)$ 位数据记为 k 维列向量 k, 利用 II 型窃密信道的陪集编码方案, 我们把 k 编成长为 n 的码字列向量 x, 使得 $A_{k \times n} x = k$. 现在假定敌方能够窃听到 x 中的任意 μ 位, 并且还能窃听到全部 k_1 位数据, 那么敌方能窃听到另外 $k - k_1$ 位数据中的 j 位数据所需要的 μ 的最小值记作 $(\mathrm{rd})_j$. 相对重量谱即是上述这样一组参数 $((\mathrm{rd})_1, (\mathrm{rd})_2, \cdots, (\mathrm{rd})_{k-k_1})$. 相对重量谱在下文中有时简记为 RGHW. 显然相对重量谱由 C 及其子码 C^1 共同确定. 所以相对重量谱参数 $(\mathrm{rd})_j$ 应写成 $(\mathrm{rd})_j(C, C^1)$, 但如果上下文意义明确, 我们也可简记成 $(\mathrm{rd})_j$. 确定一般线性码的重量谱是重量谱研究的基本问题, 同样, 确定线性码的所有或几乎所有的相对重量谱是相对重量谱研究中的基本问题. 射影几何方法也可经过扩展, 用来研究相对重量谱. 当前 3 维线性码的相对重量谱已完全确定 [93], 4 维线性码的相对重量谱只确定了一部分 [89]. 用扩展的有限射影几何方法确定 3 维和 4 维码的思想方法是类似的. 本章将以 4 维线性码为例, 详细介绍扩展的射影几何方法, 以及如何利用此方法研究相对重量谱. 最后通过相对重量谱给出相对等重码概念, 我们会看出相对等重码是等重码的推广, 我们将在本章给出相对等重码的类似于等重码的若干基本性质. 而进一步寻找相对等重码的应用是有待研究的后续问题.

12.1 记号和相关结论

设 J 是 $I = \{1, \cdots, n\}$ 的子集. C 是一个 $[n, k; q]$ 码, 对于码字 $c \in C$, $P_J(c) \in GF(q)^n$ 如式 (9.1.1) 定义, 而子码 C_J 如式 (9.1.2) 定义.

定理 12.1.1 设 C^1 是上述码 C 的一个 k_1 维子码. 则 C 对于子码 C^1 的相对重量谱 $((\mathrm{rd})_1, (\mathrm{rd})_2, \cdots, (\mathrm{rd})_{k-k_1})$ 可如下描述:

$$(\mathrm{rd})_j = \min\{|J| \mid \dim(C_J) - \dim(C_J^1) \geqslant j\} \quad (1 \leqslant j \leqslant k - k_1),$$

或等价地

$$(\mathrm{rd})_j = \min\{|J| \mid \dim(C_J) - \dim(C_J^1) = j\} \quad (1 \leqslant j \leqslant k - k_1).$$

显然, 如果 $C^1 = \{0\}$, 则相对重量谱成为 C 的重量谱. 所以相对重量谱是重量谱的推广.

类似于差序列, 可如下定义相对差序列:

定义 12.1.1 $[n, k; q]$ 码 C 及其 k_1 维子码 C^1 的相对差序列, 仍以 $(i_0, i_1, \cdots, i_{k-k_1})$ 表示, 定义为

$$(i)_0 = n - (\mathrm{rd})_{k-k_1}, \quad (i)_j = (\mathrm{rd})_{k-k_1-j+1} - (\mathrm{rd})_{k-k_1-j}$$

$(1 \leqslant j \leqslant k - k_1$, 规定 $(\mathrm{rd})_0 = 0)$. 下文简记相对差序列为 RDS.

显然, RDS 和 RGHW 可以互相确定.

用有限射影几何方法已经确定了很多类型的线性码的重量谱, 能否把有限射影几何方法应用到相对重量谱呢? 为此, 我们首先给出 RGHW 的另外一种描述方法.

引理 12.1.1

$$(\mathrm{rd})_j = \min\{W_s(D) \mid D \text{ 是 } C \text{ 的子码且 } \dim(D) = j, D \cap C^1 = \{0\}\}$$

$$(0 \leqslant j \leqslant k - k_1),$$

特别地, $(\mathrm{rd})_1$ 是 $C \backslash C^1$ 中码字的最小重量.

证明　令

$$r_j = \min\{W_{\mathrm{s}}(D) \mid D \text{ 是 } C \text{ 的子码且 } \dim(D) = j, D \cap C^1 = \{0\}\}$$

$$(0 \leqslant j \leqslant k - k_1).$$

由 RGHW 的定义, 我们有 $(\mathrm{rd})_0 = 0$, 且

$$(\mathrm{rd})_j = \min\{|J| \mid \dim(C_J) - \dim(C_J^1) = j\} \quad (1 \leqslant j \leqslant k - k_1). \tag{12.1.1}$$

注意到 $C_J^1 = C_J \cap C^1$, 所以式 (12.1.1) 可改写为

$$(\mathrm{rd})_j = \min\{|J| \mid \dim(C_J) - \dim(C_J \cap C^1) = j\} \quad (1 \leqslant j \leqslant k - k_1).$$

设 $(\mathrm{rd})_j = |J|$, 并且 $C_J^1 = C_J \cap C^1$ 的生成矩阵是 B_1. 把 B_1 添加一些行扩充成 C_J 的生成矩阵 B, 即

$$B = \begin{pmatrix} B_1 \\ B_2 \end{pmatrix}.$$

注意到由 B_2 生成的子码 D 满足 $\dim(D) = j$, $D \cap C^1 = \{0\}$, 并且 $W_{\mathrm{s}}(D) \leqslant W_{\mathrm{s}}(C_J) = |J|$, 由此得 $r_j \leqslant (\mathrm{rd})_j$.

反过来, 设 $r_j = W_{\mathrm{s}}(D)$, 其中 $\dim(D) = j$ 且 $D \cap C^1 = \{0\}$, 由此可得 $C^1_{\chi(D)} \cap D = \{0\}$. 所以, $C_{\chi(D)} \supseteq C^1_{\chi(D)} \bigoplus D$, 且

$$\dim(C_{\chi(D)}) - \dim(C^1_{\chi(D)}) \geqslant \dim(D) = j. \tag{12.1.2}$$

但由定理 12.1.1 知

$$(\mathrm{rd})_j = \min\{|J| \mid \text{ 存在集合} J, \text{ 满足 } \dim(C_J) - \dim(C_J^1) \geqslant j\}. \tag{12.1.3}$$

由式 (12.1.2) 和 (12.1.3), 即得 $r_j = W_{\mathrm{s}}(D) = |\chi(D)| \geqslant (\mathrm{rd})_j$.　□

由引理 12.1.1, 我们容易得到:

推论 12.1.1　设 C, C^1 同上, 则 C 的任意满足 $W_{\mathrm{s}}(D) < (\mathrm{rd})_j$ 的 j 维子码 D 都满足 $D \cap C^1 \neq \{0\}$. 特别地, C 中所有重量小于 $(\mathrm{rd})_1$ 的码字都在 C^1 中.

设码 C 的重量谱是 $(d_1, \cdots, d_k)$, 而 C 及其 k_1 维子码 C^1 的相对重量谱是 $((\mathrm{rd})_1, \cdots, (\mathrm{rd})_{k-k_1})$. 由引理 12.1.1, 我们又可得:

推论 12.1.2　$d_j \leqslant (\mathrm{rd})_j$, 如果 $j \in [1, k - k_1]$; 而 $d_j \leqslant (\mathrm{rd})_{j-k_1} + W_{\mathrm{s}}(C^1)$, 如果 $j \in [k_1 + 1, k]$.

推论 12.1.3 设 j 维子码 $D \supset C^1$, 则 $(\mathrm{rd})_{j-k_1} \leqslant W_\mathrm{s}(D) - k_1$. 特别地, 我们有 $(\mathrm{rd})_{k-k_1} \leqslant W_\mathrm{s}(C) - k_1 = n - k_1$, 或等价地, $i_0 = n - (\mathrm{rd})_{k-k_1} \geqslant k_1$.

证明 设 C^1 的系统生成矩阵是 A_1, 而 D 的生成矩阵是

$$A = \begin{pmatrix} A_1 \\ A_2 \end{pmatrix}.$$

我们对矩阵 A 施行初等行变换, 使得 A_2 中对应 A_1 的信息位那些列中元素都成为 0.

这时由 A_2 的行生成的子码 D^1 有性质 $D^1 \cap C^1 = \{0\}$, 且 $\dim(D^1) = j - k_1$. 所以由引理 12.1.1 知, $(\mathrm{rd})_{j-k_1} \leqslant W_\mathrm{s}(D^1) \leqslant W_\mathrm{s}(D) - k_1$. □

文献 [13] 中首次用有限射影几何方法确定线性码的重量谱. 以下我们将推广这种方法, 使其能够确定线性码 C 及其子码 C^1 的相对重量谱.

设 C 的生成矩阵是

$$A = \begin{pmatrix} A_{k_1 \times n} \\ A_{(k-k_1) \times n} \end{pmatrix}, \tag{12.1.4}$$

其中 $A_{k_1 \times n}$ 是 C^1 的生成矩阵.

类似于文献 [13], 我们可以把 $GF(q)^k$ 中的向量看成 $PG(k-1, q)$ 中的点, 这时生成矩阵 A 的那些列便可看成 $PG(k-1, q)$ 中的一组点的集合, 其中重复的点按出现的次数计算, 即 A 的那些列是 $PG(k-1, q)$ 中点的多重集. 对任何 $x \in PG(k-1, q)$, 令 $m(x)$ 表示 x 在 A 的列中出现的次数, 并称 $m(x)$ 为 x 的值. 和重量谱的研究一样, $m(\cdot)$ 仍称为赋值函数. 定义子集 $U \subset PG(k-1, q)$ 的值如下:

$$m(U) = \sum_{p \in U} m(p).$$

引理 12.1.2 设 C 及其子码 C^1 的生成矩阵如式 (12.1.4) 所示, 则在满足 $D \cap C^1 = \{0\}$ 的那些 $j\ (1 \leqslant j \leqslant k-k_1)$ 维子码 D 和那些满足 $\mathrm{rank}(P_L(U)) = k_1$ 的 $k-j$ 维子空间 $U \subset GF(q)^k$ 之间有一个一一对应, 使得如果 j 维子码 D 和 U 对应, 且把 U 看成 $k-j-1$ 维射影子空间, 则有

$$m(U) = n - W_\mathrm{s}(D).$$

这里 $L = \{1, 2, \cdots, k_1\}$ 是 $\{1, 2, \cdots, k_1, k_1+1, \cdots, k\}$ 的子集.

证明 对于任何满足 $D \cap C^1 = \{0\}$ 的 $j\ (1 \leqslant j \leqslant k-k_1)$ 维子码 D, 只需找到对应的满足 $\mathrm{rank}(P_L(U)) = k_1$ 的那个 $k-j$ 维子空间 $U \subset GF(q)^k$ 即可.

我们首先证明任何满足 $D \cap C^1 = \{0\}$ 的 j $(1 \leqslant j \leqslant k-k_1)$ 维子码 D 的生成矩阵可以写成 ZA, 这里 $Z = (Z_{j \times k_1}, Z_{j \times (k-k_1)})$ 是 $j \times k$ 矩阵, 且 $\mathrm{rank}(Z_{j \times (k-k_1)}) = j$. 否则, 如果 $\mathrm{rank}(Z_{j \times (k-k_1)}) < j$, 则存在一个向量 $y = (y_1, y_2, \cdots, y_j) \neq 0$, 满足

$$yZ = (t_1, \cdots, t_{k_1}, \underbrace{0, \cdots, 0}_{k-k_1}) \neq 0,$$

所以, 一方面 $0 \neq yZA \in C^1$, 另一方面 $yZA \in D$, 这意味着 $D \cap C^1 \neq \{0\}$, 矛盾. 因此 $\mathrm{rank}(Z_{j \times (k-k_1)}) = j$.

由线性方程组理论和 $\mathrm{rank}(Z_{j \times (k-k_1)}) = j$ 这个事实, 我们得: 与 Z 的行空间正交的子空间 U $(U \subset GF(q)^k)$ 即为所求. 由上文 U 的寻找方法可知, 当把 U 看成 $PG(k-1, q)$ 的子空间时, 有

$$m(U) = n - W_s(D). \qquad \square$$

由相对重量谱的定义及引理 12.1.2, 可进一步得到

$$\max\{m(U) \mid U \text{ 是 } PG(k-1, q) \text{ 的 } k-j-1 \text{ 维子空间}(0 \leqslant j \leqslant k-k_1)\}$$
$$= \sum_{t=0}^{k-k_1-j} i_t, \qquad (12.1.5)$$

这里 U 满足引理 12.1.2 的条件, 即 $\dim(P_L(U)) = k_1 - 1$, 而 $L = \{1, 2, \cdots, k_1\}$ 是 $\{1, 2, \cdots, k_1, k_1+1, \cdots, k\}$ 的子集.

总结有限射影几何方法如下: 构造相对重量谱的参数为 $((\mathrm{rd})_1, (\mathrm{rd})_2, \cdots, (\mathrm{rd})_{k-k_1}, n)$ 的 k 维线性码 C 及其 k_1 维子码 C^1, 我们只需构造赋值函数 $m(\cdot)$, 使其满足式 (12.1.5).

12.2 4 维 q 元线性码 C 的相对重量谱

这一节我们利用上文所述的有限射影几何方法研究 4 维线性码 C 及其子码 C^1 的相对重量谱.

约定如下记号: $E = (1,0,0,0), F = (0,1,0,0), G = (0,0,1,0), H = (0,0,0,1)$ 表示射影空间 $V = PG(3, q)$ 的基元素点, 仍以 $\overline{AB}$ 或 $\langle A, B \rangle$ 表示过点 A 和 B 的线, $\widehat{ABC}$ 或 $\langle A, B, C \rangle$ 表示过点 A, B, C 的面.

12.2.1　关于 $\dim(C^1) = 1$

由引理 12.1.2 知, 满足 $D \cap C^1 = \{0\}$ 的 j $(1 \leqslant j \leqslant 3)$ 维子码 D 和那些 $3-j$ 维子空间 $U \subset PG(3,q)$ 一一对应, 其中 $\dim P_L(U) = k_1 - 1 = 0$, 而 $L = \{1\} \subset \{1,2,3,4\}$.

容易验证 $\dim P_L(U) = k_1 - 1 = 0$ 等价于 $U \nsubseteq \widehat{FGH}$, 所以构造满足式 (12.1.5) 的赋值函数 $m(\cdot)$ 等价于构造满足下列条件的 $m(\cdot)$:

$\max\{m(p) \,|\, p$ 是 $PG(3,q)$ 中的一个点且 $p \notin \widehat{FGH}\} = i_0$,

$\max\{m(l) \,|\, l$ 是 $PG(3,q)$ 中的一条线且 $l \nsubseteq \widehat{FGH}\} = i_0 + i_1$,

$\max\{m(\Delta) \,|\, \Delta$ 是 $PG(3,q)$ 中的一个面且 $\Delta \neq \widehat{FGH}\} = i_0 + i_1 + i_2$,

$m(V) = m(PG(3,q)) = i_0 + i_1 + i_2 + i_3$.

约定下列记号:

$$\mathrm{MU}_0 = \{p \,|\, m(p) = i_0, p \text{ 是一个点且 } p \notin \widehat{FGH}\},$$

$$\mathrm{MU}_1 = \{l \,|\, m(l) = i_0 + i_1, l \text{ 是一条线且 } l \nsubseteq \widehat{FGH}\},$$

$$\mathrm{MU}_2 = \{\Delta \,|\, m(\Delta) = i_0 + i_1 + i_2, \Delta \text{ 是一个面且 } \Delta \neq \widehat{FGH}\}.$$

为了得到 4 维线性码相对重量谱的更多信息, 与重量谱研究类似, 我们也把 4 维线性码分类, 下面是一些用来对 4 维线性码分类的判别条件:

条件1　存在 $p \in \mathrm{MU}_0, l \in \mathrm{MU}_1$ 和 $P \in \mathrm{MU}_2$, 使得 $p \in l \subset P$;

条件2　存在 $p \in \mathrm{MU}_0$ 和 $l \in \mathrm{MU}_1$, 使得 $p \in l$;

条件3　存在 $p \in \mathrm{MU}_0$ 和 $P \in \mathrm{MU}_2$, 使得 $p \in P$;

条件4　存在 $l \in \mathrm{MU}_1$ 和 $P \in \mathrm{MU}_2$, 使得 $l \subset P$.

于是, 我们可根据以上条件是否成立把 4 维线性码 (或赋值函数) 分成 9 类:

A: 条件 1~4 都成立, 这时称 RDS 为 ARDS,

B: 条件 2 和 3 成立, 条件 1 和 4 不成立, 这时称 RDS 为 BRDS;

C: 条件 3 和 4 成立, 条件 1 和 2 不成立, 这时称 RDS 为 CRDS;

D: 条件 2~4 成立, 条件 1 不成立, 这时称 RDS 为 DRDS;

E: 条件 3 成立, 条件 1,2 和 4 不成立, 这时称 RDS 为 ERDS;

F: 条件 2 成立, 条件 1,3 和 4 不成立, 这时称 RDS 为 FRDS;

G: 条件 2 和 4 成立, 条件 1 和 3 不成立, 这时称 RDS 为 GRDS;

H: 条件 4 成立, 条件 1~3 不成立, 这时称 RDS 为 HRDS;

I: 条件 1~4 均不成立, 这时称 RDS 为 IRDS.

下文中确定了 A~D 类的几乎所有或部分相对重量谱, 而其余类的线性码的相对重量谱的确定还是有待解决的公开问题. 上述分类的方法就是按相对重量谱确定的难度顺序进行的, 越是靠后的类, 相对重量谱的确定就越困难. 相对重量谱的确定的关键是构造出相应的赋值函数, 所以思想方法与重量谱的类似.

关于 A 类, 有:

定理 12.2.1　如果序列 (i_0, i_1, i_2, i_3) 是 ARDS, 则它满足

$$\begin{cases} i_0 \geqslant 1, \quad i_1 \geqslant 1, \\ i_2 \leqslant qi_1, \quad i_3 \leqslant qi_2. \end{cases} \tag{12.2.1}$$

反过来, 如果序列 (i_0, i_1, i_2, i_3) 满足式 (12.2.1), 且 $i_2 \geqslant (q-1)^2$, 则它是 ARDS. 所以几乎所有的满足式 (12.2.1) 的序列 $(i_1 \to \infty)$ 都是 ARDS. 特别地, 如果 $q = 2$, 则所有满足式 (12.2.1) 的序列都是 ARDS.

证明　如果序列是 ARDS, 则由 RDS 的定义和 RGHW 的性质 (见推论 12.1.3), 可得 $i_0 \geqslant 1, i_1 \geqslant 1$. 下证 $i_2 \leqslant qi_1$ 和 $i_3 \leqslant qi_2$. 不失一般性, 可选择 $E \in \mathrm{MU}_0, \overline{EF} \in \mathrm{MU}_1$ 和 $\widehat{EFG} \in \mathrm{MU}_2$(图 12.1).

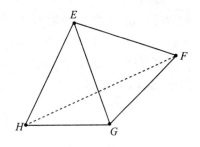

图 12.1　$PG(3, q)$ 中的点、线、面

由于在面 $\widehat{EFG}$ 上有 $q+1$ 条过点 E 的线, 这些线都可能在集合 MU_1 中, 所以可得

$$m(\widehat{EFG}) = i_0 + i_1 + i_2 \leqslant i_0 + (q+1)i_1, \quad \text{即} \quad i_2 \leqslant qi_1.$$

类似地, 由于在 $V = PG(3, q)$ 中有 $q+1$ 个面包含线 $\overline{EF}$, 这些面都可能是 MU_2 中的面, 所以

$$i_3 \leqslant qi_2.$$

反过来, 我们要证明满足式 (12.2.1) 和 $i_2 \geqslant (q-1)^2$ 的序列 (i_0, i_1, i_2, i_3) 都是 ARDS. 我们的方法是构造具体的赋值函数 $m(\cdot)$, 使它满足 A 类的条件. 设

$$i_2 = qi_1 - q\alpha - \beta \quad \text{且} \quad i_3 = qi_2 = q^2 i_1 - q^2 \alpha - q\beta,$$

其中 $0 \leqslant \beta \leqslant q-1$. 在线 $\overline{GF}$ 上选择 β 个点, 分别以 $G_1 = G, G_2, \cdots, G_\beta$ 表示 (见图 12.1). 我们如下构造 $m(\cdot)$:

$$m(p) = \begin{cases} i_0, & p = E, \\ i_1, & p = F, \\ i_1 - \alpha - \beta, & p = H, \\ i_1 - \alpha - 1, & p \in \overline{HG_\rho} \backslash \{H\} \ (\rho = 1, \cdots, \beta), \\ i_1 - \alpha, & p \in \widehat{FGH} \backslash \{F\} \ \text{且} \ p \notin \overline{HG_\rho} \ (\rho = 1, \cdots, \beta), \\ 0, & \text{其他}. \end{cases}$$

这时, 容易观察到 $E \in \mathrm{MU}_0$, $\overline{EF} \in \mathrm{MU}_1$, $\widehat{EFG} \in \mathrm{MU}_2$, 且 $\max\{m(p)|p \notin \widehat{FGH}\} = i_0$. 对任意满足 $H \notin l$ 的线 $l \subset \widehat{FGH}$, 由于 $l \cap \overline{HG_\rho} \neq \emptyset$, $\forall 1 \leqslant \rho \leqslant \beta$, 所以可得 $m(l) \leqslant i_1 + q(i_1 - \alpha) - \beta = i_1 + i_2$. 而对于过点 H 的线 $l \subset \widehat{FGH}$, 我们也可计算: $m(l) \leqslant (i_1 - \alpha - \beta) + (q-1)(i_1 - \alpha) + i_1 = i_1 + i_2$. 所以对于任何面 $\Delta \neq \widehat{FGH}$, 都有

$$m(\Delta) \leqslant m(\Delta \cap \widehat{FGH}) + i_0 \leqslant i_1 + i_2 + i_0.$$

对于任何不属于 $\widehat{FGH}$ 的线 l, 不难验证 $m(l) \leqslant i_0 + i_1$.

由 $i_2 = qi_1 - q\alpha - \beta \geqslant (q-1)^2$ 且 $\beta \leqslant q-1$, 我们可推得

$$i_2 = qi_1 - q\alpha - \beta \geqslant (q-1)\beta,$$

或等价地, $i_1 - \alpha - \beta \geqslant 0$, 由此得到 $m(p) \geqslant 0, \forall \ p \in PG(3,q)$.

如果 $i_3 < qi_2$, 只需逐渐减少集合 $PG(3,q) \backslash \widehat{EFG}$ 中点的赋值即可, 这是因为 $m(PG(3,q) \backslash \widehat{EFG}) = i_3$. □

关于 B 类, 我们有:

定理 12.2.2 如果序列 (i_0, i_1, i_2, i_3) 是 BRDS, 则它满足

$$\begin{cases} i_0 \geqslant 1, & i_1 \geqslant 1, \\ i_2 \leqslant qi_1 - (q+1), \\ i_3 \leqslant qi_2 - (q+1), & i_3 \geqslant i_1. \end{cases} \tag{12.2.2}$$

反过来, 满足式 (12.2.2) 和 $i_2 \leqslant qi_1 - (q+1) - (q+1)(q-3)$ 的序列 (i_0, i_1, i_2, i_3) 都是 BRDS. 所以满足式 (12.2.2) 的几乎所有的序列都是 BRDS (当 i_1 充分大时).

证明 如果 (i_0, i_1, i_2, i_3) 是 BRDS, 则不失一般性, 我们可设 $E \in \mathrm{MU}_0$, $\overline{EF} \in \mathrm{MU}_1$ 和 $\widehat{EGH} \in \mathrm{MU}_2$ (见图 12.1). 由于在面 $\widehat{EGH}$ 中共有 $q+1$ 条线经过点 E, 它们的值都小于 $i_0 + i_1$, 而经过线 $\overline{EF}$ 的 $q+1$ 个面的值均小

于 $i_0 + i_1 + i_2$, 所以

$$i_0 + i_1 + i_2 \leqslant i_0 + (q+1)(i_1 - 1), \quad \text{即} \quad i_2 \leqslant qi_1 - (q+1),$$

且

$$i_0 + i_1 + i_2 + i_3 \leqslant i_0 + i_1 + (q+1)(i_2 - 1), \quad \text{即} \quad i_3 \leqslant qi_2 - (q+1).$$

反过来, 设 (i_0, i_1, i_2, i_3) 满足式 (12.2.2), $i_2 \leqslant qi_1 - (q+1) - (q+1)(q-3)$ 且 $i_3 = qi_2 - (q+1)$. 我们构造赋值函数 $m(\cdot)$, 使得它满足 B 类的要求. 设

$$i_2 = qi_1 - (q+1) - (q+1)\alpha - \beta \quad (0 \leqslant \beta \leqslant q),$$
$$\alpha + \beta + 1 = (q-1)\gamma + \theta \quad (0 \leqslant \theta \leqslant q-2).$$

由 $i_2 \leqslant qi_1 - (q+1) - (q+1)(q-3)$ 知, $\alpha \geqslant q-3$.

我们在 $\overline{HG}$ 上选取 β 个点 (见图 12.1), 并分别以 $H_1 = H, H_2, \cdots, H_\beta$ 表示, $\overline{HG}$ 上的其他点用 $G_1 = G, G_2, \cdots, G_{q+1-\beta}$ 表示. 在每条线 $\overline{FH_\rho} \setminus \{F, H_\rho\} (1 \leqslant \rho \leqslant \beta)$ 上取 θ 个点, 并用 H_ρ^η ($1 \leqslant \eta \leqslant \theta$) 分别表示.

在每条线 $\overline{FG_\zeta} \setminus \{F, G_\zeta\}$ ($1 \leqslant \zeta \leqslant q+1-\beta$) 上选取 $\theta+1$ 个点, 并分别用 G_ζ^κ ($1 \leqslant \kappa \leqslant \theta+1$) 表示. 于是, 我们可如下构造 $m(\cdot)$:

$$m(p) = \begin{cases} i_0, & p = E, \\ i_1, & p = F, \\ i_1 - \alpha - 2, & p = H_\rho \ (\rho = 1, \cdots, \beta), \\ i_1 - \alpha - 1, & p = G_\zeta \ (\zeta = 1, \cdots, q+1-\beta), \\ i_1 - \alpha - 2 - \gamma, & p = H_\rho^\eta \ (1 \leqslant \eta \leqslant \theta, 1 \leqslant \rho \leqslant \beta), \\ & p = G_\zeta^\kappa \ (1 \leqslant \kappa \leqslant \theta+1, 1 \leqslant \zeta \leqslant q+1-\beta), \\ i_1 - \alpha - 1 - \gamma, & \text{面 } \widehat{FGH} \text{ 上的其他点}, \\ 0, & PG(3, q) \text{ 中的其他点}. \end{cases}$$

由上面的构造, 我们得

$$\begin{aligned} m(\widehat{EFH_\rho}) &= (i_0 + i_1) + (i_1 - \alpha - 2) + \theta(i_1 - \alpha - 2 - \gamma) \\ &\quad + (q - 1 - \theta)(i_1 - \alpha - 1 - \gamma) \\ &= i_0 + i_1 + i_2 - 1 < i_0 + i_1 + i_2 \quad (\rho = 1, \cdots, \beta), \end{aligned}$$

且

$$m(\widehat{EFG_\zeta}) = (i_0 + i_1) + (i_1 - \alpha - 1) + (\theta + 1)(i_1 - \alpha - 2 - \gamma)$$

$$+(q-1-\theta-1)(i_1-\alpha-1-\gamma)$$
$$=i_0+i_1+i_2-1<i_0+i_1+i_2 \quad (\zeta=1,\cdots,q+1-\beta).$$

所以过 $\overline{EF}$ 的那些面的值小于 $i_0+i_1+i_2$.

而对于任何线 $l\subset\widehat{FGH}$ 且 $F\notin l$, 由于 $\alpha\geqslant q-3$, 所以

$$m(l)\leqslant(i_1-\alpha-1)+q(i_1-\alpha-1-\gamma)$$
$$=(q+1)i_1-(q+1)\alpha-(q+1)-q\gamma$$
$$=(q+1)i_1-(q+1)\alpha-(q+1)-(\alpha+\beta+1+\gamma-\theta)$$
$$=(q+1)i_1-(q+1)\alpha-(q+1)-\beta-(\alpha+1+\gamma-\theta)$$
$$\leqslant(q+1)i_1-(q+1)\alpha-(q+1)-\beta=i_1+i_2.$$

因此, 对于任何面 $\Delta\neq\widehat{FGH}$, 都有 $m(\Delta)\leqslant i_0+i_1+i_2$.

对于任意的线 $l\not\subseteq\widehat{FGH}$, 从赋值函数的构造, 可得 $m(l)<i_0+i_1$.

如果 $i_3<qi_2-(q+1)$, 则可减少 $PG(3,q)\backslash\{F\cup\widehat{EGH}\}$ 中那些点的值直到 $i_3=i_1$.

综上, 我们得出结论: 上述 $m(\cdot)$ 满足 B 类的条件. □

由定理 12.2.2 的证明, 不难得到下面的推论:

推论 12.2.1 如果 $q\leqslant3$, 则满足式 (12.2.2) 的所有序列都是 BRDS.

关于 C 类, 我们的主要结论是:

定理 12.2.3 如果序列 (i_0,i_1,i_2,i_3) 是 CRDS, 则

$$\begin{cases} i_0\geqslant1, \quad i_1\geqslant1, \\ i_2\leqslant qi_1-(q+1), \quad i_3\leqslant qi_2. \end{cases} \tag{12.2.3}$$

反过来, 满足式 (12.2.3), $i_0>2q/(q-1)$ 和 $i_2\geqslant(q-1)q$ 的序列都是 CRDS, 所以几乎所有满足式 (12.2.3) 的序列都是 CRDS.

证明 证明类似于 A 类和 B 类. 所以我们忽略掉证明的细节, 而只给出 $m(\cdot)$ 的构造 (见图 12.2). 首先假设 $i_3=qi_2$, 且

$$i_2=qi_1-(q+1)-q\theta-\gamma \quad (0\leqslant\gamma\leqslant q-1),$$
$$i_0+\gamma+1=q\alpha+\beta \quad (0\leqslant\beta\leqslant q-1).$$

在 $\overline{GI}\backslash\{G\}$ 上取 β 个点, 分别以 $I_1=I,\cdots,I_\beta$ 表示.

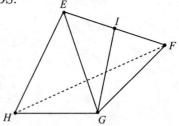

图 12.2 $m(\cdot)$ 的构造 (C 类)

设 $\overline{EI_\rho}\cap\overline{FG}=F_\rho$ $(F_1=F,\ \rho=1,\cdots,\beta)$. 在面 $\widehat{FGH}$ 中任取 $\gamma+1$ 条线 $\overline{HH_\eta}$ $(1\leqslant\eta\leqslant\gamma+1)$, $H_\eta\in\overline{FG}$, 且 $H_\eta\neq G$ (点 H_η 可能和点 F_ρ 相同). 于是我们可如下构造 $m(\cdot)$:

$$m(p)=\begin{cases} i_0, & p=E, \\ i_1-\gamma-1, & p=G, \\ i_1-2-\theta-\gamma, & p=H, \\ \alpha+1, & p=I_\rho\ (\rho=1,\cdots,\beta), \\ \alpha, & p\in\overline{GI}\backslash\{G\}\ \text{且}\ p\neq I_\rho\ (1\leqslant\rho\leqslant\beta), \\ i_1-1-\theta-\alpha-1, & p=F_\rho\ (\rho=1,\cdots,\beta), \\ i_1-1-\theta-\alpha, & p\in\overline{FG}\backslash\{G\}\ \text{且}\ p\neq F_\rho\ (1\leqslant\rho\leqslant\beta), \\ i_1-2-\theta, & p\in\overline{HH_\eta}\backslash\{H,H_\eta\}\ (1\leqslant\eta\leqslant\gamma+1), \\ i_1-1-\theta, & \widehat{FGH}\ \text{上的其他点}, \\ 0, & PG(3,q)\ \text{中的其他点}. \end{cases}$$

我们可以证明: 只要序列 (i_0,i_1,i_2,i_3) 满足式 (12.2.3), $i_0>2q/(q-1)$ 和 $i_2\geqslant(q-1)q$, 上面构造的 $m(\cdot)$ 就满足 C 类的条件. $\qquad\square$

关于 D 类, 我们的主要结果是:

定理 12.2.4 (i) 如果序列 (i_0,i_1,i_2,i_3) 是 DRDS, 则

$$\begin{cases} i_0\geqslant 1,\quad i_1\geqslant 1, \\ i_0\leqslant i_2\leqslant qi_1-(q+1),\quad i_1\leqslant i_3\leqslant qi_2-(q+1). \end{cases} \tag{12.2.4}$$

(ii) 几乎所有满足式 (12.2.4) 和 $i_1\leqslant i_2\leqslant qi_1-(q+1)-q^2$ 的序列 (i_0,i_1,i_2,i_3) 都是 DRDS.

证明 我们仍然给出赋值函数 $m(\cdot)$ 的构造, 略掉证明的细节. 设

$$i_0+1=q\theta+\tau,\quad i_2=qi_1-(q+1)-q\beta-\gamma,$$
$$\gamma+2+\beta=(q-1)\varsigma+\varpi,$$

其中 $0\leqslant\tau,\gamma\leqslant q-1$ 且 $0\leqslant\varpi\leqslant q-2$.

线 $\overline{GH}$ (见图 12.3) 上的点用 $G_0=G$, $G_1,\cdots,G_\gamma,\cdots,G_{q-1},G_q=H$ 表示, 线 $\overline{HF}$ 上的点用 $H_0=H,H_1,\cdots,H_\gamma,\cdots,H_{q-1},H_q=F$ 表示. 以 O_i 表示线 $\overline{FG_i}$ 和 $\overline{GH_i}$ 的交点, 以 J_i 表示线 $\overline{EG_i}$ 和 $\overline{GI}$ 的交点, 其中 $1\leqslant i\leqslant q-1$. 以 $K_1,K_2,\cdots,K_{q-1}$ 表示线 $\overline{GF}\backslash\{G,F\}$ 上的

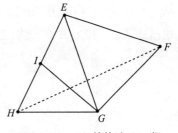

图 12.3 $m(\cdot)$ 的构造 (D 类)

$q-1$ 个点. 我们构造如下赋值函数:

$$m(p) = \begin{cases} i_0, & p = E, \\ i_1, & p = F, \\ i_1 - 1, & p = G, \\ \theta + 1, & p = J_i \ (1 \leqslant i \leqslant \tau), \\ \theta, & \overline{GI} \backslash \{G\} \text{ 上的其他点}, \\ i_1 - \beta - \theta - 3, & p = G_i \ (1 \leqslant i \leqslant \min(\tau, \gamma)), \\ i_1 - \beta - \theta - 2, & p = G_i \ (\min(\tau, \gamma) < i \leqslant \max(\tau, \gamma)), \\ i_1 - \beta - \theta - 1, & \overline{GH} \backslash \{G\} \text{ 上的其他点}, \\ i_1 - \beta - \gamma - 2, & p = O_i \ (1 \leqslant i \leqslant \gamma), \\ i_1 - \beta - \gamma - 3, & p = O_i \ (\gamma < i \leqslant q-1), \end{cases}$$

$$m(p) = \begin{cases} i_1 - \beta - \gamma - 3, & p = H_1, \\ i_1 - \beta - 1, & \widehat{FGH} \backslash \{\overline{GH}, \overline{FG}\} \text{ 上的其他点}, \\ i_1 - \beta - \varsigma - 2, & p = K_i \ (1 \leqslant i \leqslant \varpi), \\ i_1 - \beta - \varsigma - 1, & p = K_i \ (\varpi < i \leqslant q-1), \\ 0, & PG(3,q) \text{ 上的其他点}. \end{cases}$$

于是我们可以验证 $m(\widehat{EGH}) = i_0 + i_1 + i_2$ 且 $m(\overline{GI}) = i_0 + i_1$, 所以 $m(\cdot)$ 满足 D 类的要求. $\qquad\square$

12.2.2 关于 $\dim(C^1) = 2$

由引理 12.1.2 知, 满足 $D \cap C^1 = \{0\}$ 的 j 维子码 D 和 $3-j$ 维射影子空间 $U \subset PG(3,q)$ 构成一一对应关系 ($1 \leqslant j \leqslant 2$), U 满足 $P_L(U) = k_1 = 2$, 其中 $L = \{1,2\} \subset \{1,2,3,4\}$.

由上可知, 如果 U 是一条线, 则 $U \cap \overline{GH} = \emptyset$ (见图 12.1), 或等价地, $PG(3,q)$ 由 U 和 $\overline{GH}$ 张成. 如果 U 是面, 则 U 满足条件: $\overline{GH} \not\subseteq U$, 或等价地描述成, U 和 $\overline{GH}$ 的交集是一个射影点.

定义

$$\mathrm{SU}_1 = \{l \mid l \text{ 是线且 } l \cap \overline{GH} = \emptyset\},$$
$$\mathrm{SU}_2 = \{\Delta \mid \Delta \text{ 是面且 } \Delta \cap \overline{GH} \text{ 当且仅当是一个点}\},$$

于是由式 (12.1.5) 知, 相对重量谱以及长度为 (M_1, M_2, n) 的码的构造等价于

赋值函数 $m(\cdot)$ 的构造, 满足下列条件:

$$\begin{cases} \max\{m(l)|l \in \mathrm{SU}_1\} = i_0, \\ \max\{m(\Delta)|\Delta \in \mathrm{SU}_2\} = i_0 + i_1, \\ m(PG(3,q)) = i_0 + i_1 + i_2. \end{cases} \tag{12.2.5}$$

类似于 $k_1 = 1$ 的情形, 我们分 2 种情况来分析确定相对重量谱.

情况 1　存在线 $l \in \mathrm{SU}_1$ 和面 $\Delta \in \mathrm{SU}_2$, 满足 $m(l) = i_0$, $m(\Delta) = i_0 + i_1$ 且 $l \subset \Delta$.

定理 12.2.5　如果 (i_0, i_1, i_2) 满足情况 1 的条件, 则

$$i_0 \geqslant 2 \quad \text{且} \quad i_2 \leqslant qi_1; \tag{12.2.6}$$

反过来, 所有满足式 (12.2.6) 的序列都满足情况 1 的条件.

证明　如果 (i_0, i_1, i_2) 满足情况 1 的条件, 则从推论 12.1.3 知, $i_0 \geqslant 2$. 而 $i_2 \leqslant qi_1$ 的证明和 $\dim k_1 = 1$ 时的类似, 所以我们略掉细节.

反过来, 验证满足式 (12.2.6) 的序列符合情况 1 的要求. 我们的方法仍然是构造出具体的赋值函数 $m(\cdot)$.

设 $i_0 = 2\alpha + \beta$, 其中 $\alpha \geqslant 1$, 且 $\beta = 0$ 或 1. 与前面类似, 可首先设 $i_2 = qi_1$, 然后通过适当减少相应点的值来得到 $i_2 = qi_1$, 此时, $m(\cdot)$ 可如下构造:

$$m(p) = \begin{cases} \alpha, & p = E, \\ \alpha + \beta, & p = F, \\ i_1, & p \in \overline{GH}, \\ 0, & \text{其他}, \end{cases}$$

于是我们观察到: $m(\overline{EF}) = i_0$, $m(\widehat{EFG}) = i_0 + i_1$, $\overline{EF} \subset \widehat{EFG}$, 所以 $m(\cdot)$ 满足式 (12.2.5) 和情况 1 的要求.　□

情况 2　对任何满足 $m(l) = i_0$ 和 $m(\Delta) = i_0 + i_1$ 的线 $l \in \mathrm{SU}_1$ 和面 $\Delta \in \mathrm{SU}_2$, 总有 $l \not\subseteq \Delta$.

关于情况 2, 我们的主要结果是:

定理 12.2.6　如果 (i_0, i_1, i_2) 满足情况 2 的条件, 则

$$i_0 \geqslant 2 \quad \text{且} \quad i_2 \leqslant qi_1 - (q+1); \tag{12.2.7}$$

反过来, 满足式 (12.2.7) 的几乎所有的序列 (i_0, i_1, i_2) 都满足情况 2 的条件.

证明　与上文类似, 我们可以证明, 如果 (i_0, i_1, i_2) 满足情况 2 的条件, 则它满足式 (12.2.7).

反过来, 证明满足式 (12.2.7) 的几乎所有的序列 (i_0, i_1, i_2) 符合情况 2 的要求, 我们将根据 $i_2 \geqslant i_0$ 和 $i_2 < i_0$ 分别给出赋值函数 $m(\cdot)$.

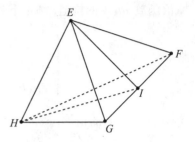

图12.4 子码维数是 2 的赋值函数构造 (i)

(i) $i_2 \geqslant i_0$.

设 $i_0 = (q+1)\alpha + \beta$ $(0 \leqslant \beta \leqslant q)$ 且 $i_2 = qi_1 - (q+1)$. 在图 12.4 中, 从线 $\overline{EF}$ 上选择 β 个点, 并以 $E_1 = E, E_2, \cdots, E_\beta$ 表示. 在线 $\overline{IH}$ 上选择 β 个点, 并以 $I_1 = I, I_2, \cdots, I_\beta$ 表示. 设 $\widehat{EFI_\theta} \cap \overline{GH} = G_\theta$, 其中 $1 \leqslant \theta \leqslant \beta$, 且 $G_1 = G$.

此时 $m(\cdot)$ 可如下构造:

$$
m(p) = \begin{cases}
\alpha + 1, & p = E_1, \cdots, E_\beta, \\
\alpha, & \overline{EF} \text{ 上的其他点}, \\
i_1 - 1, & p = H, \\
\alpha + 1, & p = I_1, \cdots, I_\beta \text{ (当 } \beta = 0 \text{ 时, 取 } m(I_1) = \alpha + 1) \\
\alpha, & \overline{IH} \text{ 上的其他点}, \\
i_1 - 1 - \alpha - 1, & p = G_\theta \ (\theta = 1, \cdots, \beta) \text{ (当 } \beta = 0 \text{ 时, 取} \\
& \quad m(G_1) = i_1 - 1 - \alpha - 1) \\
i_1 - 1 - \alpha, & \overline{GH} \text{ 上的其他点}, \\
0, & \text{其他}.
\end{cases}
$$

于是可类似证明 $m(\cdot)$ 满足式 (12.2.5), 且 $m(\widehat{EF}) = i_0$ 和 $m(\widehat{EIH}) = i_0 + i_1$ 均成立. 所以满足式 (12.2.7) 和 $i_2 \geqslant i_0$ 的序列 (i_0, i_1, i_2) 都符合情况 2 的要求, 只要 $i_0 \geqslant 3(q+1)$.

(ii) $i_2 < i_0$.

设 $i_2 = qi_1 - (q+1) - q\alpha - \beta$ $(0 \leqslant \beta \leqslant q-1)$. 在图 12.5 中, 从线 $\overline{FE}$ 上选取 $\beta + 1$ 个点, 并以 $F_1 = F, F_2, \cdots, F_{\beta+1}$ 表示. 然后在线 $\overline{IH}$ 上选取 β 个点, 并以 $I_1 = I, I_2, \cdots, I_\beta$ 表示.

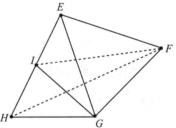

图12.5 子码维数是 2 的赋值函数构造 (ii)

于是可如下构造赋值函数:

$$
m(p) = \begin{cases}
i_0 - i_2, & p = E, \\
i_1 - \alpha - 2, & p = F_1, F_2, \cdots, F_{\beta+1}, \\
i_1 - \alpha - 1, & \overline{FE} \text{ 上的其他点}, \\
i_1 - 1, & p = H, \\
i_1 - \alpha - 2, & p = I_1, I_2, \cdots, I_\beta, \\
i_1 - \alpha - 1, & \overline{IH} \text{ 上的其他点}, \\
0, & \text{其他}.
\end{cases}
$$

利用上面的 $m(\cdot)$, 我们可类似证明所有满足式 (12.2.7), $i_0 - i_2 > q$ 以及 $i_2 > q/(q-1)$ 的序列 (i_0, i_1, i_2) 都符合情况 2 的要求.

综合 (i) 和 (ii), 便知定理成立. $\qquad\Box$

12.2.3 关于 $\dim(C^1) = 3$

由引理 12.1.2 知, 相对重量谱和有效长度为 (M_1, n) 的码的构造等价于赋值函数 $m(\cdot)$ 的构造, 使它满足 (见图 12.1)

$$
\begin{aligned}
& \max\{m(\Delta) \mid \Delta \text{ 是面, 并且点 } H \notin \Delta\} = i_0, \\
& m(PG(3, q)) = i_0 + i_1.
\end{aligned}
$$

定理 12.2.7 相对重量谱和有效长度为 (M_1, n) 的线性码存在的充要条件是其 RDS 满足 $i_0 \geqslant 3$ 和 $i_1 \geqslant 1$.

证明 设 $i_0 = 3\alpha + \beta$ $(0 \leqslant \beta \leqslant 2)$, 则由 $i_0 \geqslant 3$, 可得 $\alpha \geqslant 1$.

于是可如下构造 $m(\cdot)$:

$$
m(p) = \begin{cases}
\alpha, & p = E, \\
\alpha, & p = F, \\
\alpha + \beta, & p = G, \\
i_1, & p = H, \\
0, & \text{其他}.
\end{cases}
$$

不难验证上述 $m(\cdot)$ 满足要求. $\qquad\Box$

12.3 赋值均匀性和子码支撑重量的关系

本节将利用相对重量谱概念, 给出相对等重码概念, 并找出赋值函数和相对等重码的子码支撑重量之间的关系.

令 C 是 $[n, k; q]$ 码, C^1 是 k_1 维子码, 且 C 的重量谱为 $(d_1, d_2, \cdots, d_k)$, (C, C^1) 的相对重量谱为 $((\mathrm{rd})_1, (\mathrm{rd})_2, \cdots, (\mathrm{rd})_{k-k_1})$.

注意到引理 12.1.1 中, 子码 $D \cap C^1$ 有着重要作用, 为此, 我们给出:

定义 12.3.1 C 和 C^1 同上文. C 的子码 D 称为 $\theta-$ 子码, 若 $\dim(D \cap C^1) = \theta$.

于是, $(\mathrm{rd})_r$ 恰好是那些 r 维 $0-$ 子码的最小支撑重量.

现在稍稍推广 12.1 节给出的赋值函数概念. 下文中, 称映射 $m(\cdot)$: $PG(k-1, q) \to \mathbb{Z}$ 为赋值函数, 其中 $\mathbb{Z}$ 表示整数集合.

对于满足 $0 \leqslant r \leqslant k-1$ 的 r, 令 P_r 表示 r 维射影子空间. 设 $\iota = \min\{m(P_r) \mid P_r$ 是 r 维射影子空间$\}$, $\vartheta = \max\{m(P_r) \mid P_r$ 是 r 维射影子空间$\}$; 并用 A_r^i 表示值为 i 的 r 维射影子空间的数目.

令 N_r 为射影空间 $PG(k-1, q)$ 中 r 维子空间的数目, 而 $N_{r,1}$ 表示经过一个固定射影点 p 的 r 维射影子空间的数目, 则

$$N_r = \frac{(q^k - 1)(q^k - q)(q^k - q^2) \cdots (q^k - q^r)}{(q^{r+1} - 1)(q^{r+1} - q)(q^{r+1} - q^2) \cdots (q^{r+1} - q^r)},$$

$$N_{r,1} = \frac{(q^k - q)(q^k - q^2) \cdots (q^k - q^r)}{(q^{r+1} - q)(q^{r+1} - q^2) \cdots (q^{r+1} - q^r)}.$$

当我们累加所有 r 维射影子空间的值时, 由于每个射影点 $p \in PG(k-1, q)$ 的值 $m(p)$ 出现 $N_{r,1}$ 次, 于是有:

引理 12.3.1 $N_{r,1}(m(PG(k-1, q))) = \sum\limits_{i=\iota}^{\vartheta} i A_r^i$, 其中 $\sum\limits_{i=\iota}^{\vartheta} A_r^i = N_r$. 特别地, 如果 $\iota = \vartheta$, 即所有 r 维子空间有相同的值 ι, 则

$$N_{r,1}(m(PG(k-1, q))) = \iota A_r^i = \iota N_r \quad \text{或} \quad m(PG(k-1, q)) = \frac{q^k - 1}{q^{r+1} - 1} \iota.$$

引理 12.3.2 如果对 $[0, k-2]$ 中某个固定的 r, 有 $m(P_r) = \iota$, 则对每个射影点 $p \in PG(k-1, q)$, $m(p) = \frac{q-1}{q^{r+1} - 1} \iota$.

证明　首先设 $r \geqslant 2$. 令 $N_{r,2}$ 表示那些经过两个固定点 p 和 p_1 的 r 维射影子空间的数目, 则

$$N_{r,2} = \frac{(q^k - q^2)(q^k - q^3)\cdots(q^k - q^r)}{(q^{r+1} - q^2)(q^{r+1} - q^3)\cdots(q^{r+1} - q^r)}.$$

于是, 当我们累加那些经过固定点 p 的 r 维子空间的值时, 其结果一方面应等于 $N_{r,1}\iota$, 而另一方面, 应等于 $N_{r,1}m(p) + N_{r,2}\sum_{p_1 \neq p} m(p_1)$. 所以

$$N_{r,1}m(p) + N_{r,2}\sum_{p_1 \neq p} m(p_1) = N_{r,1}\iota,$$

或者

$$(N_{r,1} - N_{r,2})m(p) + N_{r,2}\sum_{p_1 \in PG(k-1,q)} m(p_1) = N_{r,1}\iota.$$

又由引理 12.3.1 知

$$\sum_{p_1 \in PG(k-1,q)} m(p_1) = m(PG(k-1,q)) = \frac{q^k - 1}{q^{r+1} - 1}\iota,$$

于是

$$m(p) = \frac{q-1}{q^{r+1} - 1}\iota.$$

$r = 0$ 和 $r = 1$ 时, 可类似证明引理同样成立. □

推论 12.3.1　对任意固定的 r $(0 \leqslant r \leqslant k-2)$, 如果对于每个 P_r, 都有 $m(P_r) = \iota > 0$, 则 $m(p) > 0, \forall p \in PG(k-1, q)$.

推论 12.3.2　对任意固定的 r $(0 \leqslant r \leqslant k-2)$, 如果对于每个 P_r, 都有 $m(P_r) = \iota$, 则对每个 s 维射影子空间 P_s, $m(P_s) = \frac{q^{s+1} - 1}{q^{r+1} - 1}\iota$ ($0 \leqslant s \leqslant k-1$).

前面已经知道, $[n, k; q]$ 码 C 的生成矩阵 G 可确定一个赋值函数, 即把 G 的列看成 $PG(k-1, q)$ 中的点的多重集, 对任何 $p \in PG(k-1, q)$, 以 $m(p)$ 表示点 p 在此多重集中出现的次数. 于是, $m(\cdot) : PG(k-1, q) \to \mathbb{Z}$ 构成赋值函数.

设码 C 的重量谱为 $(d_1, d_2, \cdots, d_k)$. 由重量谱的射影几何方法知, r 维射影子空间集合和 $k-r-1$ 维码 C 的子码集合——一一对应, 且如果 $k-r-1$ 维子码 D_{k-r-1} 和 r 维射影子空间 P_r 对应, 则

$$m(P_r) = d_k - w(D_{k-r-1}) \quad (0 \leqslant r \leqslant k-1). \tag{12.3.1}$$

以 B_s^j 表示支撑重量为 j 的 s 维子码的数目, 由式 (12.3.1) 知, 值为 $d_k - j$ 的 $k-s-1$ 维射影子空间的数目也是 B_s^j. 于是, 由引理 12.3.1 得:

推论 12.3.3 B_s^j 满足关系

$$\sum_{j=d_s}^{d_k} (d_k - j)B_s^j = N_{k-s-1,1}d_k,$$

其中 $\sum_{j=d_s}^{d_k} B_s^j = N_{k-s-1}$.

一方面, 如果所有 s 维子码有相同的支撑重量, 即都等于 d_s, 由式 (12.3.1), 这等价于所有 $k-s-1$ 维射影子空间有相同的值 $d_k - d_s$, 则显然 $B_s^{d_s} = N_{k-s-1}$, 而当 $j \neq d_s$ 时 $B_s^j = 0$. 这时, 推论 12.3.3 中的等式成为

$$(d_k - d_s)N_{k-s-1} = N_{k-s-1,1}d_k,$$

所以

$$d_k = \frac{q^k - 1}{q^k - q^{k-s}}d_s. \tag{12.3.2}$$

另一方面, 既然所有 $k-s-1$ 维射影子空间有相同的值 $d_k - d_s$, 则可由推论 12.3.2 得, 任意 $k-t-1$ 维射影子空间 P_{k-t-1} 都满足

$$d_k - d_t = m(P_{k-t-1}) = \frac{q^{k-t} - 1}{q^{k-s} - 1}(d_k - d_s) \quad (0 \leqslant t \leqslant k-1). \tag{12.3.3}$$

于是, 由式 (12.3.2) 和 (12.3.3) 可得

$$d_t = \frac{q^k - q^{k-t}}{q^k - q^{k-s}}d_s.$$

我们把上述内容总结如下:

定理 12.3.1 设 C 是 $[n,k;q]$ 码, 如果对于 $[1,k-1]$ 中某个固定的 s, C 的所有 s 维子码 D_s 有相同的支撑重量, 即 $W_s(D_s) = d_s \ (\forall \, D_s)$, 则对于任意的 $t \ (0 \leqslant t \leqslant k)$, 所有的 t 维子码也有相同的支撑重量, 且

$$W_s(D_t) = d_t = \frac{q^k - q^{k-t}}{q^k - q^{k-s}}W_s(D_s) = \frac{q^k - q^{k-t}}{q^k - q^{k-s}}d_s.$$

特别地, 此时 C 是等重码, 所有的等重码都是单纯码 (simplex codes) 的重复码.

推论 12.3.4 设 C 是 $[n,k;q]$ 等重码, 最小距离为 d, 则它的重量谱是

$$\left(d, \frac{q^k - q^{k-2}}{q^k - q^{k-1}}d, \frac{q^k - q^{k-3}}{q^k - q^{k-1}}d, \cdots, \frac{q^k - q}{q^k - q^{k-1}}d, \frac{q^k - 1}{q^k - q^{k-1}}d \right).$$

下面我们研究赋值函数的均匀性和相对重量谱的关系. 设 C 是 $[n,k;q]$ 码, C^1 是其 k_1 维子码. 仍假设 C 和 C^1 的生成矩阵 A 是式 (12.1.4) 所示的形式, 其中块矩阵 $A_{k_1 \times n}$ 是子码 C^1 的生成矩阵.

设 (C,C^1) 的相对重量谱是 $((\mathrm{rd})_1,(\mathrm{rd})_2,\cdots,(\mathrm{rd})_{k-k_1})$. 我们已经知道, $(\mathrm{rd})_i$ 是所有 i 维 0– 子码的支撑重量的最小值. 类似于上面的想法, 下面也来研究对某固定的 $r\,(1 \leqslant r < k-k_1)$, 所有 r 维 0– 子码 D 都有相同的支撑重, 即 $W_{\mathrm{s}}(D) = (\mathrm{rd})_r$, 对任意 r 维 0– 子码 D 都成立, 并具有其他子码的支撑重量所拥有的性质. 首先有:

定理 12.3.2　如果对某固定的 $r\,(1 \leqslant r < k-k_1)$, 每一个 r 维 0– 子码 D 都满足 $W_{\mathrm{s}}(D) = (\mathrm{rd})_r$, 则对任意 $s\,(1 \leqslant s \leqslant k-k_1)$, 所有 s 维 0– 子码都有相同的支撑重量; 且如果 D 是任意一个 s 维 0– 子码, 则

$$W_{\mathrm{s}}(D) = \frac{q^{k-k_1} - q^{k-k_1-s}}{q^{k-k_1} - q^{k-k_1-r}}(\mathrm{rd})_r.$$

证明　注意到对任意 $r\,(1 \leqslant r < k-k_1)$, 每一个 r 维 0– 子码 D 都包含在某个 $k-k_1$ 维 0– 子码中; 反过来, $k-k_1$ 维 0– 子码的任意 r 维子码 D 都是 r 维 0– 子码. 因此, 我们可应用定理 12.3.1 于每一个 $k-k_1$ 维 0– 子码和它的 r 维子码来得到定理的结论. □

定理 12.3.2 中的条件 "对某固定的 $r\,(1 \leqslant r < k-k_1)$" 不能改为: "对某固定的 $r\,(1 \leqslant r \leqslant k-k_1)$", 即 $r = k-k_1$ 时, 定理可能不成立. 如下例所示:

例 12.3.1　令 3 维 2 元码 C 的生成矩阵是

$$\begin{pmatrix} 1 & 1 & 1 & 1 & 0 & 0 & 0 \\ 0 & 0 & 1 & 1 & 0 & 0 & 1 \\ 0 & 1 & 0 & 1 & 1 & 1 & 0 \end{pmatrix},$$

令 1 维子码 C^1 由此矩阵的第 1 行生成, 即 $k = 3$, $k_1 = 1$, $k-k_1 = 2$. 我们可验证, 4 个 2 维 0– 子码的支撑重量都等于 6, 但 1 维 0– 子码 $(0,0,1,1,0,0,1)$, $(0,1,1,0,1,1,1)$ 和 $(0,1,0,1,1,1,0)$ 的重量却不相同.

推论 12.3.5　对固定的 $r\,(1 \leqslant r < k-k_1)$, 每个 r 维 0– 子码 D 都满足 $W_{\mathrm{s}}(D) = (\mathrm{rd})_r$ 的等价条件是, $C \backslash C^1 := \{c | c \in C$ 但 $c \notin C^1\}$ 是等重量码, 且如果 $C \backslash C^1$ 中码字的重量都等于 d, 则 (C,C^1) 的相对重量谱是

$$(\mathrm{rd})_s = \frac{q^{k-k_1} - q^{k-k_1-s}}{q^{k-k_1} - q^{k-k_1-1}}d \quad (1 \leqslant s \leqslant k-k_1).$$

定义 12.3.2　称 C 相对于 C^1 是等重码, 并以 $C \rhd C^1$ 表示, 如果 $C \backslash C^1$ 是等重码.

显然, 如果子码 $C^1 = \{0\}$, 则 $C \trianglerighteq C^1$ 等价于 C 是等重码, 所以相对等重码是等重码的推广.

例 12.3.2 令 3 维 2 元码 C 的生成矩阵为

$$\begin{pmatrix} 1 & 1 & 1 & 1 & 0 & 0 & 0 & 0 & 0 & 0 \\ 0 & 0 & 1 & 1 & 1 & 0 & 1 & 0 & 1 & 1 & 0 \\ 0 & 1 & 0 & 1 & 0 & 1 & 1 & 0 & 1 & 1 \end{pmatrix}.$$

设 1 维子码 C^1 由生成矩阵的第 1 行生成. 可以验证, $C \backslash C^1$ 中的 6 个码字的重量都是 6, 所以, 由定义 12.3.2 得 $C \trianglerighteq C^1$. 可以进一步验证所有 (3 个) 2 维 1– 子码, 即 3 个包含 C^1 的 2 维子码的支撑重量均为 8.

例 12.3.3 令 3 维 2 元线性码 C 的生成矩阵为

$$\begin{pmatrix} 1 & 0 & 0 & 1 & 1 & 0 & 1 & 0 \\ 0 & 1 & 0 & 1 & 0 & 1 & 1 & 0 \\ 0 & 0 & 1 & 0 & 1 & 1 & 1 & 1 \end{pmatrix}.$$

设子码 C^1 由上述矩阵的前 2 行生成. 可以验证, $C \backslash C^1$ 中的 4 个码字的重量均为 5, 所以 $C \trianglerighteq C^1$. 进一步可以验证, 6 个 2 维 1– 子码的支撑重量都是 7.

例 12.3.4 令 3 维 2 元线性码 C 的生成矩阵是

$$\begin{pmatrix} 1 & 1 & 0 & 0 & 1 & 1 & 1 & 1 & 0 \\ 0 & 0 & 1 & 1 & 1 & 1 & 1 & 1 & 0 \\ 0 & 1 & 0 & 1 & 0 & 0 & 1 & 1 & 1 \end{pmatrix}.$$

设 C^1 是由以上矩阵的前 2 行生成的子码. 可以验证 $C \backslash C^1$ 中的 4 个码字的重量都是 5, 所以 $C \trianglerighteq C^1$. 注意到, 由生成矩阵的第 1 和第 3 行生成的 2 维 1– 子码的支撑重量是 8, 而由第 3 行和前 2 行之和生成的 2 维 1– 子码的支撑重量是 7, 所以在这个例子中不是所有的 2 维 1– 子码都有相同的支撑重量.

我们关心的问题是: 什么时候对于任意固定的 r 和 t, 所有 r 维 t– 子码能够有相同的支撑重量? 本节下文将对这个问题给出一个有效的判别方法.

为方便起见, 我们需要一些新的记号. 令 $p = (u_1, u_2, \cdots, u_k)$ 是一个行向量 (或列向量 $p = (u_1, u_2, \cdots, u_k)^{\mathrm{T}}$). 令 L 是 p 的 k 个坐标位置的一个子集. 定义 $P_L(p)$ 为这样一个向量, 此向量的分量等于 u_t 如果 $t \in L$; 而如果 $t \notin L$, 则 $u_t = 0$. 当把向量 p 看成 $PG(k-1, q)$ 中的一个射影点时, 约定记号 $P_L(p)$ 仍然保持相同的含义.

如 $p = (u_1, u_2, u_3, u_4, u_5)$ （或 $p = (u_1, u_2, u_3, u_4, u_5)^T$），而 $L = \{2, 4\}$，则 $P_L(p) = (0, u_2, 0, u_4, 0)$ （或 $P_L(p) = (0, u_2, 0, u_4, 0)^T$）。而如果令 $L = \{1, 2\}$，则 $P_L(p) = (u_1, u_2, 0, 0, 0)$ （或 $P_L(p) = (u_1, u_2, 0, 0, 0)^T$）。

对射影空间 $PG(k-1, q)$ 中的点集 U 和 $PG(k-1, q)$ 中的点的 k 个坐标位置的一个子集 L，定义 $P_L(U) = \{P_L(p) \,|\, p \in U\}$。显然，如果 U 是射影子空间，则 $P_L(U)$ 也是射影子空间。以 $\langle U \rangle$ 表示由 U 中的点张成的射影子空间。下面是我们主要结果的一个引理：

引理 12.3.3 设 C 是 $[n, k; q]$ 码，令 C^1 是 k_1 维子码，则在 r 维 $\theta-$ 子码的集合和满足条件 $\dim(P_L(P_{k-r-1})) = k_1 - \theta - 1$ 的 $k - r - 1$ 维射影子空间 P_{k-r-1} 的集合之间存在一一对应，使得如果 r 维 $\theta-$ 子码 D 和 P_{k-r-1} 对应，则 $n - W_s(D) = m(P_{k-r-1})$，其中 $L = \{1, 2, \cdots, k_1\}$ 表示 $PG(k-1, q)$ 中点的前 k_1 个坐标位置。

证明 仍假设 C 的生成矩阵 A 是式 (12.1.4) 所示的形式，其中 $A_{k_1 \times n}$ 是子码 C^1 的生成矩阵。

由 r 维 $\theta-$ 子码 D 的定义，可以设它的生成矩阵是 $Z_{r \times k} A$，其中

$$Z_{r \times k} = \begin{pmatrix} Z_1 & 0 \\ Z_2 & Z_3 \end{pmatrix},$$

Z_1 是 $\theta \times k_1$ 矩阵，0 是 $\theta \times (k - k_1)$ 零矩阵，Z_2 是 $(r - \theta) \times k_1$ 矩阵，Z_3 是 $(r - \theta) \times (k - k_1)$ 矩阵，$\mathrm{rank}(Z_1) = \theta$，$\mathrm{rank}(Z_3) = r - \theta$。考虑垂直于由矩阵 $Z_{r \times k}$ 的行生成的子空间的 $k - r$ 维子空间 U。令 $U_{k_1}^0$ 代表 U 中的那些向量，其前 k_1 个坐标位置均为 0，即 $U_{k_1}^0 = \{u = (0, 0, \cdots, 0, u_{k_1+1}, u_{k_1+2}, \cdots, u_k) \,|\, u \in U\}$。不难验证，$U_{k_1}^0$ 是 U 的子空间，且 $\dim(U_{k_1}^0) = k - k_1 - \mathrm{rank}(Z_3) = k - k_1 - (r - \theta) = k - k_1 - r + \theta$。

我们还能进一步通过在 $U_{k_1}^0$ 的一组基后添加 $k_1 - \theta$ 个基元素 $\alpha_1, \alpha_2, \cdots, \alpha_{k_1-\theta}$ 来得到 U 的一组基。

由以上构造，可得知 $\mathrm{rank}(P_L(\alpha_1), P_L(\alpha_2), \cdots, P_L(\alpha_{k_1-\theta})) = k_1 - \theta = k_1 - \mathrm{rank}(Z_1)$，所以 $\dim(P_L(U)) = k_1 - \theta$，其中 $L = \{1, 2, \cdots, k_1\}$ 代表 U 中向量的前 k_1 个坐标位置。

当把子空间 U 看成 $PG(k-1, q)$ 的射影子空间时，它恰好就是和 r 维 $\theta-$ 子码 D 对应的 $k - r - 1$ 维子空间 P_{k-r-1}。

综上，即得 $\dim(P_L(P_{k-r-1})) = k_1 - \theta - 1$，$L = \{1, 2, \cdots, k_1\}$。由子空间 U 的构造过程，显然有

$$W_s(D) = n - m(P_{k-r-1}). \qquad \square$$

定理 12.3.3 令 C 是 k 维线性码, C^1 是其 k_1 维子码, 且 $C \trianglerighteq C^1$. 如果存在满足 $t_0 \leqslant r_0 \leqslant k-k_1+t_0$ $(1 \leqslant t_0 \leqslant k_1-1)$ 的固定数对 (r_0, t_0), 使得所有的 r_0 维 t_0- 子码都有相同的支撑重量, 则对任意满足条件 $t \leqslant r \leqslant k-k_1+t$ $(1 \leqslant t \leqslant k_1)$ 的一组取值 (r, t), 所有 r 维 $t-$ 子码也都有相同的支撑重量.

证明 证明过程中, 约定记号 P_ζ^ϑ 表示 $PG(k-1, q)$ 的 ζ 维射影子空间, 并且满足 $\dim P_L(P_\zeta^\vartheta) = \vartheta$, 其中 $L = \{1, 2, \cdots, k_1\}$ 表示 $PG(k-1, q)$ 中射影点的前 k_1 个坐标位置. 由引理 12.3.3 知, 要证明本定理的结论, 只需证明对任意固定的一组取值 (ζ, ϑ), 所有的射影子空间 P_ζ^ϑ 都有相同的值.

我们把证明分成 2 种情况:

情况 1 $r_0 = k-k_1+t_0$.

由已知条件, 既然所有 r_0 维 t_0- 子码都有相同的支撑重量, 且 $C \trianglerighteq C^1$, 那么再根据引理 12.3.3, 就知所有射影子空间 $P_{k_1-t_0-1}^{k_1-t_0-1}$ 都有相同的值, 所有子空间 $P_v^{k_1-1}$ 也都有相同的值, 其中 $k_1-1 \leqslant v \leqslant k-1$. 特别地, 所有 $P_{k_1-1}^{k_1-1}$ 都有相同的值. 给定任何一个 $P_{k_1-t_0-2}^{k_1-1}$, 可找到子空间 $P_{k_1-1}^{k_1-1}$, 使得 $P_{k_1-t_0-2}^{k_1-1} \subset P_{k_1-1}^{k_1-1}$, 所以

$$\frac{q^{t_0+1}-1}{q-1} m(P_{k_1-t_0-1}^{k_1-t_0-1}) - \left(\frac{q^{t_0+1}-1}{q-1}-1\right) m(P_{k_1-t_0-2}^{k_1-1}) = m(P_{k_1-1}^{k_1-1}).$$

由此得到所有子空间 $P_{k_1-t_0-2}^{k_1-1}$ 都有相同的值. 进一步, 以相同的方式可得到所有子空间 $P_{k_1-t_0-3}^{k_1-1}$ 也都有相同的值. 类似地一步步进行, 最后可以得到所有 P_0^0, 即所有满足 $P_L(p) \neq 0$ 的射影点 p 都有相同的值. 再根据所有 $P_{k_1}^{k_1-1}$ 都有相同的值这个事实, 我们可得到所有满足条件 $P_L(p) = 0$ 的射影点 p 也有相同的值. 因而, 所有 P_ζ^ϑ 都有相同的值.

情况 2 $r_0 < k-k_1+t_0$.

同样, 既然所有 r_0 维 t_0- 子码有相同的支撑重量且 $C \trianglerighteq C^1$, 就可得到所有射影子空间 $P_{k-r_0-1}^{k_1-t_0-1}$ 都有相同的值, 所有 $P_{k-r_0+t_0-1}^{k_1-1}$ 也都有相同的值. 任给一个子空间 $P_{k-r_0-2}^{k_1-t_0-2}$, 可找到子空间 $P_{k-r_0+t_0-1}^{k_1-1}$, 使得 $P_{k-r_0-2}^{k_1-t_0-2} \subset P_{k-r_0+t_0-1}^{k_1-1}$, 所以

$$\frac{q^{t_0+1}-1}{q-1} m(P_{k-r_0-1}^{k_1-t_0-1}) - \left(\frac{q^{t_0+1}-1}{q-1}-1\right) m(P_{k-r_0-2}^{k_1-t_0-2}) = m(P_{k-r_0+t_0-1}^{k_1-1}).$$

由此得所有 $P_{k-r_0-2}^{k_1-t_0-2}$ 都有相同的值. 类似地, 任给一个子空间 $P_{k-r_0-3}^{k_1-t_0-3}$, 可找到子空间 $P_{k-r_0+t_0-1}^{k_1-1}$, 使得 $P_{k-r_0-3}^{k_1-t_0-3} \subset P_{k-r_0+t_0-1}^{k_1-1}$, 所以

$$\frac{q^{t_0+2}-1}{q-1} m(P_{k-r_0-2}^{k_1-t_0-2}) - \left(\frac{q^{t_0+2}-1}{q-1}-1\right) m(P_{k-r_0-3}^{k_1-t_0-3}) = m(P_{k-r_0+t_0-1}^{k_1-1}).$$

由此得所有 $P_{k-r_0-3}^{k_1-t_0-3}$ 都有相同的值. 以此方式一步步进行, 最后可证明所有 $P_{k-k_1-r_0+t_0}^0$ 及所有 $P_{k-k_1-r_0+t_0-1}^{-1}$ 都有相同的值. 由于 $P_{k-k_1-r_0+t_0-1}^{-1}$ 是

$$U := \{p \mid p \text{ 是射影点且 } P_L(p) = 0\}$$

的 $k-k_1-r_0+t_0-1$ 维射影子空间, 于是由引理 12.3.2 得知, 所有满足 $P_L(p) = 0$ 的射影点 p, 即 U 中所有的点都有相同的值.

接下来证明: 满足 $P_L(p) \neq 0$ 的那些射影点 p 都有相同的值.

由

$$m(P_{k-r_0+t_0-2}^{k_1-2})$$
$$= \frac{q^{k_1-1}-1}{q-1} m(P_{k-k_1-r_0+t_0}^0) - \left(\frac{q^{k_1-1}-1}{q-1} - 1 \right) m(P_{k-k_1-r_0+t_0-1}^{-1})$$

知, 所有 $P_{k-r_0+t_0-2}^{k_1-2}$ 都有相同的值.

对于任意子空间 $P_{k-r_0+t_0-3}^{k_1-2}$, 存在子空间 $P_{k-r_0+t_0-1}^{k_1-1}$, 使得

$$P_{k-r_0+t_0-3}^{k_1-2} \subset P_{k-r_0+t_0-1}^{k_1-1}.$$

于是由

$$m(P_{k-r_0+t_0-2}^{k_1-2}) + q m(P_{k-r_0+t_0-2}^{k_1-1}) - q m(P_{k-r_0+t_0-3}^{k_1-2}) = m(P_{k-r_0+t_0-1}^{k_1-1}),$$

以及所有子空间 $P_{k-r_0+t_0-2}^{k_1-1}$ 都有相同的值, 所有子空间 $P_{k-r_0+t_0-1}^{k_1-1}$ 也都有相同的值, $C \unrhd C^1$ 这些事实, 知所有 $P_{k-r_0+t_0-3}^{k_1-2}$ 都有相同的值.

类似地, 由所有子空间 $P_{k-r_0+t_0-2}^{k_1-2}$ 有相同的值和所有子空间 $P_{k-r_0+t_0-3}^{k_1-2}$ 也有相同的值这两个事实, 可推得所有子空间 $P_{k-r_0+t_0-4}^{k_1-2}$ 都有相同的值. 一步地, 我们可得到所有 $P_{k_1-2}^{k_1-2}$ 都有相同的值. 于是, 利用情况 1 的证明, 便可得到所有满足 $P_L(p) \neq 0$ 的射影点 p 都有相同的值. □

例 12.3.5 设 4 维 2 元线性码 C 的生成矩阵是

$$\begin{pmatrix} 1 & 0 & 0 & 0 & 1 & 1 & 1 & 0 & 0 & 0 & 1 & 1 & 1 & 0 & 1 & 0 & 0 & 0 \\ 0 & 1 & 0 & 0 & 1 & 0 & 0 & 1 & 1 & 0 & 1 & 1 & 0 & 1 & 1 & 0 & 0 & 0 \\ 0 & 0 & 1 & 0 & 0 & 1 & 0 & 1 & 0 & 1 & 1 & 0 & 1 & 1 & 1 & 1 & 0 & 1 \\ 0 & 0 & 0 & 1 & 0 & 0 & 1 & 0 & 1 & 1 & 0 & 1 & 1 & 1 & 1 & 0 & 1 & 1 \end{pmatrix}.$$

令 C^1 是由前 2 行生成的 2 维子码. 这时, $C \backslash C^1$ 中所有码字的重量都是 10. 因此, $C \unrhd C^1$. 另外, 我们可直接计算: 所有 2 维 1- 子码的支撑重量都是 14. 再根据定理 12.3.3 知, 对任意一组取值 (r,t), 所有的 r 维 $t-$ 子码都有相

同的支撑重量, 其中 $0 \leqslant t \leqslant 2$, $t \leqslant r \leqslant 2 + t$. 特别地, 所有 1 维 1– 子码, 即所有 C^1 中的码字, 都有相同的 (支撑) 重量 8, 所以 C^1 是等重码.

推论 12.3.6 设 C 是 k 维线性码, C^1 是 k_1 维子码, $C \rhd C^1$, 则下列说法等价:

(i) 存在一组取值 (r_0, t_0), 使得所有 r_0 维 t_0 子码有相同的支撑重量, 其中 $t_0 \leqslant r_0 \leqslant k - k_1 + t_0$, $1 \leqslant t_0 \leqslant k_1 - 1$;

(ii) C^1 是等重码;

(iii) 对任意一组取值 (r, t), 所有 r 维 $t–$ 子码都有相同的支撑重量, 其中 $t \leqslant r \leqslant k - k_1 + t$, $1 \leqslant t \leqslant k_1$.

与定理 12.3.3 及推论 12.3.6 类似, 我们有:

定理 12.3.4 设 C 是 k 维线性码, C^1 是 k_1 维等重子码, 如果存在一组取值 (r_0, t_0), 满足所有 r_0 维 $t_0–$ 子码有相同的支撑重量, 其中 $t_0 + 1 \leqslant r_0 \leqslant k - k_1 + t_0 - 1$ $(0 \leqslant t_0 \leqslant k_1 - 1)$, 则对任意一组取值 (r, t), 所有 r 维 $t–$ 子码也都有相同的支撑重量, 其中 $t \leqslant r \leqslant k - k_1 + t$, $0 \leqslant t \leqslant k_1$.

推论 12.3.7 设 C 是 k 维线性码, C^1 是 k_1 维等重子码, 则下列说法等价:

(i) 存在一组取值 (r_0, t_0) 满足所有 r_0 维 $t_0–$ 子码有相同的支撑重量, 其中 $t_0 + 1 \leqslant r_0 \leqslant k - k_1 + t_0 - 1$ $(0 \leqslant t_0 \leqslant k_1 - 1)$;

(ii) $C \rhd C^1$;

(iii) 对任意一组取值 (r, t), 所有 r 维 $t–$ 子码都有相同的支撑重量, 其中 $t \leqslant r \leqslant k - k_1 + t$ $(0 \leqslant t \leqslant k_1)$.

注记 12.3.1 从定理 12.3.3 的证明过程, 我们还能够得到 r_1 维 $t_1–$ 子码和 r_2 维 $t_2–$ 子码的支撑重量的关系, 但是这些关系式很繁琐, 并且不能带来更多的信息, 所以我们略掉它们.

注记 12.3.2 重量谱和相对重量谱的重要推广是最近由文献 [104] 提出的网络广义汉明重量和由文献 [156] 提出的相对网络广义汉明重量. 网络广义汉明重量和相对网络广义汉明重量基于安全网络编码 [8] 和网络版 II 型窃密信道 [111] 的研究. 基于网络广义汉明重量和相对网络广义汉明重量概念, 可推广极大距离可分码为网络极大距离可分码和相对网络极大距离可分码 [104,156]. 本书第 2 作者在文献 [94] 中给出了网络极大距离可分码和相对网络极大距离可分码的一个有效判别方法.

参 考 文 献

[1]   Ashikhmin A. Generalized Hamming weights for Z_4-linear codes: Proc. of 1994
        IEEE International Symposium on Information Theory, Trondheim, Norway, 1994:
        306 [C].

[2]   Ashikhmin A. On generalized Hamming weights for Galois ring linear codes [J].
        Des. Codes Cryptogr., 1998, 14 (2): 107~126.

[3]   Ashikhmin A, Barg A, Litsyn S. New Upper bounds on Generalized weights [J].
        IEEE Trans. Inform. Theory, 1999, 45 (4): 1258~1263.

[4]   Barbero A I, Tena J G. Weight hierarchy of a product code [J]. IEEE Trans.
        Inform. Theory, 1995, 41 (5): 1475~1479.

[5]   Barbero A I, Munuera C. The weight hierarchy of Hermitian codes [J]. SIAM J.
        Discrete Math., 2000, 13 (1): 79~104.

[6]   Berger Y, Be'ery Y. The twisted squaring construction, trellis complexity, and
        generalized weights of BCH and QR codes [J]. IEEE Trans. Inform. Theory, 1996,
        42 (6): 1817~1827.

[7]   Brouwer A E. Net accessible table of parameters of [n,k,d;q] codes [OL].
        html://www.win.tue.nl/win/math/dw/voorlincod.html, 1996.

[8]   Cai N, Yeung R W. Secure network coding: Proc. 2002 IEEE International Sym-
        posium on Information Theory, June 2002 [C].

[9]   Chen H, Luk H S, Yau S. Explicit computation of generalized Hamming weights for
        some algebraic geometric codes [J]. Adv. in Appl. Math., 1998, 21 (1): 124~145.

[10]   Chen H, Xu L Q, Wu L H. On the generalized Hamming weights for some Hermi-
        tian codes [J]. Ann. Math. Ser. A (in Chinese), 1999, 20 (6): 765~768.

[11]   Chen H, Coffey J T. Trellis structure and higher weights of extremal self-dual
        codes [J]. Des. Codes Cryptogr., 2001, 24 (1): 15~36.

[12]   Chen W D, Kløve T. The weight hierarchies of q-ary codes of dimension 2 and 3:
        Proc. of Designs, Codes and Finite Geometries, Shanghai, May 1996 [C].

[13]   Chen W D, Kløve T. The weight hierarchies of q-ary codes of dimension 4 [J].
        IEEE Trans. Inform. Theory, 1996, 42 (6): 2265~2272.

[14] Chen W D, Kløve T. Bounds on the weight hierarchies of linear codes of dimension 4 [J]. IEEE Trans. Inform. Theory, 1997, 43 (6): 2047~2054.

[15] Chen W D, Kløve T. Bounds on the weight hierarchies of extremal non-chain codes of dimension 4 [J]. Appl. Algebra Engrg. Comm. Comput., 1997, 8 (5): 379~386.

[16] Chen W D, Kløve T. Weight hierarchies of linear codes satisfying the chain condition [J]. Des. Codes Cryptogr., 1998, 15 (1): 47~66.

[17] Chen W D, Kløve T. Classification of the weight hierarchies of binary linear codes of dimension 4 [R]. Reports in Informatics, no. 147, Dept. of Informatics, Univ. of Bergen, Bergen, Norway, March 1998.

[18] Chen W D, Xu J. Weight hierarchies of ternary linear codes of dimension 5 and improved genetic algorithm: Proc. of Designs, Codes and Finite Geometries, Shanghai, 1999 [C].

[19] Chen W D, Kløve T. Weight hierarchies of extremal non-chain binary codes of dimension 4 [J]. IEEE Trans. Inform. Theory, 1999, 45 (1): 276~281.

[20] Chen W D, Kløve T. On the second greedy weight for binary linear codes [M]//Applied Algebra, Algebraic Algorithms and Error-Eorrecting Codes (Honolulu, HI): Lecture Notes in Comput. Sci., vol. 1719. Berlin: Springer, 1999: 131~141.

[21] Chen W D, Kløve T. Weight hierarchies of extremal non-chain ternary codes of dimension 4 [R]. Reports in Informatics, no. 196, Dept. of Informatics, Univ. of Bergen, Bergen, Norway, June 2000.

[22] 陈文德, 孙旭顺. 3 维七元线性码的重量谱和改进的遗传算法 [J]. 应用数学学报, 2001, 24 (3): 384~390.

[23] Chen W D, Kløve T. Weight hierarchies of binary linear codes of dimension 4 [J]. Discrete Math., 2001, 238 (1/2/3): 27~34.

[24] Chen W D, Kløve T. Weight hierarchies of linear codes of dimension 3 [J]. J. Statist. Plann. Inference, 2001, 94 (2): 167~179.

[25] Chen W D, Kløve T. Weight hierarchies of extremal non-chain ternary codes of dimension 4: Proc. of International Symposium of Information Theory, Washington, June 24~29, 2001 [C].

[26] Chen W D, Kløve T. On the second greedy weight for linear codes of dimension 3 [J]. Discrete Math., 2001, 241 (1/2/3): 171~187.

[27] Chen W D, Kløve T. Weight hierarchies of linear codes satisfying the almost chain condition [J]. Science in China: Series F, 2003, 46 (3): 175~186.

[28] Chen W D, Kløve T. On the second greedy weight for linear code of dimension at least 4 [R]. Reports in Informatics, no. 252, Dept. of Informatics, Univ. of Bergen, Bergen, Norway, 2003.

[29] Chen W D, Kløve T. On the second greedy weight for linear code of dimension at least 4 [J]. IEEE Trans. Inform. Theory, 2004, 50 (2): 354~356.

[30] Chen W D, Kløve T. Finite projective geometries and classification of the weight hierarchies of codes (I) [J]. Acta Mathematica Sinica: English Series, 2004, 20 (2): 333~348.

[31] Chen W D, Kløve T. On the second greedy weight for linear codes satisfying the fullrank condition [J]. Journal of Systems Science and Complexity, 2005, 18 (1): 55~66.

[32] Cheng J, Chao C C. On generalized Hamming weights of binary primitive BCH codes with minimum distance one less than a power of two [J]. IEEE Trans. Inform. Theory, 1997, 43 (1): 294~299.

[33] Cherdieu J P, Mercier D J, Narayaninsamy T. On the generalized weights of a class of trace codes [J]. Finite Fields Appl., 2001, 7 (2): 355~371.

[34] Chung H. The 2-nd Generalized Hamming Weight of Double-Error Correcting Binary BCH Codes and Their Dual Codes [M]//Applied Algebra, Algebraic Algorithms and Error-Correcting Codes: Lecture Notes in Comput. Sci., vol. 539. Berlin: Springer, 1991: 118~129.

[35] Cohen G, Litsyn S, Zemor G. Upper bounds on generalized distances [J]. IEEE Trans. Inform. Theory, 1994, 40 (6): 2090~2092.

[36] Cohen G D, Encheva S B, Zemor G. Anti-chain codes [J]. Des. Codes Cryptogr., 1999, 18 (1/2/3): 71~80.

[37] Cui J. Support weight distribution of Z_4-linear codes [J]. Discrete Math., 2002, 247 (1/2/3): 135~145.

[38] De Boer M A. The generalized Hamming weights of some hyperelliptic codes [J]. J. Pure Appl. Algebra, 1998, 123 (1/2/3): 153~163.

[39] Dembowski P. Finite geometries [M]. Berlin: Springer, 1997.

[40] Dodunekov S M, Landgev I N. On Near-MDS codes [J]. Journal of Geometry, 1995, 54 (1/2): 30~43.

[41] Dodunekov S, Simonis J. Codes and projective multisets [J]. Electron. J. Combin., 1998, 5 (1): Research Paper 37.

[42] Dougherty S T, Gupta M K, Shiromto K. On generalized weights for codes over finite rings [J]. Australasian Journal of Combinatorics, 2005, 31: 231~241.

[43] Duursma I M, Stichtenoth H, Voss C. Generalized Hamming weights of duals of BCH codes and maximal algebraic function fields: Proc. of the AGCT-4, Luming 1993 de Gruyter, Berlin, 1995 [C].

[44] Encheva S, Kløve T. Codes satisfying the chain condition [J]. IEEE Trans. Inform. Theory, 1994, 40 (1): 175~180.

[45] Encheva S. On binary linear codes which satisfy the two-way chain condition [J]. IEEE Trans. Inform. Theory, 1996, 42 (3): 1038~1047.

[46] Encheva S. On repeated-root cyclic codes and the two-way chain condition [M]//Applied Algebra, Algebraic Algorithms and Error-Correcting Codes (Toulouse): Lecture Notes in Comput. Sci., vol. 1255. Berlin: Springer, 1997: 78~87.

[47] Encheva S, Cohen G D. On linear projective codes which satisfy the chain condition [J]. Inform. Sci., 1999, 118 (1/2/3/4): 213~222.

[48] Encheva S, Cohen G. On the state complexities of ternary codes [M]//Applied Algebra, Algebraic Algorithms and Error-Correcting Codes (Honolulu, HI): Lecture Notes in Comput. Sci., vol. 1719. Berlin: Springer, 1999: 454~461.

[49] Encheva S, Cohen G D. Projective codes which satisfy the chain condition [J]. Appl. Math. Lett., 2000, 13 (4): 109~113.

[50] Encheva S, Cohen G. Linear codes and their coordinate ordering [J]. Des. Codes Cryptogr., 2000, 20 (3): 229~250.

[51] Encheva S, Cohen G. On self-dual ternary codes and their coordinate ordering [J]. Inform. Sci., 2000, 126(1/2/3/4): 277~286.

[52] Feng G L, Tzeng K K, Wei V K. On the generalized Hamming weights of several classes of cyclic codes [J]. IEEE Trans. Inform. Theory, 1992, 38 (3): 1125~1130.

[53] Forney G D. Dimension/length profiles and trellis complexity of linear block codes [J]. IEEE Trans. Inform. Theory, 1994, 40 (6): 1741~1752.

[54] Forney G D. Density/length profiles and trellis complexity of lattices [J]. IEEE Trans. Inform. Theory, 1994, 40 (6): 1753~1772.

[55] Fossorier M P C, Lin S. A unified method for evaluating the error-correction radius of reliability-based soft-decision algorithms for linear block codes [J]. IEEE Trans. Inform. Theory, 1998, 44 (2): 691~700.

[56] Fossorier M P C, Lin S, Snyders J. Reliability-based syndrom decoding of linear block codes [J]. IEEE Trans. Inform. Theory, 1998, 44 (1): 388~398.

[57] Gazelle D, Snyders J. Reliability-based code-search algorithms for maximum-likelihood decoding of block codes [J]. IEEE Trans. Inform. Theory, 1997, 43 (1): 239~249.

[58] Godsil C. Finite geometry, combinatorics and optimization [D]. Waterloo: University of Waterloo, 2004.

[59] Gupta M K. On some linear codes over Z_{2^s} [D]. India: II'T Kanpur, July 2000.

[60] Han W B. The generalized Hamming weights of the duals of primitive t-error correcting BCH codes [J]. Journal of Sichuan University, 1995, 32 (3): 249~256.

[61] Hammons A R, Kumar P V, Calderbank A R, et al. The Z_4-linearity of Kerdock, Preparata, Goethals and related codes [J]. IEEE Trans. Inform. Theory, 1994, 40 (2): 302~319.

[62] Heijnen P, Pellikaan R. Generalized Hamming weights of q-ary Reed-Muller codes [J]. IEEE Trans. Inform. Theory, 1998, 44 (1): 181~196.

[63] Helleseth T, Kløve T, Mykkeltveit J. The weight distribution of irreducible cyclic codes with block lengths $n_1((q^l - 1)/N)$ [J]. Discrete Math., 1977, 18 (2): 179~211.

[64] Helleseth T, Kløve T, Ytrehus Ø. Generalized Hamming weights of linear codes [J]. IEEE Trans. Inform. Theory, 1992, 38 (3): 1133~1140.

[65] Helleseth T, Kløve T, Levenshrein V I, et al. Bounds on the minimum support weights [J]. IEEE Trans. Inform. Theory, 1995, 41 (2): 432~440.

[66]   Helleseth T, Kumar P V. The weight hierarchy of the Kasami codes [J]. Discrete
       Math., 1995, 145 (1/2/3): 133~143.

[67]   Helleseth T, Kumar P V. On the weight hierarchy of the semiprimitive codes [J].
       Discrete Math., 1996, 152 (1/2/3): 185~190.

[68]   Helleseth T, Kløve T. The weight hierarchies of some product codes [J]. IEEE
       Trans. Inform. Theory, 1996, 42 (3): 1029~1034.

[69]   Helleseth T, Hove B, Yang K. Further results on generalized Hamming weights
       for Goethals and Preparata codes over Z_4 [J]. IEEE Trans. Inform. Theory, 1999,
       45 (4): 1255~1258.

[70]   Hirschfield J W P, Tsfasman M A, Vlǎdut S G. The weight hierarchy of higher-
       dimensional Hermitian codes [J]. IEEE Trans. Inform. Theory, 1994, 40 (1):
       275~278.

[71]   Hirschfeld J W P. Projective Geometries over Finite Fields [M]. 2nd ed. Oxford:
       Oxford University Press, 1998.

[72]   Horimoto H, Shiromoto K. On Generalized Hamming Weights for Codes over
       Finite Chain Rings: AAECC-14 (LNCS 2227) [M]. Berlin: Springer, 2001:
       141~150.

[73]   Horimoto H, Shiromoto K. Higher weights for codes over finite rings [M]//Codes,
       Lattices, Vertex Operator Algebras and Finite Groups (Japanese). Kyoto, 2001.

[74]   Hove B. Generalized Lee weights for codes over Z_4: Proc. IEEE Int. Symp. Inf.
       Theory, Ulm, Germany, 1997 [C].

[75]   胡国香, 程江, 陈文德. 一类 4 维 3 元线性码的重量谱 [J]. 数学的实践与认识, 2008,
       38(10): 121~127.

[76]   Hu G X, Chen W D. The weight hierarchies of q-ary linear codes of dimension 4
       [J]. Discrete Mathematics, 2010, 310 (24): 3528~3536.

[77]   Janwa H, Lal A K. On the generalized Hamming weights of cyclic codes [J]. IEEE
       Trans. Inform. Theory, 1997, 43 (1): 299~308.

[78]   Kasami T, Takata T, Fujiwara T, et al. On the optimum bit orders with respect
       to the state complexity of trellis diagrams for binary linear codes [J]. IEEE Trans.
       Inform. Theory, 1993, 39 (1): 242~245.

[79]   Kløve T. Support weight distribution of linear codes [J]. Discrete Math., 1992,
       106/107: 311~316.

[80]   Kløve T. Minimum support weights of binary codes [J]. IEEE Trans. Inform.
       Theory, 1993, 39 (2): 648~654.

[81]   Kløve T. The worst-case probability of undetected error for linear codes on the
       local binomial channel [J]. IEEE Trans. Inform. Theory, 1996, 42 (1): 172~179.

[82]   Kløve T. On codes satisfying the double chain condition [J]. Discrete Math., 1997,
       175 (1/2/3): 173~195.

[83]   Knoops E, van der Vlugt M. On generalized Hamming weights of BCH(2)$^\perp$[J].
       Finite Fields Appl., 1998, 4 (2): 175~184.

[84] Liu Z H, Chen W D. On a class of weight hierarchies of ternary linear codes of dimension 4 [J]. Journal of Science and Complexity, 2004, 17 (1): 86~95.

[85] Liu Z H, Chen W D. Weight hierarchies of linear codes satisfying the near-chain condition [J]. Progress in Natural Science, 2005, 15 (9): 784~792.

[86] Liu Z H, Chen W D. Bounds on the weight hierarchies of a kind of linear codes satisfying non-chain condition [J]. Chinese Journal of Electronics, 2005, 14 (2): 220~224.

[87] 刘子辉, 陈文德. 关于线性码的格子复杂度: 中国自动化与信息技术研讨会暨 2004 年学术年会论文集, 北京, 2005[C].

[88] 刘子辉, 陈文德. 一类小缺陷码的链条件 [J]. 数学的实践与认识, 2006, 36 (7): 314~319.

[89] Liu Z H, Chen W D, Luo Y. The relative generalized Hamming weight of linear q-ary codes and their subcodes [J]. Designs, Codes and Cryptography, 2008, 48 (2): 111~123.

[90] Liu Z H, Chen W D. Notes on the value function [J]. Designs, Codes and Cryptography, 2010, 54 (1): 11~19.

[91] Liu Z H. Notes on linear codes over finite commutative chain rings [J]. Acta Mathematicae Applicatae Sinica: English Series, 2011, 27 (1): 141~148.

[92] 刘子辉. 线性码的重量谱 [D]. 北京: 中国科学院研究生院, 2003.

[93] Liu Z H, Wang J, Wu X W. On the relative generalized Hamming weights of linear codes and their subcodes [J]. SIAM J. on Discrete Mathematics, 2010, 24 (4): 1234~1241.

[94] Liu Z H. The net MDS code and the relative net MDS code [J]. Submitted.

[95] Luo Y, Chen W D, Fu F W. A new kind of geometric structures determination of the chain good weight hierarchies with high dime [J]. Discrete Math., 2003, 260 (1/2/3): 101~117.

[96] Luo Y, Chen W D, Vinck A J H. The determining the chain good weight hierarchies with high dimension [J]. SIAM J. Discrete Math., 2004, 17 (2): 196~209.

[97] Luo Y, Chaichana M, Vinck A J H, et al. Some new characters on the wire-tap channel of type II [J]. IEEE Trans. Inform. Theory, 2005, 51 (3): 1222~1229.

[98] McDonald B R. Linear Algebra over Commutative Rings [M]. New York: Marcel Dekker, 1984.

[99] Morelos-Zaragoza R, Fujiwara T, Kasami T, et al. Constructions of generalized concatenated codes and their trellis-based decoding complexity [J]. IEEE Trans. Inform. Theory, 1999, 45 (2): 725~731.

[100] Moreno O, Pedersen J P, Polemi D. An improved Serre bound for elementary abelian extensions of $F_q(x)$ and the generalized Hamming weights of duals of BCH codes [J]. IEEE Trans. Inform. Theory, 1998, 44 (3): 1291~1293.

[101] Muder D J. Minimal trellises for block codes [J]. IEEE Trans. Inform. Theory, 1988, 34 (5): 1049~1053.

[102] Munuera C. On the generalized Hamming weights of geometric Goppa codes [J]. IEEE Trans. Inform. Theory, 1994, 40 (6): 2092~2099.

[103] Munuera C, Ramirez D. The second and third generalized Hamming weights of Hermitian codes [J]. IEEE Trans. Inform. Theory, 1999, 45 (2): 709~712.

[104] Ngai C K, Yeung R W, Zhang Z X. Network generalized Hamming weight: Workshop on Network Coding, Theory and Applications, 2009 [C].

[105] Nogin D Y. Generalized Hamming weights for codes on multidimensional quadrics [J]. Problems Inform. Transmission, 1993, 29 (3): 218~227.

[106] Ozarow L H, Wyner A D. Wire-tap-channel II [J]. AT & T Bell Labs Tech. J., 1984, 63 (10): 2135~2157.

[107] Park J Y. The weight hierarchies of some product codes [J]. IEEE Trans. Inform. Theory, 2000, 46 (6): 2228~2235.

[108] Park J Y. The weight hierarchies of outer product codes [J]. Discrete Math., 2000, 224 (1/2/3): 193~205.

[109] Reuven I, Be'ery Y. Generalized Hamming weights of nonlinear codes and the relation to the Z_4-linear representation [J]. IEEE Trans. Inform. Theory, 1999, 45 (2): 713~720.

[110] Rosenthal J, York E V. On the generalized Hamming weights of convolutional codes [J]. IEEE Trans. Inform. Theory, 1997, 43 (1): 330~335.

[111] Rouayheb S Y E, Soljanin E. On wiretap networks II: Proc. of 2007 IEEE International Symposium on Information Theory, June 2007 [C].

[112] Satyanarayana C. Lee metric codes over integer residue rings [J]. IEEE Trans. Inform. Theory, 1979, 25 (2): 250~254.

[113] Schaathun H G. The weight hierarchy of product codes [J]. IEEE Trans. Inform. Theory, 2000, 46 (7): 2648~2651.

[114] Schaathun H G. Upper bounds on weight hierarchies of extremal non-chain codes [J]. Discrete Math., 2001, 241 (1/2/3): 449~469.

[115] Schaathun H G, Willems W. A lower bound for the weight hierarchy of product codes and projective multisets: Proc. of 2001 IEEE Intern. Symp. Inform. Theory, June 2001 [C].

[116] Shany V, Be'ery Y. The Preparata and Goethals codes: Trellis complexity and twisted squaring constructions [J]. IEEE Trans. Inform. Theory, 1999, 45 (5): 1667~1673.

[117] Shim C, Chung H B. On the second generalized Hamming weight of the dual code of a double-error-correcting binary BCH code [J]. IEEE Trans. Inform. Theory, 1995, 41 (3): 805~808.

[118] Simonis J. The effective length of subcodes [J]. Appl. Algebra Eng. Communi. Comput., 1992, 5 (6): 371~377.

[119] Stichtenoth H, Voss C. Generalized Hamming weights of trace codes [J]. IEEE Trans. Inform. Theory, 1994, 40 (2): 554~558.

[120] 孙旭顺, 陈文德. 3 维和 4 维 q 元线性码的重量谱 [J]. 系统工程的理论与实践, 2001, 21(1): 65~70.

[121] Tang L Z. On the weight hierarchy of codes associated to curves of complete intersection [J]. J. Pure Appl. Algebra, 1995, 105 (3): 307~317.

[122] Tang L Z. Consecutive Weierstrass gaps and weight hierarchy of geometric Goppa codes [J]. Algebra Colloq., 1996, 3 (1): 1~10.

[123] Tsfasman M A, Vlădut S G. Geometric approach to higher weights [J]. IEEE Trans. Inform. Theory, 1995, 41 (6): 1564~1588.

[124] Van der Geer G, van der Vlugt M. On generalized Hamming weights of BCH codes [J]. IEEE Trans. Inform. Theory, 1994, 40 (2): 543~546.

[125] Van der Geer G, van der Vlugt M. Generalized Hamming weights of Melas codes and dual Melas codes [J]. SIAM J. Discrete Math., 1994, 7 (4): 554~559.

[126] Van der Geer G, van der Vlugt M. The second generalized Hamming weight of the dual codes of double-error correcting binary BCH-codes [J]. Bull. London Math. Soc., 1995, 27 (1): 82~86.

[127] Van der Geer G, van der Vlugt M. Fibre products of Artin-Schreier curves and generalized Hamming weights of codes [J]. J. Combin. Theory: Series A, 1995, 70 (2): 337~348.

[128] Van der Geer G, van der Vlugt M. Quadratic forms, generalized Hamming weights of codes and curves with many points [J]. J. Number Theory, 1996, 59 (1): 20~36.

[129] Van der Vlugt M. On the weight hierarchy of irreducible cyclic codes [J]. J. Combin. Theory: Series A, 1995, 71 (1): 159~167.

[130] Van der Vlugt M. A note on generalized Hamming weights of BCH(2)[J]. IEEE Trans. Inform. Theory, 1996, 42 (1): 254~256.

[131] Vardy A, Be'ery Y. Maximum-likelihood soft decision decoding of BCH codes [J]. IEEE Trans. Inform. Theory, 1994, 40 (2): 546~554.

[132] Vazirani V V, Saran H, Rajan B S. An efficient algorithm for constructing minimal trellises for codes over finite abelian groups [J]. IEEE Trans. Inform. Theory, 1996, 42 (6): 1839~1854.

[133] Viswanath G, Sundar R B. Matrix characterization of generalized Hamming weights: Proc. of 2001 IEEE International Symposium on Information Theory, Washington, D.C., 24~29 June, 2001 [C].

[134] Viswanath G, Sundar R B. Matrix characterization of linear codes with arbitrary Hamming weight hierarchy [J]. Linear Algebra and Its Applications, 2006, 412 (2/3): 396~407.

[135] Wan Z X. The weight hierarchies of the projective codes from nondegenerate quadrics [J]. Des. Codes Cryptogr., 1994, 4 (3): 283~300.

[136] Wan Z X, Wu X W. The weight hierarchies and generalized weight spectra of the projective codes from degenerate quadrics [J]. Discrete Math., 1997, 177 (1/2/3): 223~243.

[137] 王丽君, 夏永波, 陈文德. 4 维 3 元断链码的重量谱 [J]. 系统科学与数学, 2009, 29(6): 742~749.

[138] 王丽君, 陈文德. 5 维 q 元线性码重量谱的分类与确定 [J]. 系统科学与数学, 2011, 31(4): 402~413.

[139] 王勇慧, 陈文德. 4 维 3 元近链线性码的重量谱 [J]. 系统工程理论与实践, 2003, 23(11): 71~77.

[140] 王勇慧, 陈文德. 一类满足断链条件线性码的重量谱 [J]. 北京邮电大学学报, 2004, 27(5): 21~25.

[141] 王勇慧, 陈文德. 满足断链条件的线性码重量谱的确定: 第 13 届信息论学术年会论文集, 长沙, 2005: 132~134[C].

[142] 汪政红, 佘伟, 陈文德. 3 维 11 元线性码的重量谱 [J]. 应用数学学报, 2010, 33(4): 702~709.

[143] Wei V K. Generalized Hamming weights for linear codes [J]. IEEE Trans. Inform. Theory, 1991, 37 (5): 1412~1418.

[144] Wei V K, Yang K. On the generalized Hamming weights of product codes [J]. IEEE Trans. Inform. Theory, 1993, 39 (5): 1709~1713.

[145] Wood J A. Duality for modules over finite rings and applications to coding theory [J]. American Journal of Mathematics, 1999, 121 (3): 555~575.

[146] Wu X W. Generalized Hamming weights of the projective codes from degenerate Hermitian varieties [J]. Science China: Series E, 1996, 39 (2): 148~158.

[147] Yang K, Kumar P V, Stichtenoth H. On the weight hierarchy of geometric Goppa codes [J]. IEEE Trans. Inform. Theory, 1994, 40 (3): 913~920.

[148] Yang K, Helleseth T, Kumar P V, et al. On the weight hierarchy of Kerdock codes over Z_4 [J]. IEEE Trans. Inform. Theory, 1996, 42 (5): 1587~1593.

[149] Yang K, Helleseth T. On the weight hierarchy of Preparata codes over Z_4 [J]. IEEE Trans. Inform. Theory, 1997, 43 (6): 1832~1842.

[150] Yang K, Helleseth T. On the weight hierarchy of Goethals codes over Z_4 [J]. IEEE Trans. Inform. Theory, 1998, 44 (1): 304~307.

[151] 岳殿武, 胡正名. 广义重量上, 下界的对偶定理 [J]. 通信学报, 1997, 18(7): 76~78.

[152] 岳殿武, 胡正名. 关于 BCH 码的广义 Hamming 重量上, 下限 [J]. 通信学报, 1997, 18(4): 75~79.

[153] 岳殿武, 胡正名. 广义 Hamming 重量和等重码 [J]. 电子科学学刊, 1997, 19(4): 553~557.

[154] 岳殿武, 鄢广增. 广义 Hamming 重量, 维数／长度轮廓与其应用 [J]. 电子学报, 1999, 27(4): 111~115.

[155] 岳殿武, 江凌云, 段冰娟. 线性等重码格子复杂度的确定 [J]. 应用科学学报, 2000, 18(1): 68~71.

[156] Zhang Z. Wiretap networks II with partial information leakage: Proc. of China Com. 2009, August 2009 [C].

索　引

"十一五"国家重点图书

中国科学技术大学校友文库
第一辑书目

- ◎ *Topological Theory on Graphs*（英文） 刘彦佩
- ◎ *Advances in Mathematics and Its Applications*（英文） 李岩岩、舒其望、沙际平、左康
- ◎ *Spectral Theory of Large Dimensional Random Matrices and Its Applications to Wireless Communications and Finance Statistics*（英文） 白志东、方兆本、梁应昶
- ◎ *Frontiers of Biostatistics and Bioinformatics*（英文） 马双鸽、王跃东
- ◎ *Spectroscopic Properties of Rare Earth Complex Doped in Various Artificial Polymer Structure*（英文） 张其锦
- ◎ *Functional Nanomaterials*：*A Chemistry and Engineering Perspective*（英文） 陈少伟、林文斌
- ◎ *One-Dimensional Nanostructres*：*Concepts*，*Applications and Perspectives*（英文） 周勇
- ◎ *Colloids*，*Drops and Cells*（英文） 成正东
- ◎ *Computational Intelligence and Its Applications*（英文） 姚新、李学龙、陶大程
- ◎ *Video Technology*（英文） 李卫平、李世鹏、王纯
- ◎ *Advances in Control Systems Theory and Applications*（英文） 陶钢、孙静
- ◎ *Artificial Kidney*：*Fundamentals*，*Research Approaches and Advances*（英文） 高大勇、黄忠平
- ◎ *Micro-Scale Plasticity Mechanics*（英文） 陈少华、王自强
- ◎ *Vision Science*（英文） 吕忠林、周逸峰、何生、何子江
- ◎ 非同余数和秩零椭圆曲线 冯克勤
- ◎ 代数无关性引论 朱尧辰
- ◎ 非传统区域 Fourier 变换与正交多项式 孙家昶
- ◎ 消息认证码 裴定一

◎完全映射及其密码学应用　吕述望、范修斌、王昭顺、徐结绿、张剑

◎摄动马尔可夫决策与哈密尔顿圈　刘克

◎近代微分几何：谱理论与等谱问题、曲率与拓扑不变量　徐森林、薛春华、胡自胜、金亚东

◎回旋加速器理论与设计　唐靖宇、魏宝文

◎北京谱仪Ⅱ·正负电子物理　郑志鹏、李卫国

◎从核弹到核电——核能中国　王喜元

◎核色动力学导论　何汉新

◎基于半导体量子点的量子计算与量子信息　王取泉、程木田、刘绍鼎、王霞、周慧君

◎高功率光纤激光器及应用　楼祺洪

◎二维状态下的聚合——单分子膜和 LB 膜的聚合　何平笙

◎现代科学中的化学键能及其广泛应用　罗渝然、郭庆祥、俞书勤、张先满

◎稀散金属　翟秀静、周亚光

◎SOI——纳米技术时代的高端硅基材料　林成鲁

◎稻田生态系统 CH_4 和 N_2O 排放　蔡祖聪、徐华、马静

◎松属松脂特征与化学分类　宋湛谦

◎计算电磁学要论　盛新庆

◎认知科学　史忠植

◎笔式用户界面　戴国忠、田丰

◎机器学习理论及应用　李凡长、钱旭培、谢琳、何书萍

◎自然语言处理的形式模型　冯志伟

◎计算机仿真　何江华

◎中国铅同位素考古　金正耀

◎辛数学·精细积分·随机振动及应用　林家浩、钟万勰

◎工程爆破安全　顾毅成、史雅语、金骥良

◎金属材料寿命的演变过程　吴犀甲

◎计算结构动力学　邱吉宝、向树红、张正平

◎太阳能热利用　何梓年

◎静力水准系统的最新发展及应用　何晓业

◎电子自旋共振技术在生物和医学中的应用　赵保路

◎地球电磁现象物理学　徐文耀

◎岩石物理学　陈颙、黄庭芳、刘恩儒

◎岩石断裂力学导论　李世愚、和泰名、尹祥础

◎大气科学若干前沿研究　李崇银、高登义、陈月娟、方宗义、陈嘉滨、雷孝恩